Keypoint
건설안전기술사
공사 안전

예문사

PREFACE

건설안전기술사에 도전하시는 수험생 여러분 환영합니다.

선진국에 진입한 대한민국도 이제 안전분야가 대세를 이루고 있습니다. 특히, 건설안전분야는 자타가 인정하는 최고의 자격으로 인정받고 있습니다. 이러한 사회적 분위기의 영향으로 건설안전기사, 산업안전지도사 건설부문, 건설안전기술사의 응시인원도 매년 급증하고 있습니다.

그러나, 건설안전기술사에 응시하는 많은 수험생들이 제대로 된 준비도 없이 응시하는 풍조가 아직도 개선되지 못하여 합격률은 그다지 높지 않은 것이 현실입니다. 이러한 현상을 이해하고 약간의 전문성을 반영해 답안을 작성한다면 상대적으로 어렵지 않게 합격할 수 있다고 확신합니다.

많은 수험생들이 산업안전보건법 위주로 학습하시는 것을 목격하고 있습니다. 물론, 산업안전보건법이 중요하긴 하나, 암기한 내용의 단순 나열로 기술사에 등극할 수는 없습니다. 기술수준을 바탕으로 한 답안작성, 즉 본 교재에 수록한 각종 공사의 핵심을 이해하고, 공종별 안전조치사항을 접목시켜 답안작성자의 의견이 반영된 답안만이 합격권에 들 수 있습니다.

저는 그간 수많은 기술사를 배출해오며 어려운 학습여건을 극복하고 건설안전기술사에 합격해 금융권과 석유화학·반도체를 비롯한 제조업, 공공기관 등에 진출하는 사례를 수없이 보아왔습니다. 즉, 발주자의 업무를 포함해 다양한 진로에 진출할 수 있다는 것입니다. 급변하는 사회변화에 대응하기 위한 최고의 자격증 건설안전기술사입니다. 부디 목표하시는 기간 내에 합격하시어 성공인생의 주인공이 되시길 기원합니다.

2024년 12월 10일
저자 한 경 보 올림

CONTENTS

1편 산업안전보건기준에 관한 규칙 요약 및 보충해설

산업안전보건기준에 관한 규칙 요약 및 보충해설 ·················· 3

2편 토공사/기초공사

1장 일반사항
01 재해예방을 위한 사전조사 및 작업계획서 내용 ·················· 53
02 지반조사 ·················· 56
03 평판재하시험 및 말뚝재하시험 ·················· 58
04 토공사 안전대책 ·················· 60
05 동상현상 ·················· 60
06 융해현상 ·················· 62
07 점성토와 사질토 ·················· 62
08 액상화 현상 ·················· 64
09 예민비와 Thixotropy 현상 ·················· 65
10 흙의 연경도 ·················· 67
11 다짐 ·················· 68
12 지진피해와 예방대책 ·················· 72

2장 지반보강
01 연약지반 ·················· 75
02 지하수처리 ·················· 82

3장 흙막이공

- 01 굴착 ··· 83
- 02 흙막이 공법 ·· 84
- 03 흙막이 안정성 저하 원인 및 대책 ··· 90
- 04 흙막이 배수 공법 ·· 91
- 05 흙막이 주변 침하 및 균열 ·· 95
- 06 Underpining 공법 ··· 96
- 07 계측관리 ··· 97
- 08 근접시공 및 건설공해 ··· 98

4장 기초공

- 01 얕은 기초 ··· 99
- 02 깊은 기초 ··· 99
- 03 박기 ·· 104
- 04 이음 ·· 104
- 05 지지력 ··· 105
- 06 공해대책 ··· 105
- 07 말뚝 시공 시 유의사항 ·· 105
- 08 말뚝 두부 파손 원인 및 대책 ··· 107
- 09 부마찰력/구조물 부상/부등침하 ·· 108

5장 사면안정

- 01 사면의 종류 및 파괴형태 ·· 112
- 02 사면의 붕괴원인 ·· 114
- 03 사면의 안전대책 ·· 115
- 04 산사태 원인 및 대책 ·· 117
- 05 사면안정계측 ·· 117
- 06 절토 ·· 118
- 07 지하매설물 안전관리 ··· 120

6장 옹벽
01 콘크리트 옹벽 ………………………………………………………… 123
02 보강토 옹벽 …………………………………………………………… 126

3편 철근콘크리트공사

1장 일반사항
01 재료 및 보관 ………………………………………………………… 131
02 시험 …………………………………………………………………… 133
03 배합설계 ……………………………………………………………… 134

2장 거푸집/동바리
01 거푸집/동바리 설계 시 고려사항 ………………………………… 136
02 거푸집 재료 선정 시 고려사항 …………………………………… 137
03 거푸집의 종류 ………………………………………………………… 137
04 System 동바리 ………………………………………………………… 138
05 거푸집존치기간 ……………………………………………………… 140
06 거푸집/동바리 붕괴원인과 방지대책 …………………………… 141
07 거푸집 동바리 설계 시 고려해야 할 하중과 구조검토사항 …… 142
08 거푸집 측압 …………………………………………………………… 143

3장 철근공사
01 철근재료의 구비조건 ……………………………………………… 145
02 철근의 분류 …………………………………………………………… 145
03 철근의 이음 및 정착 ………………………………………………… 146
04 철근조립 ……………………………………………………………… 147
05 철근공사 시 안전작업지침 ………………………………………… 148

4장 콘크리트공사

01 콘크리트의 요구조건 ································· 150
02 콘크리트공사 시공단계별 준수사항 ················ 150
03 콘크리트의 성질 ···································· 154
04 콘크리트 펌프카 타설 시 안전대책 ················ 157
05 방사선 차폐용 콘크리트 ··························· 158

5장 균열/열화

01 균열 ··· 160
02 열화 ··· 163
03 내구성 저하의 원인 및 대책 ························ 165
04 콘크리트 폭열 ······································ 171

4편 철골공사

1장 철골공사

01 철골공사 절차 ······································ 175
02 철골공사 시 안전대책 ······························ 186

5편 해체공사

1장 해체공사

01 해체공사 분류 ······································ 197
02 해체공사 ·· 198
03 해체공사 시 안전대책 ······························ 201

6편 교량/터널/댐공사

1장 교량공사
- 01 교량분류 및 구조도 ··· 205
- 02 교량 가설공사 ··· 208
- 03 교량공사 시 재해유형 및 안전대책 ···························· 214
- 04 교량의 안정성 평가 및 보수보강 ······························· 216
- 05 강교 가설공사 ··· 219
- 06 교량받침(교좌장치, Shoe) ·· 225
- 07 교량기초부 세굴 발생원인 및 방지대책 ······················ 227

2장 터널공사
- 01 터널공법 분류 ·· 228
- 02 NATM 공법 ··· 232
- 03 터널공사의 재해유형과 안전대책 ······························· 242
- 04 TBM 공법 ··· 245
- 05 Shield 공법 ·· 247

3장 댐공사
- 01 댐의 분류 ·· 250
- 02 댐의 시공 ·· 252
- 03 누수 원인 및 대책 ·· 257
- 04 댐의 붕괴원인 및 대책 ·· 258

7편 항만/하천공사

1장 항만공사
- 01 항만구조물 분류 ·· 261
- 02 방파제 ·· 262
- 03 계류시설 ·· 269
- 04 기초사석공 ·· 276
- 05 가물막이공(가체절) ·· 279

2장 하천공사
- 01 호안공 ·· 286
- 02 하천 제방 ·· 294

8편 부 록

- 표준안전작업지침 ·· 301
- 합격답안 작성용 모식도 ·· 384

공사안전 총괄요약자료 ·· 389

PART 01

산업안전보건기준에 관한 규칙 요약 및 보충해설

산업안전보건기준에 관한 규칙(약칭 : 안전보건규칙) 요약 및 보충해설

[시행 2024. 6. 28] [고용노동부령 제417호, 2024. 6. 28., 일부개정]

제8조(조도)

사업주는 근로자가 상시 작업하는 장소의 작업면 조도(照度)를 다음 각 호의 기준에 맞도록 하여야 한다. 다만, 갱내(坑內) 작업장과 감광재료(感光材料)를 취급하는 작업장은 그러하지 아니하다.

1. 초정밀작업 : 750럭스(lux) 이상
2. 정밀작업 : 300럭스 이상
3. 보통작업 : 150럭스 이상
4. 그 밖의 작업 : 75럭스 이상

제13조(안전난간의 구조 및 설치요건)

사업주는 근로자의 추락 등의 위험을 방지하기 위하여 안전난간을 설치하는 경우 다음 각 호의 기준에 맞는 구조로 설치해야 한다. 〈개정 2015. 12. 31., 2023. 11. 14.〉

1. 상부 난간대, 중간 난간대, 발끝막이판 및 난간기둥으로 구성할 것. 다만, 중간 난간대, 발끝막이판 및 난간기둥은 이와 비슷한 구조와 성능을 가진 것으로 대체할 수 있다.
2. 상부 난간대는 바닥면·발판 또는 경사로의 표면(이하 "바닥면 등"이라 한다)으로부터 90센티미터 이상 지점에 설치하고, 상부 난간대를 120센티미터 이하에 설치하는 경우에는 중간 난간대는 상부 난간대와 바닥면 등의 중간에 설치해야 하며, 120센티미터 이상 지점에 설치하는 경우에는 중간 난간대를 2단 이상으로 균등하게 설치하고 난간의 상하 간격은 60센티미터 이하가 되도록 할 것. 다만, 난간기둥 간의 간격이 25센티미터 이하인 경우에는 중간 난간대를 설치하지 않을 수 있다.
3. 발끝막이판은 바닥면 등으로부터 10센티미터 이상의 높이를 유지할 것. 다만, 물체가 떨어지거나 날아올 위험이 없거나 그 위험을 방지할 수 있는 망을 설치하는 등 필요한 예방 조치를 한 장소는 제외한다.
4. 난간기둥은 상부 난간대와 중간 난간대를 견고하게 떠받칠 수 있도록 적정한 간격을 유지할 것
5. 상부 난간대와 중간 난간대는 난간 길이 전체에 걸쳐 바닥면 등과 평행을 유지할 것

6. 난간대는 지름 2.7센티미터 이상의 금속제 파이프나 그 이상의 강도가 있는 재료일 것
7. 안전난간은 구조적으로 가장 취약한 지점에서 가장 취약한 방향으로 작용하는 100킬로그램 이상의 하중에 견딜 수 있는 튼튼한 구조일 것

제14조(낙하물에 의한 위험의 방지)

① 사업주는 작업장의 바닥, 도로 및 통로 등에서 낙하물이 근로자에게 위험을 미칠 우려가 있는 경우 보호망을 설치하는 등 필요한 조치를 하여야 한다.

② 사업주는 작업으로 인하여 물체가 떨어지거나 날아올 위험이 있는 경우 낙하물 방지망, 수직보호망 또는 방호선반의 설치, 출입금지구역의 설정, 보호구의 착용 등 위험을 방지하기 위하여 필요한 조치를 하여야 한다. 이 경우 낙하물 방지망 및 수직보호망은 「산업표준화법」 제12조에 따른 한국산업표준(이하 "한국산업표준"이라 한다)에서 정하는 성능기준에 적합한 것을 사용하여야 한다. 〈개정 2017. 12. 28., 2022. 10. 18.〉

수직보호망

1) 설치방법

(1) 강관비계에 수직보호망을 설치하는 경우에는 다음 그림과 같이 비계기둥과 띠장간격에 맞추어 수직보호망을 제작·설치하고, 빈 공간이 발생하지 않도록 하여야 한다.

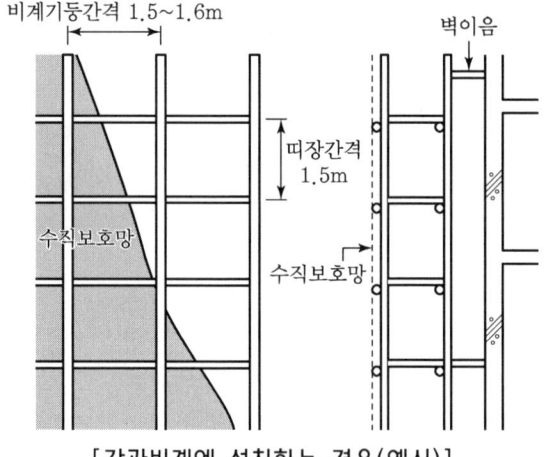

[강관비계에 설치하는 경우(예시)]

(2) 강관틀 비계에 수직보호망을 설치하는 경우에는 다음 그림과 같이 수평지지대 설치간격을 5.5m 이하로 하고 여기에 수직보호망을 견고하게 설치하여야 한다.

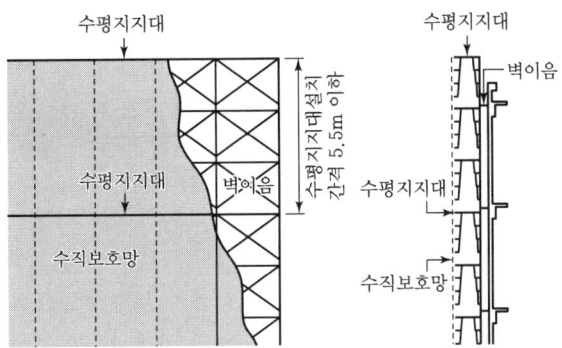

[강관틀 비계에 설치하는 경우(예시)]

(3) 철골구조물에 수직보호망을 설치하는 경우에는 다음 그림과 같이 수직지지대를 설치하고 여기에 수직보호망을 견고하게 설치하여야 한다.

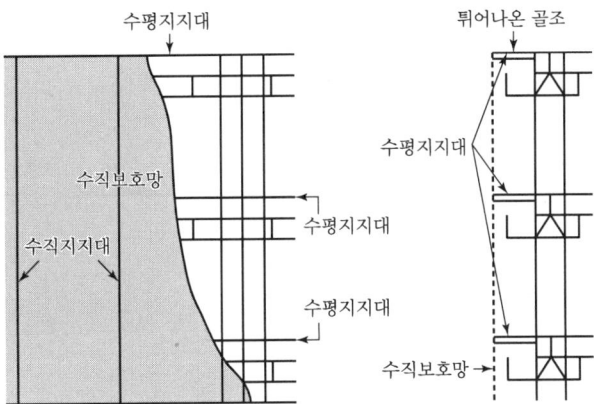

[철골구조물의 외부에 설치하는 경우(예시)]

(4) 갱폼에 수직보호망을 설치하는 경우에는 다음 그림과 같이 수평지지대와 수직지지대를 이용하여 빈 공간이 발생하지 않도록 설치하여야 한다.

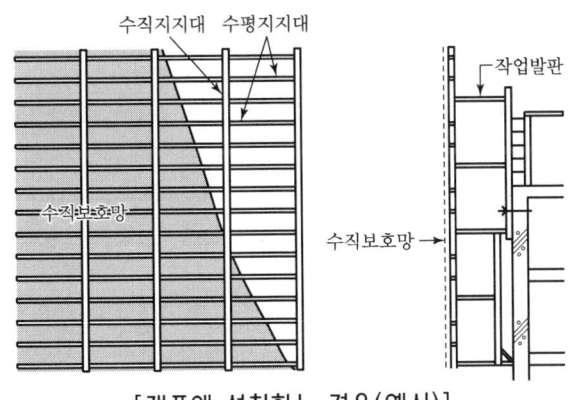

[갱폼에 설치하는 경우(예시)]

(5) 수직보호망이 설치된 장소 주변에서 용단, 용접 등의 작업이 예상되는 경우에는 반드시 난연 또는 방염성이 있는 수직보호망을 설치하여야 한다.
(6) 수직·수평지지대에 수직보호망 설치 또는 수직보호망과 수직보호망 사이 연결은 수직보호망의 금속고리나 동등 이상의 강도를 갖는 테두리 부분에서 해야 하며, 고정부분은 쉽게 빠지거나 풀어지지 않는 구조이어야 한다.
(7) 수직보호망을 지지대에 설치할 때 설치간격은 35cm 이하로 하고 틈새나 처짐이 생기지 않도록 밀실하게 설치하여야 한다.
(8) 수직보호망을 붙여서 설치하는 때에는 틈이 생기지 않도록 밀실하게 설치하여야 한다.
(9) 수직보호망의 고정 긴결재는 인장강도 0.98kN 이상으로서 긴결방법은 사용기간 동안 강풍 등 반복되는 외력에 견딜 수 있어야 하고, 긴결재로 케이블타이와 같은 플라스틱재료를 사용할 경우에는 끊어지거나 파손되지 않아야 한다.
(10) 수직보호망의 긴결재로 로프를 사용할 경우에는 금속고리 구멍마다 로프가 통과하여 지지대에 감기도록 하여야 한다.
(11) 통기성이 적은 수직보호망은 예상되는 최대풍압력과 지지대의 내력을 검토하여 벽이음을 보강하고, 벽이음을 일시적으로 해체하는 경우에는 가설구조물의 전도 위험에 대비하여야 한다.
(12) 기타 수직보호망을 설치해야 할 구조물의 단부, 모서리 등에는 그 치수에 맞는 수직보호망을 이용하여 빈틈이 없도록 설치하여야 한다.

2) 관리기준
  (1) 수직보호망을 설치하여 사용하는 중에는 다음 각 호에 따라 안전점검을 실시하고 필요시에는 보수, 교체 등의 안전조치를 하여야 한다.
    ① 긴결부의 상태는 1개월마다 정기점검을 실시
    ② 폭우, 강풍이 불고 난 후에는 수직보호망, 지지대 등의 이상유무를 점검
    ③ 수직보호망 근처에서 용접작업을 한 경우에는 용접불꽃 또는 용단 파편에 의한 망의 손상이 없는지 점검하고, 손상된 경우에는 즉시 교체하거나 보수
    ④ 수직보호망에 붙은 이물질 등은 깨끗하게 제거
    ⑤ 자재의 반입 등으로 일시적으로 수직보호망을 해체하는 경우에는 해당 작업 종료 후 즉시 복원
    ⑥ 낙하·비래물, 건설기계 등과의 접촉으로 수직보호망이나 지지재 등이 파손된 경우에는 즉시 교체하거나 보수
  (2) 다음 각 호에 해당하는 수직보호망을 사용해서는 아니 된다.
    ① 수직보호망의 방망 또는 금속고리 부분이 파손된 것
    ② 보수가 불가능한 것
  (3) 수직보호망은 통풍이 잘되는 건조한 장소에 보관하고 사용기간, 사용횟수 등 사용이력을 쉽게 확인할 수 있도록 하여야 한다.

3) 설치 및 사용 시 주의사항
   (1) 수직보호망은 한국산업표준 또는 고용노동부 고시 "방호장치안전인증고시"에서 정하는 기준에 적합한 것을 사용하여야 한다.
   (2) 수직보호망이 설치되는 가설구조물의 붕괴 또는 전도위험에 대한 안전성여부를 사전에 확인하여야 한다.
   (3) 수직보호망을 설치하기 위하여 근로자가 고소작업을 하는 경우에는 안전대를 지급하여 착용토록 하는 등 근로자의 추락재해 예방조치를 하여야 한다.
   (4) 수직보호망을 재사용할 경우에는 수직보호망의 성능이 신품과 동등 이상이고 외적으로 손상이나 변형이 없어야 한다.
   (5) 수직보호망을 설치하기 전에 다음의 표시 사항을 확인하여야 한다.
      ① 제조자명 또는 그 약호
      ② 제조 연월
      ③ 안전인증번호

③ 제2항에 따라 낙하물 방지망 또는 방호선반을 설치하는 경우에는 다음 각 호의 사항을 준수하여야 한다.
  1. 높이 10미터 이내마다 설치하고, 내민 길이는 벽면으로부터 2미터 이상으로 할 것
  2. 수평면과의 각도는 20도 이상 30도 이하를 유지할 것

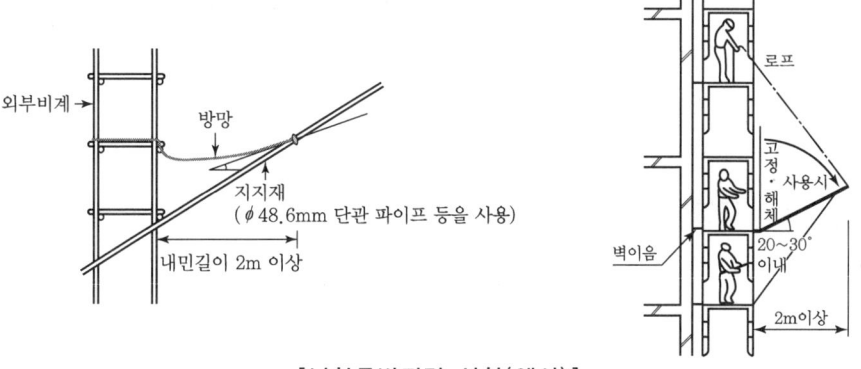

[낙하물방지망 설치(예시)]

제17조(비상구의 설치)

① 사업주는 별표 1에 규정된 위험물질을 제조·취급하는 작업장(이하 이 항에서 "작업장"이라 한다)과 그 작업장이 있는 건축물에 제11조에 따른 출입구 외에 안전한 장소로 대피할 수 있는 비상구 1개 이상을 다음 각 호의 기준을 모두 충족하는 구조로 설치해야 한다. 다만, 작업장 바닥면의 가로 및 세로가 각 3미터 미만인 경우에는 그렇지 않다. 〈개정 2019. 12. 26., 2023. 11. 14.〉

1. 출입구와 같은 방향에 있지 아니하고, 출입구로부터 3미터 이상 떨어져 있을 것
2. 작업장의 각 부분으로부터 하나의 비상구 또는 출입구까지의 수평거리가 50미터 이하가 되도록 할 것. 다만, 작업장이 있는 층에「건축법 시행령」제34조 제1항에 따라 피난층(직접 지상으로 통하는 출입구가 있는 층과「건축법 시행령」제34조 제3항 및 제4항에 따른 피난안전구역을 말한다) 또는 지상으로 통하는 직통계단(경사로를 포함한다)을 설치한 경우에는 그 부분에 한정하여 본문에 따른 기준을 충족한 것으로 본다.
3. 비상구의 너비는 0.75미터 이상으로 하고, 높이는 1.5미터 이상으로 할 것
4. 비상구의 문은 피난 방향으로 열리도록 하고, 실내에서 항상 열 수 있는 구조로 할 것

② 사업주는 제1항에 따른 비상구에 문을 설치하는 경우 항상 사용할 수 있는 상태로 유지하여야 한다.

제22조(통로의 설치)

① 사업주는 작업장으로 통하는 장소 또는 작업장 내에 근로자가 사용할 안전한 통로를 설치하고 항상 사용할 수 있는 상태로 유지하여야 한다.

② 사업주는 통로의 주요 부분에 통로표시를 하고, 근로자가 안전하게 통행할 수 있도록 하여야 한다. 〈개정 2016. 7. 11.〉

③ 사업주는 통로면으로부터 높이 2미터 이내에는 장애물이 없도록 하여야 한다. 다만, 부득이하게 통로면으로부터 높이 2미터 이내에 장애물을 설치할 수밖에 없거나 통로면으로부터 높이 2미터 이내의 장애물을 제거하는 것이 곤란하다고 고용노동부장관이 인정하는 경우에는 근로자에게 발생할 수 있는 부상 등의 위험을 방지하기 위한 안전 조치를 하여야 한다. 〈개정 2016. 7. 11.〉

제23조(가설통로의 구조)

사업주는 가설통로를 설치하는 경우 다음 각 호의 사항을 준수하여야 한다.
1. 견고한 구조로 할 것
2. 경사는 30도 이하로 할 것. 다만, 계단을 설치하거나 높이 2미터 미만의 가설통로로서 튼튼한 손잡이를 설치한 경우에는 그러하지 아니하다.
3. 경사가 15도를 초과하는 경우에는 미끄러지지 아니하는 구조로 할 것
4. 추락할 위험이 있는 장소에는 안전난간을 설치할 것. 다만, 작업상 부득이한 경우에는 필요한 부분만 임시로 해체할 수 있다.
5. 수직갱에 가설된 통로의 길이가 15미터 이상인 경우에는 10미터 이내마다 계단참을 설치할 것
6. 건설공사에 사용하는 높이 8미터 이상인 비계다리에는 7미터 이내마다 계단참을 설치할 것

제24조(사다리식 통로 등의 구조)

① 사업주는 사다리식 통로 등을 설치하는 경우 다음 각 호의 사항을 준수하여야 한다. 〈개정 2024. 6. 28.〉
   1. 견고한 구조로 할 것
   2. 심한 손상·부식 등이 없는 재료를 사용할 것
   3. 발판의 간격은 일정하게 할 것
   4. 발판과 벽과의 사이는 15센티미터 이상의 간격을 유지할 것
   5. 폭은 30센티미터 이상으로 할 것
   6. 사다리가 넘어지거나 미끄러지는 것을 방지하기 위한 조치를 할 것
   7. 사다리의 상단은 걸쳐놓은 지점으로부터 60센티미터 이상 올라가도록 할 것
   8. 사다리식 통로의 길이가 10미터 이상인 경우에는 5미터 이내마다 계단참을 설치할 것
   9. 사다리식 통로의 기울기는 75도 이하로 할 것. 다만, 고정식 사다리식 통로의 기울기는 90도 이하로 하고, 그 높이가 7미터 이상인 경우에는 다음 각 목의 구분에 따른 조치를 할 것
      가. 등받이울이 있어도 근로자 이동에 지장이 없는 경우 : 바닥으로부터 높이가 2.5미터 되는 지점부터 등받이울을 설치할 것
      나. 등받이울이 있으면 근로자가 이동이 곤란한 경우 : 한국산업표준에서 정하는 기준에 적합한 개인용 추락 방지 시스템을 설치하고 근로자로 하여금 한국산업표준에서 정하는 기준에 적합한 전신안전대를 사용하도록 할 것
   10. 접이식 사다리 기둥은 사용 시 접혀지거나 펼쳐지지 않도록 철물 등을 사용하여 견고하게 조치할 것

② 잠함(潛函) 내 사다리식 통로와 건조·수리 중인 선박의 구명줄이 설치된 사다리식 통로(건조·수리작업을 위하여 임시로 설치한 사다리식 통로는 제외한다)에 대해서는 제1항제5호부터 제10호까지의 규정을 적용하지 아니한다.

제32조(보호구의 지급 등)

① 사업주는 다음 각 호의 어느 하나에 해당하는 작업을 하는 근로자에 대해서는 다음 각 호의 구분에 따라 그 작업조건에 맞는 보호구를 작업하는 근로자 수 이상으로 지급하고 착용하도록 하여야 한다. 〈개정 2017. 3. 3., 2024. 6. 28.〉
   1. 물체가 떨어지거나 날아올 위험 또는 근로자가 추락할 위험이 있는 작업 : 안전모
   2. 높이 또는 깊이 2미터 이상의 추락할 위험이 있는 장소에서 하는 작업 : 안전대(安全帶)
   3. 물체의 낙하·충격, 물체에의 끼임, 감전 또는 정전기의 대전(帶電)에 의한 위험이 있는 작업 : 안전화

4. 물체가 흩날릴 위험이 있는 작업 : 보안경
5. 용접 시 불꽃이나 물체가 흩날릴 위험이 있는 작업 : 보안면
6. 감전의 위험이 있는 작업 : 절연용 보호구
7. 고열에 의한 화상 등의 위험이 있는 작업 : 방열복
8. 선창 등에서 분진(粉塵)이 심하게 발생하는 하역작업 : 방진마스크
9. 섭씨 영하 18도 이하인 급냉동어창에서 하는 하역작업 : 방한모·방한복·방한화·방한장갑
10. 물건을 운반하거나 수거·배달하기 위하여 「도로교통법」 제2조 제18호 가목5)에 따른 이륜자동차 또는 같은 법 제2조 제19호에 따른 원동기장치자전거를 운행하는 작업 : 「도로교통법 시행규칙」 제32조 제1항 각 호의 기준에 적합한 승차용 안전모
11. 물건을 운반하거나 수거·배달하기 위해 「도로교통법」 제2조 제21호의2에 따른 자전거 등을 운행하는 작업 : 「도로교통법 시행규칙」 제32조 제2항의 기준에 적합한 안전모

② 사업주로부터 제1항에 따른 보호구를 받거나 착용지시를 받은 근로자는 그 보호구를 착용하여야 한다.

제37조(악천후 및 강풍 시 작업 중지)

① 사업주는 비·눈·바람 또는 그 밖의 기상상태의 불안정으로 인하여 근로자가 위험해질 우려가 있는 경우 작업을 중지하여야 한다. 다만, 태풍 등으로 위험이 예상되거나 발생되어 긴급 복구작업을 필요로 하는 경우에는 그러하지 아니하다.

② 사업주는 순간풍속이 초당 10미터를 초과하는 경우 타워크레인의 설치·수리·점검 또는 해체 작업을 중지하여야 하며, 순간풍속이 초당 15미터를 초과하는 경우에는 타워크레인의 운전작업을 중지하여야 한다. 〈개정 2017. 3. 3.〉

제38조(사전조사 및 작업계획서의 작성 등)

① 사업주는 다음 각 호의 작업을 하는 경우 근로자의 위험을 방지하기 위하여 별표 4에 따라 해당 작업, 작업장의 지형·지반 및 지층 상태 등에 대한 사전조사를 하고 그 결과를 기록·보존해야 하며, 조사결과를 고려하여 별표 4의 구분에 따른 사항을 포함한 작업계획서를 작성하고 그 계획에 따라 작업을 하도록 해야 한다. 〈개정 2023. 11. 14.〉

1. 타워크레인을 설치·조립·해체하는 작업
2. 차량계 하역운반기계 등을 사용하는 작업(화물자동차를 사용하는 도로상의 주행작업은 제외한다. 이하 같다)
3. 차량계 건설기계를 사용하는 작업
4. 화학설비와 그 부속설비를 사용하는 작업

5. 제318조에 따른 전기작업(해당 전압이 50볼트를 넘거나 전기에너지가 250볼트암페어를 넘는 경우로 한정한다)
6. 굴착면의 높이가 2미터 이상이 되는 지반의 굴착작업
7. 터널굴착작업
8. 교량(상부구조가 금속 또는 콘크리트로 구성되는 교량으로서 그 높이가 5미터 이상이거나 교량의 최대 지간 길이가 30미터 이상인 교량으로 한정한다)의 설치·해체 또는 변경작업
9. 채석작업
10. 구축물, 건축물, 그 밖의 시설물 등(이하 "구축물 등"이라 한다)의 해체작업
11. 중량물의 취급작업
12. 궤도나 그 밖의 관련 설비의 보수·점검작업
13. 열차의 교환·연결 또는 분리 작업(이하 "입환작업"이라 한다)

② 사업주는 제1항에 따라 작성한 작업계획서의 내용을 해당 근로자에게 알려야 한다.
③ 사업주는 항타기나 항발기를 조립·해체·변경 또는 이동하는 작업을 하는 경우 그 작업방법과 절차를 정하여 근로자에게 주지시켜야 한다.
④ 사업주는 제1항 제12호의 작업에 모터카(Motor Car), 멀티플타이탬퍼(Multiple Tie Tamper), 밸러스트 콤팩터(Ballast Compactor, 철도자갈다짐기), 궤도안정기 등의 작업차량(이하 "궤도작업차량"이라 한다)을 사용하는 경우 미리 그 구간을 운행하는 열차의 운행관계자와 협의하여야 한다. 〈개정 2019. 10. 15.〉

제42조(추락의 방지)

① 사업주는 근로자가 추락하거나 넘어질 위험이 있는 장소[작업발판의 끝·개구부(開口部) 등을 제외한다] 또는 기계·설비·선박블록 등에서 작업을 할 때에 근로자가 위험해질 우려가 있는 경우 비계(飛階)를 조립하는 등의 방법으로 작업발판을 설치하여야 한다.
② 사업주는 제1항에 따른 작업발판을 설치하기 곤란한 경우 다음 각 호의 기준에 맞는 추락방호망을 설치해야 한다. 다만, 추락방호망을 설치하기 곤란한 경우에는 근로자에게 안전대를 착용하도록 하는 등 추락위험을 방지하기 위해 필요한 조치를 해야 한다. 〈개정 2017. 12. 28., 2021. 5. 28.〉
1. 추락방호망의 설치위치는 가능하면 작업면으로부터 가까운 지점에 설치하여야 하며, 작업면으로부터 망의 설치지점까지의 수직거리는 10미터를 초과하지 아니할 것
2. 추락방호망은 수평으로 설치하고, 망의 처짐은 짧은 변 길이의 12퍼센트 이상이 되도록 할 것

3. 건축물 등의 바깥쪽으로 설치하는 경우 추락방호망의 내민 길이는 벽면으로부터 3미터 이상 되도록 할 것. 다만, 그물코가 20밀리미터 이하인 추락방호망을 사용한 경우에는 제14조 제3항에 따른 낙하물 방지망을 설치한 것으로 본다.
③ 사업주는 추락방호망을 설치하는 경우에는 한국산업표준에서 정하는 성능기준에 적합한 추락방호망을 사용하여야 한다. 〈신설 2017. 12. 28., 2022. 10. 18.〉

추락보호망

1) 구조 및 재료
   (1) 추락방호망은 한국산업표준(KS F 8082) 또는 고용노동부고시 "방호장치안전인증 고시"에서 정하는 기준에 적합한 것을 사용하여야 한다.
   (2) 추락방호망의 구조는 다음 그림과 같이 방망, 테두리로프, 달기로프, 재봉사로 구성된다. 다만, 재봉사는 필요에 따라 생략할 수 있다.
   ① 그물코 : 방망의 그물코는 사각 또는 마름모 등의 형상으로서 한 변의 길이(매듭의 중심간 거리)는 10cm 이하이어야 한다.
   ② 테두리로프 : 방망의 각 그물코를 통하는 방법으로 방망과 결합시키고 적당한 간격마다 로프와 방망을 재봉사 등으로 묶어 고정하여야 한다.
   ③ 달기로프 : 길이는 2m 이상으로 한다. 다만, 1개의 지지점에 2개의 달기로프로 체결하는 경우 각각의 길이는 1m 이상이어야 한다.

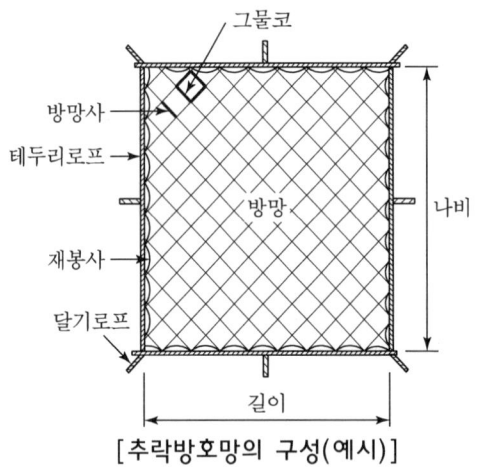

[추락방호망의 구성(예시)]

   (3) 방망의 종류는 그물코의 편성방법에 따라 구분하며, 이외에도 다각형구조 등 여러 형태가 있을 수 있다.

2) 설치 방법
   (1) 추락방호망의 설치위치는 가능하면 작업면으로부터 가까운 지점에 설치하여야 하며, 작업면으로부터 망의 설치지점까지의 수직거리는 10미터를 초과하지 않아야 한다.

(2) 설치 형태는 수평으로 설치하고 방망의 중앙부 처짐(S)은 방망의 짧은 변길이(N)의 12% 이상이 되어야 한다.
(3) 추락방호망의 길이 및 나비가 3m를 넘는 것은 3m 이내마다 같은 간격으로 테두리로프와 지지점을 달기로프로 결속하여야 하고, 추락방호망과 이를 지지하는 구조물 사이는 추락할 위험이 없도록 최대 간격이 10cm 이하가 되도록 설치한다.
(4) 건축물 바깥쪽으로 추락방호망을 설치하는 경우 추락방호망을 고정시키기 위한 지지대(A) 간의 수평 간격(L)은 10m를 초과하지 않도록 하여야 한다. 또한 방망의 짧은 변 길이(N)가 되는 내민 길이(B)는 벽면으로부터 3m 이상이 되어야 한다. 다만, 건축물의 모서리 등에 대해서는 내민 길이를 예외로 할 수 있다.
(5) 근로자가 추락방호망에 추락할 경우 방망의 처짐에 의해 바닥면 또는 돌출물에 충돌하여 충격을 받지 않도록 방망의 하부는 바닥면에서 충분한 높이 이상으로 설치하여야 하고 방망 위에는 돌출부나 지지대 등과 같은 위험물이 없도록 하여야 한다.

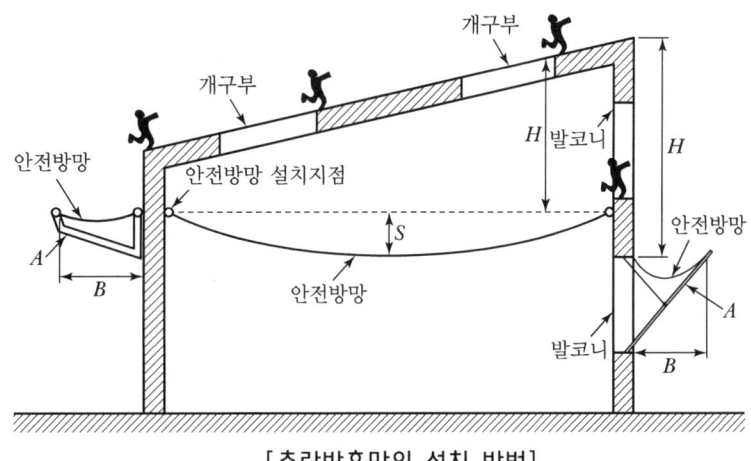

[추락방호망의 설치 방법]

(6) 방망과 방망을 연결하여 설치하는 경우 겹침 폭은 75cm 이상으로 하며, 로프로 겹침 폭의 중앙 위치에 방망의 각 그물코를 통과하는 방법 등으로 방망과 결합시키고 로프와 방망을 재봉사 등으로 묶어 고정하여야 한다.

3) 관리기준
  (1) 정기점검
    ① 추락방호망은 최초 설치 후 3개월 이내에 점검을 실시하여야 하고, 그 이후에는 정기적으로 점검하여 손상 등이 있는 경우에는 즉시 폐기하여야 한다.
    ② 사용상태가 비슷한 추락방호망이 다수 설치된 경우에는 5개소 이상을 무작위 추출하여 점검하고 나머지 방망에 대한 점검은 생략할 수 있다.
    ③ 마모가 현저하거나 유해가스에 노출된 장소에 설치한 추락방호망은 수시로 점검을 하여야 한다.

(2) 보관
① 방망은 깨끗하게 보관하여야 한다.
② 방망은 자외선, 기름, 유해가스가 없는 건조한 장소에 보관하여야 한다.

(3) 사용 시 주의사항
다음의 방망은 사용하지 않거나 방망의 사용 시 주의하여야 한다.
① 건축물 바깥쪽에 방망을 설치 또는 해체하는 경우 가급적 건축물 내부에서만 작업이 이루어지도록 하여야 한다. 다만, 불가피하게 바깥쪽으로 나가서 설치 및 해체 작업을 해야 하는 특정구간의 경우에는 고소작업대 사용 또는 안전대 착용 등 적절한 추락방지조치를 하여야 한다.
② 추락방호망 위에서 용접이나 컷팅 작업을 할 때, 용접불티 비산방지덮개, 용접방화포 등 불꽃, 불티 등 비산방지조치를 실시하고 작업이 끝나면 방망의 손상여부를 점검하여야 한다.
③ 추락방호망 위에 있는 잔해(파편)물들은 수시로 점검하고 제거하여야 한다.
④ 추락방호망의 장기간 설치로 마모가 현저하거나 낙하물에 의한 충격 등으로 찢어지거나 파손된 방망은 즉시 교체하여야 한다.

④ 사업주는 제1항 및 제2항에도 불구하고 작업발판 및 추락방호망을 설치하기 곤란한 경우에는 근로자로 하여금 3개 이상의 버팀대를 가지고 지면으로부터 안정적으로 세울 수 있는 구조를 갖춘 이동식 사다리를 사용하여 작업을 하게 할 수 있다. 이 경우 사업주는 근로자가 다음 각 호의 사항을 준수하도록 조치해야 한다. 〈신설 2024. 6. 28.〉

1. 평탄하고 견고하며 미끄럽지 않은 바닥에 이동식 사다리를 설치할 것
2. 이동식 사다리의 넘어짐을 방지하기 위해 다음 각 목의 어느 하나 이상에 해당하는 조치를 할 것
    가. 이동식 사다리를 견고한 시설물에 연결하여 고정할 것
    나. 아웃트리거(Outrigger, 전도방지용 지지대)를 설치하거나 아웃트리거가 붙어있는 이동식 사다리를 설치할 것
    다. 이동식 사다리를 다른 근로자가 지지하여 넘어지지 않도록 할 것
3. 이동식 사다리의 제조사가 정하여 표시한 이동식 사다리의 최대사용하중을 초과하지 않는 범위 내에서만 사용할 것
4. 이동식 사다리를 설치한 바닥면에서 높이 3.5미터 이하의 장소에서만 작업할 것
5. 이동식 사다리의 최상부 발판 및 그 하단 디딤대에 올라서서 작업하지 않을 것. 다만, 높이 1미터 이하의 사다리는 제외한다.
6. 안전모를 착용하되, 작업 높이가 2미터 이상인 경우에는 안전모와 안전대를 함께 착용할 것

7. 이동식 사다리 사용 전 변형 및 이상 유무 등을 점검하여 이상이 발견되면 즉시 수리하거나 그 밖에 필요한 조치를 할 것

제43조(개구부 등의 방호 조치)
① 사업주는 작업발판 및 통로의 끝이나 개구부로서 근로자가 추락할 위험이 있는 장소에는 안전난간, 울타리, 수직형 추락방망 또는 덮개 등(이하 이 조에서 "난간 등"이라 한다)의 방호 조치를 충분한 강도를 가진 구조로 튼튼하게 설치하여야 하며, 덮개를 설치하는 경우에는 뒤집히거나 떨어지지 않도록 설치하여야 한다. 이 경우 어두운 장소에서도 알아볼 수 있도록 개구부임을 표시해야 하며, 수직형 추락방망은 한국산업표준에서 정하는 성능기준에 적합한 것을 사용해야 한다. 〈개정 2019. 12. 26., 2022. 10. 18.〉
② 사업주는 난간 등을 설치하는 것이 매우 곤란하거나 작업의 필요상 임시로 난간 등을 해체하여야 하는 경우 제42조 제2항 각 호의 기준에 맞는 추락방호망을 설치하여야 한다. 다만, 추락방호망을 설치하기 곤란한 경우에는 근로자에게 안전대를 착용하도록 하는 등 추락할 위험을 방지하기 위하여 필요한 조치를 하여야 한다. 〈개정 2017. 12. 28.〉

제45조(지붕 위에서의 위험 방지)
① 사업주는 근로자가 지붕 위에서 작업을 할 때에 추락하거나 넘어질 위험이 있는 경우에는 다음 각 호의 조치를 해야 한다.
1. 지붕의 가장자리에 제13조에 따른 안전난간을 설치할 것
2. 채광창(Skylight)에는 견고한 구조의 덮개를 설치할 것

🔔 지붕 채광창 전용 안전덮개 성능, 제작기준

1) 성능기준
   (1) 휨 성능
       보강재의 유무와 관계없이 안전덮개를 단순 거치한 상태에서 중앙부에 직경 150mm 이상의 원형지그 또는 150×100mm 이상의 사각형지그로 수직하중 2,000N* 재하 시 견딜 것 (시험속도는 분당 30mm 이하)
       * 작업자 몸무게+운반자재 중량+충격
   (2) 미끄러짐 성능*
       90° 경사진 샌드위치 판넬 또는 칼라강판(이하 '지붕재'라 한다)에 설치하였을 때 미끄러지거나 이동하지 않을 것
       * 미끄러짐 성능은 −30~100℃의 온도범위에서 유지될 것
   (3) 처짐
       수직하중 2,000N에서 L/20mm 이하이고, 최대 60mm 이하일 것
       (L : 휨 성능시험 시 안전덮개가 지지되는 내측길이, mm)

2) 제작기준
   (1) 재료
       알루미늄 합금재 또는 이와 동등 이상의 기계적 성질을 가진 것을 사용하되, 무게는 5kg 미만일 것
   (2) 구조
       ① 폭 0.5m 이상, 길이* 1.0m 이상의 사각형으로 높이는 0.1m 미만이고, 격자형 덮개의 경우 한 변의 순길이(Net length)는 100mm 이하일 것
         * 길이 : 안전덮개를 지붕재 위에 설치 시 채광창을 가로지르는 방향
       ② 지붕재 위에 설치 시 볼트 등의 천공이 아닌 탈착이 가능한 구조일 것
       ③ 안전덮개는 지붕재와 맞닿는 위치에서 밀착되는 구조일 것
   (3) 표식
       안전덮개가 개구부임을 알 수 있도록 중앙부에 200mm×200mm 이상의 크기로 추락위험에 대한 그림, 기호 및 글자 등의 표지를 설치할 것

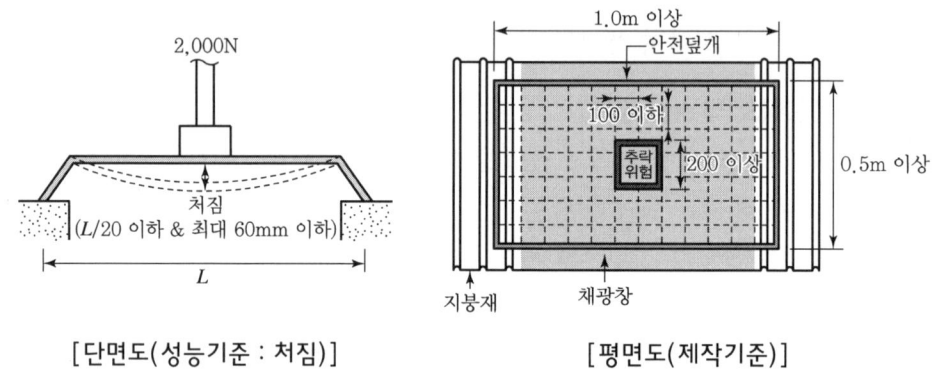

[단면도(성능기준 : 처짐)]   [평면도(제작기준)]

3. 슬레이트 등 강도가 약한 재료로 덮은 지붕에는 폭 30센티미터 이상의 발판을 설치할 것
② 사업주는 작업 환경 등을 고려할 때 제1항 제1호에 따른 조치를 하기 곤란한 경우에는 제42조 제2항 각 호의 기준을 갖춘 추락방호망을 설치해야 한다. 다만, 사업주는 작업 환경 등을 고려할 때 추락방호망을 설치하기 곤란한 경우에는 근로자에게 안전대를 착용하도록 하는 등 추락 위험을 방지하기 위하여 필요한 조치를 해야 한다.
[전문개정 2021. 11. 19.]

제52조(구축물 등의 안전성 평가)
사업주는 구축물 등이 다음 각 호의 어느 하나에 해당하는 경우에는 구축물 등에 대한 구조검토, 안전진단 등의 안전성 평가를 하여 근로자에게 미칠 위험성을 미리 제거해야 한다. 〈개정 2023. 11. 14.〉

1. 구축물 등의 인근에서 굴착·항타작업 등으로 침하·균열 등이 발생하여 붕괴의 위험이 예상될 경우
2. 구축물 등에 지진, 동해(凍害), 부동침하(不同沈下) 등으로 균열·비틀림 등이 발생했을 경우
3. 구축물 등이 그 자체의 무게·적설·풍압 또는 그 밖에 부가되는 하중 등으로 붕괴 등의 위험이 있을 경우
4. 화재 등으로 구축물 등의 내력(耐力)이 심하게 저하됐을 경우
5. 오랜 기간 사용하지 않던 구축물 등을 재사용하게 되어 안전성을 검토해야 하는 경우
6. 구축물 등의 주요구조부(「건축법」 제2조 제1항 제7호에 따른 주요구조부를 말한다. 이하 같다)에 대한 설계 및 시공 방법의 전부 또는 일부를 변경하는 경우
7. 그 밖의 잠재위험이 예상될 경우
   [제목개정 2023. 11. 14.]

제56조(작업발판의 구조)

사업주는 비계(달비계, 달대비계 및 말비계는 제외한다)의 높이가 2미터 이상인 작업장소에 다음 각 호의 기준에 맞는 작업발판을 설치하여야 한다. 〈개정 2012. 5. 31., 2017. 12. 28.〉
1. 발판재료는 작업할 때의 하중을 견딜 수 있도록 견고한 것으로 할 것
2. 작업발판의 폭은 40센티미터 이상으로 하고, 발판재료 간의 틈은 3센티미터 이하로 할 것. 다만, 외줄비계의 경우에는 고용노동부장관이 별도로 정하는 기준에 따른다.
3. 제2호에도 불구하고 선박 및 보트 건조작업의 경우 선박블록 또는 엔진실 등의 좁은 작업공간에 작업발판을 설치하기 위하여 필요하면 작업발판의 폭을 30센티미터 이상으로 할 수 있고, 걸침비계의 경우 강관기둥 때문에 발판재료 간의 틈을 3센티미터 이하로 유지하기 곤란하면 5센티미터 이하로 할 수 있다. 이 경우 그 틈 사이로 물체 등이 떨어질 우려가 있는 곳에는 출입금지 등의 조치를 하여야 한다.
4. 추락의 위험이 있는 장소에는 안전난간을 설치할 것. 다만, 작업의 성질상 안전난간을 설치하는 것이 곤란한 경우, 작업의 필요상 임시로 안전난간을 해체할 때에 추락방호망을 설치하거나 근로자로 하여금 안전대를 사용하도록 하는 등 추락위험 방지 조치를 한 경우에는 그러하지 아니하다.
5. 작업발판의 지지물은 하중에 의하여 파괴될 우려가 없는 것을 사용할 것
6. 작업발판재료는 뒤집히거나 떨어지지 않도록 둘 이상의 지지물에 연결하거나 고정시킬 것
7. 작업발판을 작업에 따라 이동시킬 경우에는 위험 방지에 필요한 조치를 할 것

제57조(비계 등의 조립·해체 및 변경)

① 사업주는 달비계 또는 높이 5미터 이상의 비계를 조립·해체하거나 변경하는 작업을 하는 경우 다음 각 호의 사항을 준수하여야 한다.
  1. 근로자가 관리감독자의 지휘에 따라 작업하도록 할 것
  2. 조립·해체 또는 변경의 시기·범위 및 절차를 그 작업에 종사하는 근로자에게 주지시킬 것
  3. 조립·해체 또는 변경 작업구역에는 해당 작업에 종사하는 근로자가 아닌 사람의 출입을 금지하고 그 내용을 보기 쉬운 장소에 게시할 것
  4. 비, 눈, 그 밖의 기상상태의 불안정으로 날씨가 몹시 나쁜 경우에는 그 작업을 중지시킬 것
  5. 비계재료의 연결·해체작업을 하는 경우에는 폭 20센티미터 이상의 발판을 설치하고 근로자로 하여금 안전대를 사용하도록 하는 등 추락을 방지하기 위한 조치를 할 것
  6. 재료·기구 또는 공구 등을 올리거나 내리는 경우에는 근로자가 달줄 또는 달포대 등을 사용하게 할 것

② 사업주는 강관비계 또는 통나무비계를 조립하는 경우 쌍줄로 하여야 한다. 다만, 별도의 작업발판을 설치할 수 있는 시설을 갖춘 경우에는 외줄로 할 수 있다.

제58조(비계의 점검 및 보수)

사업주는 비, 눈, 그 밖의 기상상태의 악화로 작업을 중지시킨 후 또는 비계를 조립·해체하거나 변경한 후에 그 비계에서 작업을 하는 경우에는 해당 작업을 시작하기 전에 다음 각 호의 사항을 점검하고, 이상을 발견하면 즉시 보수하여야 한다.
  1. 발판 재료의 손상 여부 및 부착 또는 걸림 상태
  2. 해당 비계의 연결부 또는 접속부의 풀림 상태
  3. 연결 재료 및 연결 철물의 손상 또는 부식 상태
  4. 손잡이의 탈락 여부
  5. 기둥의 침하, 변형, 변위(變位) 또는 흔들림 상태
  6. 로프의 부착 상태 및 매단 장치의 흔들림 상태

제59조(강관비계 조립 시의 준수사항)

사업주는 강관비계를 조립하는 경우에 다음 각 호의 사항을 준수해야 한다. 〈개정 2023. 11. 14.〉
  1. 비계기둥에는 미끄러지거나 침하하는 것을 방지하기 위하여 밑받침철물을 사용하거나 깔판·받침목 등을 사용하여 밑둥잡이를 설치하는 등의 조치를 할 것
  2. 강관의 접속부 또는 교차부(交叉部)는 적합한 부속철물을 사용하여 접속하거나 단단히 묶을 것

3. 교차 가새로 보강할 것
4. 외줄비계·쌍줄비계 또는 돌출비계에 대해서는 다음 각 목에서 정하는 바에 따라 벽이음 및 버팀을 설치할 것. 다만, 창틀의 부착 또는 벽면의 완성 등의 작업을 위하여 벽이음 또는 버팀을 제거하는 경우, 그 밖에 작업의 필요상 부득이한 경우로서 해당 벽이음 또는 버팀 대신 비계기둥 또는 띠장에 사재(斜材)를 설치하는 등 비계가 넘어지는 것을 방지하기 위한 조치를 한 경우에는 그러하지 아니하다.
    가. 강관비계의 조립 간격은 별표 5의 기준에 적합하도록 할 것
    나. 강관·통나무 등의 재료를 사용하여 견고한 것으로 할 것
    다. 인장재(引張材)와 압축재로 구성된 경우에는 인장재와 압축재의 간격을 1미터 이내로 할 것
5. 가공전로(架空電路)에 근접하여 비계를 설치하는 경우에는 가공전로를 이설(移設)하거나 가공전로에 절연용 방호구를 장착하는 등 가공전로와의 접촉을 방지하기 위한 조치를 할 것

제60조(강관비계의 구조)

사업주는 강관을 사용하여 비계를 구성하는 경우 다음 각 호의 사항을 준수해야 한다. 〈개정 2012. 5. 31., 2019. 10. 15., 2019. 12. 26., 2023. 11. 14.〉

1. 비계기둥의 간격은 띠장 방향에서는 1.85미터 이하, 장선(長線) 방향에서는 1.5미터 이하로 할 것. 다만, 다음 각 목의 어느 하나에 해당하는 작업의 경우에는 안전성에 대한 구조검토를 실시하고 조립도를 작성하면 띠장 방향 및 장선 방향으로 각각 2.7미터 이하로 할 수 있다.
    가. 선박 및 보트 건조작업
    나. 그 밖에 장비 반입·반출을 위하여 공간 등을 확보할 필요가 있는 등 작업의 성질상 비계기둥 간격에 관한 기준을 준수하기 곤란한 작업
2. 띠장 간격은 2.0미터 이하로 할 것. 다만, 작업의 성질상 이를 준수하기가 곤란하여 쌓기둥틀 등에 의하여 해당 부분을 보강한 경우에는 그러하지 아니하다.
3. 비계기둥의 제일 윗부분으로부터 31미터되는 지점 밑부분의 비계기둥은 2개의 강관으로 묶어 세울 것. 다만, 브라켓(bracket, 까치발) 등으로 보강하여 2개의 강관으로 묶을 경우 이상의 강도가 유지되는 경우에는 그러하지 아니하다.
4. 비계기둥 간의 적재하중은 400킬로그램을 초과하지 않도록 할 것

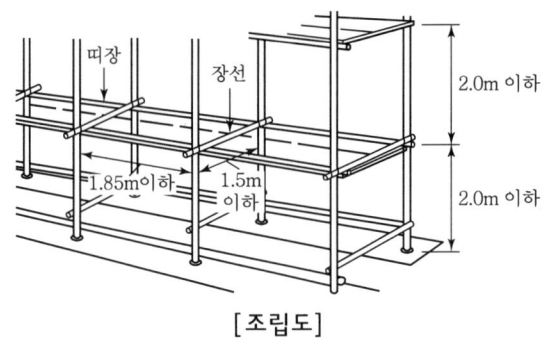

[조립도]

제62조(강관틀비계)

사업주는 강관틀 비계를 조립하여 사용하는 경우 다음 각 호의 사항을 준수하여야 한다.

1. 비계기둥의 밑둥에는 밑받침 철물을 사용하여야 하며 밑받침에 고저차(高低差)가 있는 경우에는 조절형 밑받침철물을 사용하여 각각의 강관틀비계가 항상 수평 및 수직을 유지하도록 할 것
2. 높이가 20미터를 초과하거나 중량물의 적재를 수반하는 작업을 할 경우에는 주틀 간의 간격을 1.8미터 이하로 할 것
3. 주틀 간에 교차 가새를 설치하고 최상층 및 5층 이내마다 수평재를 설치할 것
4. 수직방향으로 6미터, 수평방향으로 8미터 이내마다 벽이음을 할 것
5. 길이가 띠장 방향으로 4미터 이하이고 높이가 10미터를 초과하는 경우에는 10미터 이내마다 띠장 방향으로 버팀기둥을 설치할 것

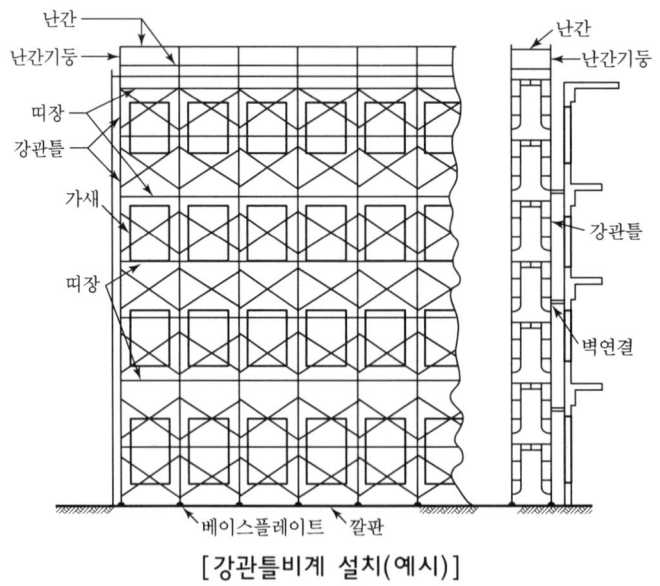

[강관틀비계 설치(예시)]

제63조(달비계의 구조)

① 사업주는 곤돌라형 달비계를 설치하는 경우에는 다음 각 호의 사항을 준수해야 한다. 〈개정 2021. 11. 19.〉

1. 다음 각 목의 어느 하나에 해당하는 와이어로프를 달비계에 사용해서는 아니 된다.
   가. 이음매가 있는 것
   나. 와이어로프의 한 꼬임[(스트랜드(Strand)를 말한다. 이하 같다)]에서 끊어진 소선(素線)[필러(Pillar)선은 제외한다]의 수가 10퍼센트 이상(비자전로프의 경우에는 끊어진 소선의 수가 와이어로프 호칭지름의 6배 길이 이내에서 4개 이상이거나 호칭지름 30배 길이 이내에서 8개 이상)인 것
   다. 지름의 감소가 공칭지름의 7퍼센트를 초과하는 것
   라. 꼬인 것
   마. 심하게 변형되거나 부식된 것
   바. 열과 전기충격에 의해 손상된 것
2. 다음 각 목의 어느 하나에 해당하는 달기 체인을 달비계에 사용해서는 아니 된다.
   가. 달기 체인의 길이가 달기 체인이 제조된 때의 길이의 5퍼센트를 초과한 것
   나. 링의 단면지름이 달기 체인이 제조된 때의 해당 링의 지름의 10퍼센트를 초과하여 감소한 것
   다. 균열이 있거나 심하게 변형된 것
3. 삭제 〈2021. 11. 19.〉
4. 달기 강선 및 달기 강대는 심하게 손상·변형 또는 부식된 것을 사용하지 않도록 할 것
5. 달기 와이어로프, 달기 체인, 달기 강선, 달기 강대는 한쪽 끝을 비계의 보 등에, 다른 쪽 끝을 내민 보, 앵커볼트 또는 건축물의 보 등에 각각 풀리지 않도록 설치할 것
6. 작업발판은 폭을 40센티미터 이상으로 하고 틈새가 없도록 할 것
7. 작업발판의 재료는 뒤집히거나 떨어지지 않도록 비계의 보 등에 연결하거나 고정시킬 것
8. 비계가 흔들리거나 뒤집히는 것을 방지하기 위하여 비계의 보·작업발판 등에 버팀을 설치하는 등 필요한 조치를 할 것
9. 선반 비계에서는 보의 접속부 및 교차부를 철선·이음철물 등을 사용하여 확실하게 접속시키거나 단단하게 연결시킬 것
10. 근로자의 추락 위험을 방지하기 위하여 다음 각 목의 조치를 할 것
    가. 달비계에 구명줄을 설치할 것

나. 근로자에게 안전대를 착용하도록 하고 근로자가 착용한 안전줄을 달비계의 구명줄에 체결(締結)하도록 할 것
　　다. 달비계에 안전난간을 설치할 수 있는 구조인 경우에는 달비계에 안전난간을 설치할 것
② 사업주는 작업의자형 달비계를 설치하는 경우에는 다음 각 호의 사항을 준수해야 한다. 〈신설 2021. 11. 19.〉
　1. 달비계의 작업대는 나무 등 근로자의 하중을 견딜 수 있는 강도의 재료를 사용하여 견고한 구조로 제작할 것
　2. 작업대의 4개 모서리에 로프를 매달아 작업대가 뒤집히거나 떨어지지 않도록 연결할 것
　3. 작업용 섬유로프는 콘크리트에 매립된 고리, 건축물의 콘크리트 또는 철재 구조물 등 2개 이상의 견고한 고정점에 풀리지 않도록 결속(結束)할 것
　4. 작업용 섬유로프와 구명줄은 다른 고정점에 결속되도록 할 것
　5. 작업하는 근로자의 하중을 견딜 수 있을 정도의 강도를 가진 작업용 섬유로프, 구명줄 및 고정점을 사용할 것
　6. 근로자가 작업용 섬유로프에 작업대를 연결하여 하강하는 방법으로 작업을 하는 경우 근로자의 조종 없이는 작업대가 하강하지 않도록 할 것
　7. 작업용 섬유로프 또는 구명줄이 결속된 고정점의 로프는 다른 사람이 풀지 못하게 하고 작업 중임을 알리는 경고표지를 부착할 것
　8. 작업용 섬유로프와 구명줄이 건물이나 구조물의 끝부분, 날카로운 물체 등에 의하여 절단되거나 마모(磨耗)될 우려가 있는 경우에는 로프에 이를 방지할 수 있는 보호 덮개를 씌우는 등의 조치를 할 것
　9. 달비계에 다음 각 목의 작업용 섬유로프 또는 안전대의 섬유벨트를 사용하지 않을 것
　　가. 꼬임이 끊어진 것
　　나. 심하게 손상되거나 부식된 것
　　다. 2개 이상의 작업용 섬유로프 또는 섬유벨트를 연결한 것
　　라. 작업높이보다 길이가 짧은 것
　10. 근로자의 추락 위험을 방지하기 위하여 다음 각 목의 조치를 할 것
　　가. 달비계에 구명줄을 설치할 것
　　나. 근로자에게 안전대를 착용하도록 하고 근로자가 착용한 안전줄을 달비계의 구명줄에 체결(締結)하도록 할 것

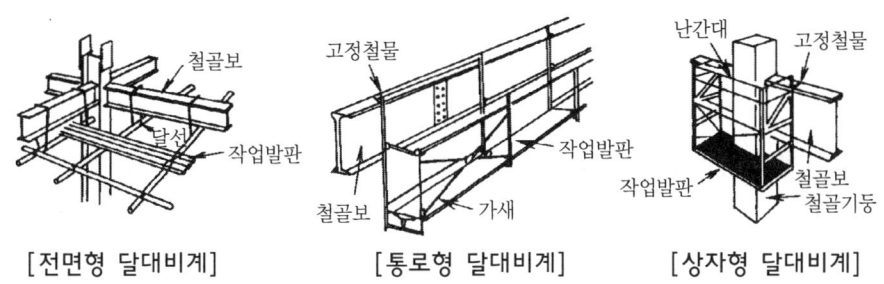

[전면형 달대비계]   [통로형 달대비계]   [상자형 달대비계]

제66조의2(걸침비계의 구조)

사업주는 선박 및 보트 건조작업에서 걸침비계를 설치하는 경우에는 다음 각 호의 사항을 준수하여야 한다.

1. 지지점이 되는 매달림부재의 고정부는 구조물로부터 이탈되지 않도록 견고히 고정할 것
2. 비계재료 간에는 서로 움직임, 뒤집힘 등이 없어야 하고, 재료가 분리되지 않도록 철물 또는 철선으로 충분히 결속할 것. 다만, 작업발판 밑 부분에 띠장 및 장선으로 사용되는 수평부재 간의 결속은 철선을 사용하지 않을 것
3. 매달림부재의 안전율은 4 이상일 것
4. 작업발판에는 구조검토에 따라 설계한 최대적재하중을 초과하여 적재하여서는 아니 되며, 그 작업에 종사하는 근로자에게 최대적재하중을 충분히 알릴 것

[본조신설 2012. 5. 31.]

제67조(말비계)

사업주는 말비계를 조립하여 사용하는 경우에 다음 각 호의 사항을 준수하여야 한다.

1. 지주부재(支柱部材)의 하단에는 미끄럼 방지장치를 하고, 근로자가 양측 끝부분에 올라서서 작업하지 않도록 할 것
2. 지주부재와 수평면의 기울기를 75도 이하로 하고, 지주부재와 지주부재 사이를 고정시키는 보조부재를 설치할 것
3. 말비계의 높이가 2미터를 초과하는 경우에는 작업발판의 폭을 40센티미터 이상으로 할 것

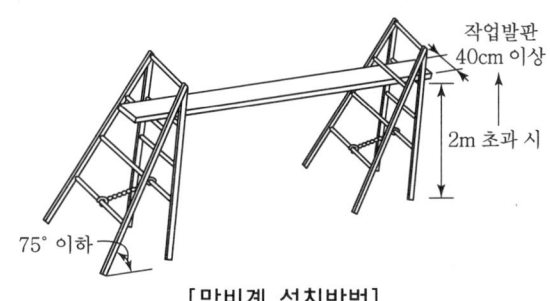

[말비계 설치방법]

제68조(이동식비계)

사업주는 이동식비계를 조립하여 작업을 하는 경우에는 다음 각 호의 사항을 준수하여야 한다. 〈개정 2019. 10. 15., 2024. 6. 28.〉

1. 이동식비계의 바퀴에는 뜻밖의 갑작스러운 이동 또는 전도를 방지하기 위하여 브레이크·쐐기 등으로 바퀴를 고정시킨 다음 비계의 일부를 견고한 시설물에 고정하거나 아웃트리거를 설치하는 등 필요한 조치를 할 것
2. 승강용사다리는 견고하게 설치할 것
3. 비계의 최상부에서 작업을 하는 경우에는 안전난간을 설치할 것
4. 작업발판은 항상 수평을 유지하고 작업발판 위에서 안전난간을 딛고 작업을 하거나 받침대 또는 사다리를 사용하여 작업하지 않도록 할 것
5. 작업발판의 최대적재하중은 250킬로그램을 초과하지 않도록 할 것

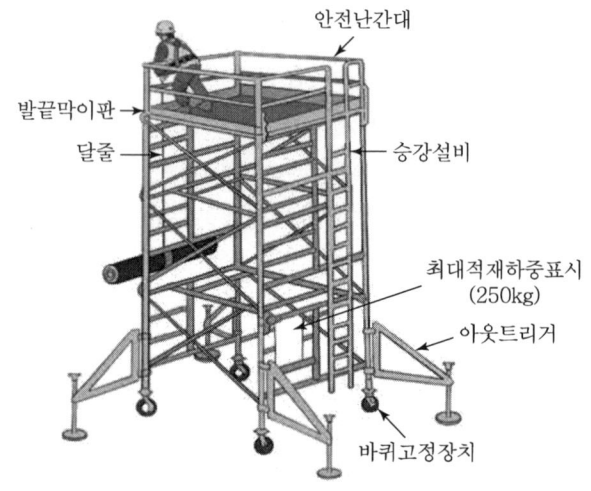

[이동식비계 설치도]

제69조(시스템 비계의 구조)

사업주는 시스템 비계를 사용하여 비계를 구성하는 경우에 다음 각 호의 사항을 준수하여야 한다.

1. 수직재·수평재·가새재를 견고하게 연결하는 구조가 되도록 할 것
2. 비계 밑단의 수직재와 받침철물은 밀착되도록 설치하고, 수직재와 받침철물의 연결부의 겹침길이는 받침철물 전체길이의 3분의 1 이상이 되도록 할 것
3. 수평재는 수직재와 직각으로 설치하여야 하며, 체결 후 흔들림이 없도록 견고하게 설치할 것

4. 수직재와 수직재의 연결철물은 이탈되지 않도록 견고한 구조로 할 것
5. 벽 연결재의 설치간격은 제조사가 정한 기준에 따라 설치할 것

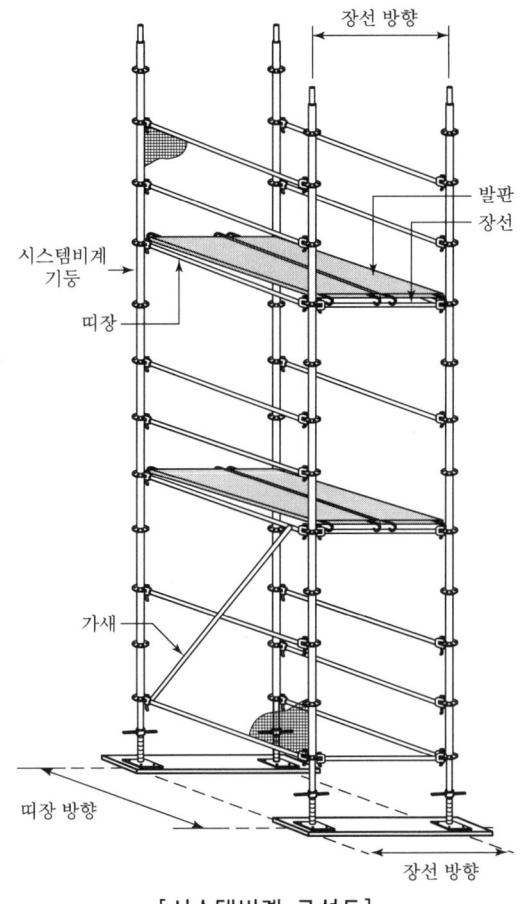

[시스템비계 구성도]

제70조(시스템비계의 조립 작업 시 준수사항)
사업주는 시스템 비계를 조립 작업하는 경우 다음 각 호의 사항을 준수하여야 한다.
1. 비계 기둥의 밑둥에는 밑받침 철물을 사용하여야 하며, 밑받침에 고저차가 있는 경우에는 조절형 밑받침 철물을 사용하여 시스템 비계가 항상 수평 및 수직을 유지하도록 할 것
2. 경사진 바닥에 설치하는 경우에는 피벗형 받침 철물 또는 쐐기 등을 사용하여 밑받침 철물의 바닥면이 수평을 유지하도록 할 것
3. 가공전로에 근접하여 비계를 설치하는 경우에는 가공전로를 이설하거나 가공전로에 절연용 방호구를 설치하는 등 가공전로와의 접촉을 방지하기 위하여 필요한 조치를 할 것

4. 비계 내에서 근로자가 상하 또는 좌우로 이동하는 경우에는 반드시 지정된 통로를 이용하도록 주지시킬 것
5. 비계 작업 근로자는 같은 수직면상의 위와 아래 동시 작업을 금지할 것
6. 작업발판에는 제조사가 정한 최대적재하중을 초과하여 적재해서는 아니 되며, 최대적재하중이 표기된 표지판을 부착하고 근로자에게 주지시키도록 할 것

제72조(후드)

사업주는 인체에 해로운 분진, 흄(Fume, 열이나 화학반응에 의하여 형성된 고체증기가 응축되어 생긴 미세입자), 미스트(Mist, 공기 중에 떠다니는 작은 액체방울), 증기 또는 가스 상태의 물질(이하 "분진 등"이라 한다)을 배출하기 위하여 설치하는 국소배기장치의 후드가 다음 각 호의 기준에 맞도록 하여야 한다. 〈개정 2019. 10. 15.〉
1. 유해물질이 발생하는 곳마다 설치할 것
2. 유해인자의 발생형태와 비중, 작업방법 등을 고려하여 해당 분진 등의 발산원(發散源)을 제어할 수 있는 구조로 설치할 것
3. 후드(Hood) 형식은 가능하면 포위식 또는 부스식 후드를 설치할 것
4. 외부식 또는 리시버식 후드는 해당 분진 등의 발산원에 가장 가까운 위치에 설치할 것

제73조(덕트)

사업주는 분진 등을 배출하기 위하여 설치하는 국소배기장치(이동식은 제외한다)의 덕트(Duct)가 다음 각 호의 기준에 맞도록 하여야 한다.
1. 가능하면 길이는 짧게 하고 굴곡부의 수는 적게 할 것
2. 접속부의 안쪽은 돌출된 부분이 없도록 할 것
3. 청소구를 설치하는 등 청소하기 쉬운 구조로 할 것
4. 덕트 내부에 오염물질이 쌓이지 않도록 이송속도를 유지할 것
5. 연결 부위 등은 외부 공기가 들어오지 않도록 할 것

제142조(타워크레인의 지지)

① 사업주는 타워크레인을 자립고(自立高) 이상의 높이로 설치하는 경우 건축물 등의 벽체에 지지하도록 하여야 한다. 다만, 지지할 벽체가 없는 등 부득이한 경우에는 와이어로프에 의하여 지지할 수 있다. 〈개정 2013. 3. 21.〉
② 사업주는 타워크레인을 벽체에 지지하는 경우 다음 각 호의 사항을 준수하여야 한다. 〈개정 2019. 1. 31., 2019. 12. 26.〉

1. 「산업안전보건법 시행규칙」 제110조 제1항 제2호에 따른 서면심사에 관한 서류(「건설기계관리법」 제18조에 따른 형식승인서류를 포함한다) 또는 제조사의 설치작업설명서 등에 따라 설치할 것
2. 제1호의 서면심사 서류 등이 없거나 명확하지 아니한 경우에는 「국가기술자격법」에 따른 건축구조·건설기계·기계안전·건설안전기술사 또는 건설안전분야 산업안전지도사의 확인을 받아 설치하거나 기종별·모델별 공인된 표준방법으로 설치할 것
3. 콘크리트구조물에 고정시키는 경우에는 매립이나 관통 또는 이와 같은 수준 이상의 방법으로 충분히 지지되도록 할 것
4. 건축 중인 시설물에 지지하는 경우에는 그 시설물의 구조적 안정성에 영향이 없도록 할 것

③ 사업주는 타워크레인을 와이어로프로 지지하는 경우 다음 각 호의 사항을 준수해야 한다. 〈개정 2013. 3. 21., 2019. 10. 15., 2022. 10. 18.〉
1. 제2항 제1호 또는 제2호의 조치를 취할 것
2. 와이어로프를 고정하기 위한 전용 지지프레임을 사용할 것
3. 와이어로프 설치각도는 수평면에서 60도 이내로 하되, 지지점은 4개소 이상으로 하고, 같은 각도로 설치할 것
4. 와이어로프와 그 고정부위는 충분한 강도와 장력을 갖도록 설치하고, 와이어로프를 클립·샤클(Shackle, 연결고리) 등의 고정기구를 사용하여 견고하게 고정시켜 풀리지 않도록 하며, 사용 중에는 충분한 강도와 장력을 유지하도록 할 것. 이 경우 클립·샤클 등의 고정기구는 한국산업표준 제품이거나 한국산업표준이 없는 제품의 경우에는 이에 준하는 규격을 갖춘 제품이어야 한다.
5. 와이어로프가 가공전선(架空電線)에 근접하지 않도록 할 것

제146조(크레인 작업 시의 조치)

① 사업주는 크레인을 사용하여 작업을 하는 경우 다음 각 호의 조치를 준수하고, 그 작업에 종사하는 관계 근로자가 그 조치를 준수하도록 하여야 한다.
1. 인양할 하물(荷物)을 바닥에서 끌어당기거나 밀어내는 작업을 하지 아니할 것
2. 유류드럼이나 가스통 등 운반 도중에 떨어져 폭발하거나 누출될 가능성이 있는 위험물 용기는 보관함(또는 보관고)에 담아 안전하게 매달아 운반할 것
3. 고정된 물체를 직접 분리·제거하는 작업을 하지 아니할 것
4. 미리 근로자의 출입을 통제하여 인양 중인 하물이 작업자의 머리 위로 통과하지 않도록 할 것

5. 인양할 하물이 보이지 아니하는 경우에는 어떠한 동작도 하지 아니할 것(신호하는 사람에 의하여 작업을 하는 경우는 제외한다)

② 사업주는 조종석이 설치되지 아니한 크레인에 대하여 다음 각 호의 조치를 하여야 한다.
1. 고용노동부장관이 고시하는 크레인의 제작기준과 안전기준에 맞는 무선원격제어기 또는 펜던트 스위치를 설치·사용할 것
2. 무선원격제어기 또는 펜던트 스위치를 취급하는 근로자에게는 작동요령 등 안전조작에 관한 사항을 충분히 주지시킬 것

③ 사업주는 타워크레인을 사용하여 작업을 하는 경우 타워크레인마다 근로자와 조종 작업을 하는 사람 간에 신호업무를 담당하는 사람을 각각 두어야 한다. 〈신설 2018. 3. 30.〉

제163조(와이어로프 등 달기구의 안전계수)

① 사업주는 양중기의 와이어로프 등 달기구의 안전계수(달기구 절단하중의 값을 그 달기구에 걸리는 하중의 최댓값으로 나눈 값을 말한다)가 다음 각 호의 구분에 따른 기준에 맞지 아니한 경우에는 이를 사용해서는 아니 된다.
1. 근로자가 탑승하는 운반구를 지지하는 달기와이어로프 또는 달기체인의 경우 : 10 이상
2. 화물의 하중을 직접 지지하는 달기와이어로프 또는 달기체인의 경우 : 5 이상
3. 훅, 샤클, 클램프, 리프팅 빔의 경우 : 3 이상
4. 그 밖의 경우 : 4 이상

② 사업주는 달기구의 경우 최대허용하중 등의 표식이 견고하게 붙어 있는 것을 사용하여야 한다.

제186조(고소작업대 설치 등의 조치)

① 사업주는 고소작업대를 설치하는 경우에는 다음 각 호에 해당하는 것을 설치하여야 한다.
1. 작업대를 와이어로프 또는 체인으로 올리거나 내릴 경우에는 와이어로프 또는 체인이 끊어져 작업대가 떨어지지 아니하는 구조여야 하며, 와이어로프 또는 체인의 안전율은 5 이상일 것
2. 작업대를 유압에 의해 올리거나 내릴 경우에는 작업대를 일정한 위치에 유지할 수 있는 장치를 갖추고 압력의 이상저하를 방지할 수 있는 구조일 것
3. 권과방지장치를 갖추거나 압력의 이상상승을 방지할 수 있는 구조일 것
4. 붐의 최대 지면경사각을 초과 운전하여 전도되지 않도록 할 것
5. 작업대에 정격하중(안전율 5 이상)을 표시할 것
6. 작업대에 끼임·충돌 등 재해를 예방하기 위한 가드 또는 과상승방지장치를 설치할 것
7. 조작반의 스위치는 눈으로 확인할 수 있도록 명칭 및 방향표시를 유지할 것

② 사업주는 고소작업대를 설치하는 경우에는 다음 각 호의 사항을 준수하여야 한다.
   1. 바닥과 고소작업대는 가능하면 수평을 유지하도록 할 것
   2. 갑작스러운 이동을 방지하기 위하여 아웃트리거 또는 브레이크 등을 확실히 사용할 것
③ 사업주는 고소작업대를 이동하는 경우에는 다음 각 호의 사항을 준수해야 한다. 〈개정 2023. 11. 14.〉
   1. 작업대를 가장 낮게 내릴 것
   2. 작업자를 태우고 이동하지 말 것. 다만, 이동 중 전도 등의 위험예방을 위하여 유도하는 사람을 배치하고 짧은 구간을 이동하는 경우에는 제1호에 따라 작업대를 가장 낮게 내린 상태에서 작업자를 태우고 이동할 수 있다.
   3. 이동통로의 요철상태 또는 장애물의 유무 등을 확인할 것
④ 사업주는 고소작업대를 사용하는 경우에는 다음 각 호의 사항을 준수하여야 한다.
   1. 작업자가 안전모·안전대 등의 보호구를 착용하도록 할 것
   2. 관계자가 아닌 사람이 작업구역에 들어오는 것을 방지하기 위하여 필요한 조치를 할 것
   3. 안전한 작업을 위하여 적정수준의 조도를 유지할 것
   4. 전로(電路)에 근접하여 작업을 하는 경우에는 작업감시자를 배치하는 등 감전사고를 방지하기 위하여 필요한 조치를 할 것
   5. 작업대를 정기적으로 점검하고 붐·작업대 등 각 부위의 이상 유무를 확인할 것
   6. 전환스위치는 다른 물체를 이용하여 고정하지 말 것
   7. 작업대는 정격하중을 초과하여 물건을 싣거나 탑승하지 말 것
   8. 작업대의 붐대를 상승시킨 상태에서 탑승자는 작업대를 벗어나지 말 것. 다만, 작업대에 안전대 부착설비를 설치하고 안전대를 연결하였을 때에는 그러하지 아니하다.

제207조(조립·해체 시 점검사항)

① 사업주는 항타기 또는 항발기를 조립하거나 해체하는 경우 다음 각 호의 사항을 준수해야 한다. 〈신설 2022. 10. 18.〉
   1. 항타기 또는 항발기에 사용하는 권상기에 쐐기장치 또는 역회전방지용 브레이크를 부착할 것
   2. 항타기 또는 항발기의 권상기가 들리거나 미끄러지거나 흔들리지 않도록 설치할 것
   3. 그 밖에 조립·해체에 필요한 사항은 제조사에서 정한 설치·해체 작업 설명서에 따를 것
② 사업주는 항타기 또는 항발기를 조립하거나 해체하는 경우 다음 각 호의 사항을 점검해야 한다. 〈개정 2022. 10. 18.〉
   1. 본체 연결부의 풀림 또는 손상의 유무

2. 권상용 와이어로프·드럼 및 도르래의 부착상태의 이상 유무
3. 권상장치의 브레이크 및 쐐기장치 기능의 이상 유무
4. 권상기의 설치상태의 이상 유무
5. 리더(Leader)의 버팀 방법 및 고정상태의 이상 유무
6. 본체·부속장치 및 부속품의 강도가 적합한지 여부
7. 본체·부속장치 및 부속품에 심한 손상·마모·변형 또는 부식이 있는지 여부
   [제목개정 2022. 10. 18.]

제209조(무너짐의 방지)

사업주는 동력을 사용하는 항타기 또는 항발기에 대하여 무너짐을 방지하기 위하여 다음 각 호의 사항을 준수해야 한다. 〈개정 2019. 1. 31., 2022. 10. 18., 2023. 11. 14.〉

1. 연약한 지반에 설치하는 경우에는 아웃트리거·받침 등 지지구조물의 침하를 방지하기 위하여 깔판·받침목 등을 사용할 것
2. 시설 또는 가설물 등에 설치하는 경우에는 그 내력을 확인하고 내력이 부족하면 그 내력을 보강할 것
3. 아웃트리거·받침 등 지지구조물이 미끄러질 우려가 있는 경우에는 말뚝 또는 쐐기 등을 사용하여 해당 지지구조물을 고정시킬 것
4. 궤도 또는 차로 이동하는 항타기 또는 항발기에 대해서는 불시에 이동하는 것을 방지하기 위하여 레일 클램프(Rail Clamp) 및 쐐기 등으로 고정시킬 것
5. 상단 부분은 버팀대·버팀줄로 고정하여 안정시키고, 그 하단 부분은 견고한 버팀·말뚝 또는 철골 등으로 고정시킬 것

제221조의5(인양작업 시 조치)

① 사업주는 다음 각 호의 사항을 모두 갖춘 굴착기의 경우에는 굴착기를 사용하여 화물 인양작업을 할 수 있다.
   1. 굴착기의 퀵커플러 또는 작업장치에 달기구(훅, 걸쇠 등을 말한다)가 부착되어 있는 등 인양작업이 가능하도록 제작된 기계일 것
   2. 굴착기 제조사에서 정한 정격하중이 확인되는 굴착기를 사용할 것
   3. 달기구에 해지장치가 사용되는 등 작업 중 인양물의 낙하 우려가 없을 것
② 사업주는 굴착기를 사용하여 인양작업을 하는 경우에는 다음 각 호의 사항을 준수해야 한다.
   1. 굴착기 제조사에서 정한 작업설명서에 따라 인양할 것
   2. 사람을 지정하여 인양작업을 신호하게 할 것
   3. 인양물과 근로자가 접촉할 우려가 있는 장소에 근로자의 출입을 금지시킬 것

4. 지반의 침하 우려가 없고 평평한 장소에서 작업할 것
5. 인양 대상 화물의 무게는 정격하중을 넘지 않을 것

③ 굴착기를 이용한 인양작업 시 와이어로프 등 달기구의 사용에 관해서는 제163조부터 제170조까지의 규정(제166조, 제167조 및 제169조에 따라 준용되는 경우를 포함한다)을 준용한다. 이 경우 "양중기" 또는 "크레인"은 "굴착기"로 본다.

[본조신설 2022. 10. 18.]

제241조(화재위험작업 시의 준수사항)

① 사업주는 통풍이나 환기가 충분하지 않은 장소에서 화재위험작업을 하는 경우에는 통풍 또는 환기를 위하여 산소를 사용해서는 아니 된다. 〈개정 2017. 3. 3.〉

② 사업주는 가연성물질이 있는 장소에서 화재위험작업을 하는 경우에는 화재예방에 필요한 다음 각 호의 사항을 준수하여야 한다. 〈개정 2017. 3. 3., 2019. 12. 26.〉

1. 작업 준비 및 작업 절차 수립
2. 작업장 내 위험물의 사용·보관 현황 파악
3. 화기작업에 따른 인근 가연성물질에 대한 방호조치 및 소화기구 비치
4. 용접불티 비산방지덮개, 용접방화포 등 불꽃, 불티 등 비산방지조치
5. 인화성 액체의 증기 및 인화성 가스가 남아 있지 않도록 환기 등의 조치
6. 작업근로자에 대한 화재예방 및 피난교육 등 비상조치

③ 사업주는 작업시작 전에 제2항 각 호의 사항을 확인하고 불꽃·불티 등의 비산을 방지하기 위한 조치 등 안전조치를 이행한 후 근로자에게 화재위험작업을 하도록 해야 한다. 〈신설 2019. 12. 26.〉

④ 사업주는 화재위험작업이 시작되는 시점부터 종료될 때까지 작업내용, 작업일시, 안전점검 및 조치에 관한 사항 등을 해당 작업장소에 서면으로 게시해야 한다. 다만, 같은 장소에서 상시·반복적으로 화재위험작업을 하는 경우에는 생략할 수 있다. 〈신설 2019. 12. 26.〉

제241조의2(화재감시자)

① 사업주는 근로자에게 다음 각 호의 어느 하나에 해당하는 장소에서 용접·용단 작업을 하도록 하는 경우에는 화재감시자를 지정하여 용접·용단 작업 장소에 배치해야 한다. 다만, 같은 장소에서 상시·반복적으로 용접·용단작업을 할 때 경보용 설비·기구, 소화설비 또는 소화기가 갖추어진 경우에는 화재감시자를 지정·배치하지 않을 수 있다. 〈개정 2019. 12. 26., 2021. 5. 28.〉

1. 작업반경 11미터 이내에 건물구조 자체나 내부(개구부 등으로 개방된 부분을 포함한다)에 가연성물질이 있는 장소

2. 작업반경 11미터 이내의 바닥 하부에 가연성물질이 11미터 이상 떨어져 있지만 불꽃에 의해 쉽게 발화될 우려가 있는 장소
3. 가연성물질이 금속으로 된 칸막이·벽·천장 또는 지붕의 반대쪽 면에 인접해 있어 열전도나 열복사에 의해 발화될 우려가 있는 장소

② 제1항 본문에 따른 화재감시자는 다음 각 호의 업무를 수행한다. 〈신설 2021. 5. 28.〉
  1. 제1항 각 호에 해당하는 장소에 가연성물질이 있는지 여부의 확인
  2. 제232조 제2항에 따른 가스 검지, 경보 성능을 갖춘 가스 검지 및 경보 장치의 작동 여부의 확인
  3. 화재 발생 시 사업장 내 근로자의 대피 유도

③ 사업주는 제1항 본문에 따라 배치된 화재감시자에게 업무 수행에 필요한 확성기, 휴대용 조명기구 및 화재 대피용 마스크(한국산업표준 제품이거나 「소방산업의 진흥에 관한 법률」에 따른 한국소방산업기술원이 정하는 기준을 충족하는 것이어야 한다) 등 대피용 방연장비를 지급해야 한다. 〈개정 2021. 5. 28., 2022. 10. 18.〉
[본조신설 2017. 3. 3.]

제290조(아세틸렌 용접장치의 관리 등)

사업주는 아세틸렌 용접장치를 사용하여 금속의 용접·용단(溶斷) 또는 가열작업을 하는 경우에 다음 각 호의 사항을 준수하여야 한다. 〈개정 2024. 6. 28.〉
  1. 발생기(이동식 아세틸렌 용접장치의 발생기는 제외한다)의 종류, 형식, 제작업체명, 매 시 평균 가스발생량 및 1회 카바이드 공급량을 발생기실 내의 보기 쉬운 장소에 게시할 것
  2. 발생기실에는 관계 근로자가 아닌 사람이 출입하는 것을 금지할 것
  3. 발생기에서 5미터 이내 또는 발생기실에서 3미터 이내의 장소에서는 흡연, 화기의 사용 또는 불꽃이 발생할 위험한 행위를 금지시킬 것
  4. 도관에는 산소용과 아세틸렌용의 혼동을 방지하기 위한 조치를 할 것
  5. 아세틸렌 용접장치의 설치장소에는 소화기 한 대 이상을 갖출 것
  6. 이동식 아세틸렌용접장치의 발생기는 고온의 장소, 통풍이나 환기가 불충분한 장소 또는 진동이 많은 장소 등에 설치하지 않도록 할 것

제295조(가스집합용접장치의 관리 등)

사업주는 가스집합용접장치를 사용하여 금속의 용접·용단 및 가열작업을 하는 경우에는 다음 각 호의 사항을 준수하여야 한다. 〈개정 2024. 6. 28.〉
  1. 사용하는 가스의 명칭 및 최대가스저장량을 가스장치실의 보기 쉬운 장소에 게시할 것

2. 가스용기를 교환하는 경우에는 관리감독자가 참여한 가운데 할 것
3. 밸브·콕 등의 조작 및 점검요령을 가스장치실의 보기 쉬운 장소에 게시할 것
4. 가스장치실에는 관계근로자가 아닌 사람의 출입을 금지할 것
5. 가스집합장치로부터 5미터 이내의 장소에서는 흡연, 화기의 사용 또는 불꽃을 발생할 우려가 있는 행위를 금지할 것
6. 도관에는 산소용과의 혼동을 방지하기 위한 조치를 할 것
7. 가스집합장치의 설치장소에는 소화설비「소방시설 설치 및 관리에 관한 법률 시행령」별표 1에 따른 소화설비(간이소화용구를 제외한다)를 말한다] 중 어느 하나 이상을 갖출 것
8. 이동식 가스집합용접장치의 가스집합장치는 고온의 장소, 통풍이나 환기가 불충분한 장소 또는 진동이 많은 장소에 설치하지 않도록 할 것
9. 해당 작업을 행하는 근로자에게 보안경과 안전장갑을 착용시킬 것

제301조(전기 기계·기구 등의 충전부 방호)

① 사업주는 근로자가 작업이나 통행 등으로 인하여 전기기계, 기구[전동기·변압기·접속기·개폐기·분전반(分電盤)·배전반(配電盤) 등 전기를 통하는 기계·기구, 그 밖의 설비 중 배선 및 이동전선 외의 것을 말한다. 이하 같다] 또는 전로 등의 충전부분(전열기의 발열체 부분, 저항접속기의 전극 부분 등 전기기계·기구의 사용 목적에 따라 노출이 불가피한 충전부분은 제외한다. 이하 같다)에 접촉(충전부분과 연결된 도전체와의 접촉을 포함한다. 이하 이 장에서 같다)하거나 접근함으로써 감전 위험이 있는 충전부분에 대하여 감전을 방지하기 위하여 다음 각 호의 방법 중 하나 이상의 방법으로 방호하여야 한다.
 1. 충전부가 노출되지 않도록 폐쇄형 외함(外函)이 있는 구조로 할 것
 2. 충전부에 충분한 절연효과가 있는 방호망이나 절연덮개를 설치할 것
 3. 충전부는 내구성이 있는 절연물로 완전히 덮어 감쌀 것
 4. 발전소·변전소 및 개폐소 등 구획되어 있는 장소로서 관계 근로자가 아닌 사람의 출입이 금지되는 장소에 충전부를 설치하고, 위험표시 등의 방법으로 방호를 강화할 것
 5. 전주 위 및 철탑 위 등 격리되어 있는 장소로서 관계 근로자가 아닌 사람이 접근할 우려가 없는 장소에 충전부를 설치할 것
② 사업주는 근로자가 노출 충전부가 있는 맨홀 또는 지하실 등의 밀폐공간에서 작업하는 경우에는 노출 충전부와의 접촉으로 인한 전기위험을 방지하기 위하여 덮개, 울타리 또는 절연 칸막이 등을 설치하여야 한다. 〈개정 2019. 10. 15.〉
③ 사업주는 근로자의 감전위험을 방지하기 위하여 개폐되는 문, 경첩이 있는 패널 등(분전반 또는 제어반 문)을 견고하게 고정시켜야 한다.

제302조(전기 기계·기구의 접지)

① 사업주는 누전에 의한 감전의 위험을 방지하기 위하여 다음 각 호의 부분에 대하여 접지를 해야 한다. 〈개정 2021. 11. 19.〉

1. 전기 기계·기구의 금속제 외함, 금속제 외피 및 철대
2. 고정 설치되거나 고정배선에 접속된 전기기계·기구의 노출된 비충전 금속체 중 충전될 우려가 있는 다음 각 목의 어느 하나에 해당하는 비충전 금속체
    가. 지면이나 접지된 금속체로부터 수직거리 2.4미터, 수평거리 1.5미터 이내인 것
    나. 물기 또는 습기가 있는 장소에 설치되어 있는 것
    다. 금속으로 되어 있는 기기접지용 전선의 피복·외장 또는 배선관 등
    라. 사용전압이 대지전압 150볼트를 넘는 것
3. 전기를 사용하지 아니하는 설비 중 다음 각 목의 어느 하나에 해당하는 금속체
    가. 전동식 양중기의 프레임과 궤도
    나. 전선이 붙어 있는 비전동식 양중기의 프레임
    다. 고압(1.5천볼트 초과 7천볼트 이하의 직류전압 또는 1천볼트 초과 7천볼트 이하의 교류전압을 말한다. 이하 같다) 이상의 전기를 사용하는 전기 기계·기구 주변의 금속제 칸막이·망 및 이와 유사한 장치
4. 코드와 플러그를 접속하여 사용하는 전기 기계·기구 중 다음 각 목의 어느 하나에 해당하는 노출된 비충전 금속체
    가. 사용전압이 대지전압 150볼트를 넘는 것
    나. 냉장고·세탁기·컴퓨터 및 주변기기 등과 같은 고정형 전기기계·기구
    다. 고정형·이동형 또는 휴대형 전동기계·기구
    라. 물 또는 도전성(導電性)이 높은 곳에서 사용하는 전기기계·기구, 비접지형 콘센트
    마. 휴대형 손전등
5. 수중펌프를 금속제 물탱크 등의 내부에 설치하여 사용하는 경우 그 탱크(이 경우 탱크를 수중펌프의 접지선과 접속하여야 한다)

② 사업주는 다음 각 호의 어느 하나에 해당하는 경우에는 제1항을 적용하지 않을 수 있다. 〈개정 2019. 1. 31., 2021. 11. 19.〉

1. 「전기용품 및 생활용품 안전관리법」이 적용되는 이중절연 또는 이와 같은 수준 이상으로 보호되는 구조로 된 전기기계·기구
2. 절연대 위 등과 같이 감전 위험이 없는 장소에서 사용하는 전기기계·기구
3. 비접지방식의 전로(그 전기기계·기구의 전원측의 전로에 설치한 절연변압기의 2차 전압이 300볼트 이하, 정격용량이 3킬로볼트암페어 이하이고 그 절연전압기의 부하측의

전로가 접지되어 있지 아니한 것으로 한정한다)에 접속하여 사용되는 전기기계·기구
③ 사업주는 특별고압(7천볼트를 초과하는 직교류전압을 말한다. 이하 같다)의 전기를 취급하는 변전소·개폐소, 그 밖에 이와 유사한 장소에서 지락(地絡) 사고가 발생하는 경우에는 접지극의 전위상승에 의한 감전위험을 줄이기 위한 조치를 하여야 한다.
④ 사업주는 제1항에 따라 설치된 접지설비에 대하여 항상 적정상태가 유지되는지를 점검하고 이상이 발견되면 즉시 보수하거나 재설치하여야 한다.

제304조(누전차단기에 의한 감전방지)

① 사업주는 다음 각 호의 전기 기계·기구에 대하여 누전에 의한 감전위험을 방지하기 위하여 해당 전로의 정격에 적합하고 감도(전류 등에 반응하는 정도)가 양호하며 확실하게 작동하는 감전방지용 누전차단기를 설치해야 한다. 〈개정 2021. 11. 19.〉
  1. 대지전압이 150볼트를 초과하는 이동형 또는 휴대형 전기기계·기구
  2. 물 등 도전성이 높은 액체가 있는 습윤장소에서 사용하는 저압(1.5천볼트 이하 직류전압이나 1천볼트 이하의 교류전압을 말한다)용 전기기계·기구
  3. 철판·철골 위 등 도전성이 높은 장소에서 사용하는 이동형 또는 휴대형 전기기계·기구
  4. 임시배선의 전로가 설치되는 장소에서 사용하는 이동형 또는 휴대형 전기기계·기구
② 사업주는 제1항에 따라 감전방지용 누전차단기를 설치하기 어려운 경우에는 작업시작 전에 접지선의 연결 및 접속부 상태 등이 적합한지 확실하게 점검하여야 한다.
③ 다음 각 호의 어느 하나에 해당하는 경우에는 제1항과 제2항을 적용하지 않는다. 〈개정 2019. 1. 31., 2021. 11. 19.〉
  1. 「전기용품 및 생활용품 안전관리법」이 적용되는 이중절연 또는 이와 같은 수준 이상으로 보호되는 구조로 된 전기기계·기구
  2. 절연대 위 등과 같이 감전위험이 없는 장소에서 사용하는 전기기계·기구
  3. 비접지방식의 전로
④ 사업주는 제1항에 따라 전기기계·기구를 사용하기 전에 해당 누전차단기의 작동상태를 점검하고 이상이 발견되면 즉시 보수하거나 교환하여야 한다.
⑤ 사업주는 제1항에 따라 설치한 누전차단기를 접속하는 경우에 다음 각 호의 사항을 준수하여야 한다.
  1. 전기기계·기구에 설치되어 있는 누전차단기는 정격감도전류가 30밀리암페어 이하이고 작동시간은 0.03초 이내일 것. 다만, 정격전부하전류가 50암페어 이상인 전기기계·기구에 접속되는 누전차단기는 오작동을 방지하기 위하여 정격감도전류는 200밀리암페어 이하로, 작동시간은 0.1초 이내로 할 수 있다.

2. 분기회로 또는 전기기계·기구마다 누전차단기를 접속할 것. 다만, 평상시 누설전류가 매우 적은 소용량부하의 전로에는 분기회로에 일괄하여 접속할 수 있다.
3. 누전차단기는 배전반 또는 분전반 내에 접속하거나 꽂음접속기형 누전차단기를 콘센트에 접속하는 등 파손이나 감전사고를 방지할 수 있는 장소에 접속할 것
4. 지락보호전용 기능만 있는 누전차단기는 과전류를 차단하는 퓨즈나 차단기 등과 조합하여 접속할 것

제319조(정전전로에서의 전기작업)

① 사업주는 근로자가 노출된 충전부 또는 그 부근에서 작업함으로써 감전될 우려가 있는 경우에는 작업에 들어가기 전에 해당 전로를 차단하여야 한다. 다만, 다음 각 호의 경우에는 그러하지 아니하다.
1. 생명유지장치, 비상경보설비, 폭발위험장소의 환기설비, 비상조명설비 등의 장치·설비의 가동이 중지되어 사고의 위험이 증가되는 경우
2. 기기의 설계상 또는 작동상 제한으로 전로차단이 불가능한 경우
3. 감전, 아크 등으로 인한 화상, 화재·폭발의 위험이 없는 것으로 확인된 경우

② 제1항의 전로 차단은 다음 각 호의 절차에 따라 시행하여야 한다.
1. 전기기기 등에 공급되는 모든 전원을 관련 도면, 배선도 등으로 확인할 것
2. 전원을 차단한 후 각 단로기 등을 개방하고 확인할 것
3. 차단장치나 단로기 등에 잠금장치 및 꼬리표를 부착할 것
4. 개로된 전로에서 유도전압 또는 전기에너지가 축적되어 근로자에게 전기위험을 끼칠 수 있는 전기기기 등은 접촉하기 전에 잔류전하를 완전히 방전시킬 것
5. 검전기를 이용하여 작업 대상 기기가 충전되었는지를 확인할 것
6. 전기기기 등이 다른 노출 충전부와의 접촉, 유도 또는 예비동력원의 역송전 등으로 전압이 발생할 우려가 있는 경우에는 충분한 용량을 가진 단락 접지기구를 이용하여 접지할 것

③ 사업주는 제1항 각 호 외의 부분 본문에 따른 작업 중 또는 작업을 마친 후 전원을 공급하는 경우에는 작업에 종사하는 근로자 또는 그 인근에서 작업하거나 정전된 전기기기 등(고정 설치된 것으로 한정한다)과 접촉할 우려가 있는 근로자에게 감전의 위험이 없도록 다음 각 호의 사항을 준수하여야 한다.
1. 작업기구, 단락 접지기구 등을 제거하고 전기기기 등이 안전하게 통전될 수 있는지를 확인할 것

2. 모든 작업자가 작업이 완료된 전기기기 등에서 떨어져 있는지를 확인할 것
3. 잠금장치와 꼬리표는 설치한 근로자가 직접 철거할 것
4. 모든 이상 유무를 확인한 후 전기기기 등의 전원을 투입할 것

제321조(충전전로에서의 전기작업)

① 사업주는 근로자가 충전전로를 취급하거나 그 인근에서 작업하는 경우에는 다음 각 호의 조치를 하여야 한다.
1. 충전전로를 정전시키는 경우에는 제319조에 따른 조치를 할 것
2. 충전전로를 방호, 차폐하거나 절연 등의 조치를 하는 경우에는 근로자의 신체가 전로와 직접 접촉하거나 도전재료, 공구 또는 기기를 통하여 간접 접촉되지 않도록 할 것
3. 충전전로를 취급하는 근로자에게 그 작업에 적합한 절연용 보호구를 착용시킬 것
4. 충전전로에 근접한 장소에서 전기작업을 하는 경우에는 해당 전압에 적합한 절연용 방호구를 설치할 것. 다만, 저압인 경우에는 해당 전기작업자가 절연용 보호구를 착용하되, 충전전로에 접촉할 우려가 없는 경우에는 절연용 방호구를 설치하지 아니할 수 있다.
5. 고압 및 특별고압의 전로에서 전기작업을 하는 근로자에게 활선작업용 기구 및 장치를 사용하도록 할 것
6. 근로자가 절연용 방호구의 설치·해체작업을 하는 경우에는 절연용 보호구를 착용하거나 활선작업용 기구 및 장치를 사용하도록 할 것
7. 유자격자가 아닌 근로자가 충전전로 인근의 높은 곳에서 작업할 때에 근로자의 몸 또는 긴 도전성 물체가 방호되지 않은 충전전로에서 대지전압이 50킬로볼트 이하인 경우에는 300센티미터 이내로, 대지전압이 50킬로볼트를 넘는 경우에는 10킬로볼트당 10센티미터씩 더한 거리 이내로 각각 접근할 수 없도록 할 것
8. 유자격자가 충전전로 인근에서 작업하는 경우에는 다음 각 목의 경우를 제외하고는 노출 충전부에 다음 표에 제시된 접근한계거리 이내로 접근하거나 절연 손잡이가 없는 도전체에 접근할 수 없도록 할 것
    가. 근로자가 노출 충전부로부터 절연된 경우 또는 해당 전압에 적합한 절연장갑을 착용한 경우
    나. 노출 충전부가 다른 전위를 갖는 도전체 또는 근로자와 절연된 경우
    다. 근로자가 다른 전위를 갖는 모든 도전체로부터 절연된 경우

충전전로의 선간전압 (단위 : 킬로볼트)	충전전로에 대한 접근 한계거리 (단위 : 센티미터)
0.3 이하	접촉금지
0.3 초과 0.75 이하	30
0.75 초과 2 이하	45
2 초과 15 이하	60
15 초과 37 이하	90
37 초과 88 이하	110
88 초과 121 이하	130
121 초과 145 이하	150
145 초과 169 이하	170
169 초과 242 이하	230
242 초과 362 이하	380
362 초과 550 이하	550
550 초과 800 이하	790

② 사업주는 절연이 되지 않은 충전부나 그 인근에 근로자가 접근하는 것을 막거나 제한할 필요가 있는 경우에는 울타리를 설치하고 근로자가 쉽게 알아볼 수 있도록 하여야 한다. 다만, 전기와 접촉할 위험이 있는 경우에는 도전성이 있는 금속제 울타리를 사용하거나, 제1항의 표에 정한 접근 한계거리 이내에 설치해서는 아니 된다. 〈개정 2019. 10. 15.〉

③ 사업주는 제2항의 조치가 곤란한 경우에는 근로자를 감전위험에서 보호하기 위하여 사전에 위험을 경고하는 감시인을 배치하여야 한다.

제325조(정전기로 인한 화재 폭발 등 방지)

① 사업주는 다음 각 호의 설비를 사용할 때에 정전기에 의한 화재 또는 폭발 등의 위험이 발생할 우려가 있는 경우에는 해당 설비에 대하여 확실한 방법으로 접지를 하거나, 도전성 재료를 사용하거나 가습 및 점화원이 될 우려가 없는 제전(除電)장치를 사용하는 등 정전기의 발생을 억제하거나 제거하기 위하여 필요한 조치를 하여야 한다.

1. 위험물을 탱크로리·탱크차 및 드럼 등에 주입하는 설비
2. 탱크로리·탱크차 및 드럼 등 위험물저장설비
3. 인화성 액체를 함유하는 도료 및 접착제 등을 제조·저장·취급 또는 도포(塗布)하는 설비
4. 위험물 건조설비 또는 그 부속설비
5. 인화성 고체를 저장하거나 취급하는 설비

6. 드라이클리닝설비, 염색가공설비 또는 모피류 등을 씻는 설비 등 인화성유기용제를 사용하는 설비
7. 유압, 압축공기 또는 고전위정전기 등을 이용하여 인화성 액체나 인화성 고체를 분무하거나 이송하는 설비
8. 고압가스를 이송하거나 저장·취급하는 설비
9. 화약류 제조설비
10. 발파공에 장전된 화약류를 점화시키는 경우에 사용하는 발파기(발파공을 막는 재료로 물을 사용하거나 갱도발파를 하는 경우는 제외한다)

② 사업주는 인체에 대전된 정전기에 의한 화재 또는 폭발 위험이 있는 경우에는 정전기 대전 방지용 안전화 착용, 제전복(除電服) 착용, 정전기 제전용구 사용 등의 조치를 하거나 작업장 바닥 등에 도전성을 갖추도록 하는 등 필요한 조치를 하여야 한다.

③ 산공정상 정전기에 의한 감전 위험이 발생할 우려가 있는 경우의 조치에 관하여는 제1항과 제2항을 준용한다.

제331조의3(작업발판 일체형 거푸집의 안전조치)

① "작업발판 일체형 거푸집"이란 거푸집의 설치·해체, 철근 조립, 콘크리트 타설, 콘크리트 면처리 작업 등을 위하여 거푸집을 작업발판과 일체로 제작하여 사용하는 거푸집으로서 다음 각 호의 거푸집을 말한다.
1. 갱 폼(Gang Form)
2. 슬립 폼(Slip Form)
3. 클라이밍 폼(Climbing Form)
4. 터널 라이닝 폼(Tunnel Lining Form)
5. 그 밖에 거푸집과 작업발판이 일체로 제작된 거푸집 등

② 제1항 제1호의 갱 폼의 조립·이동·양중·해체(이하 이 조에서 "조립 등"이라 한다) 작업을 하는 경우에는 다음 각 호의 사항을 준수해야 한다. 〈개정 2023. 11. 14.〉
1. 조립 등의 범위 및 작업절차를 미리 그 작업에 종사하는 근로자에게 주지시킬 것
2. 근로자가 안전하게 구조물 내부에서 갱 폼의 작업발판으로 출입할 수 있는 이동통로를 설치할 것
3. 갱 폼의 지지 또는 고정철물의 이상 유무를 수시점검하고 이상이 발견된 경우에는 교체하도록 할 것
4. 갱 폼을 조립하거나 해체하는 경우에는 갱 폼을 인양장비에 매단 후에 작업을 실시하도록 하고, 인양장비에 매달기 전에 지지 또는 고정철물을 미리 해체하지 않도록 할 것

5. 갱 폼 인양 시 작업발판용 케이지에 근로자가 탑승한 상태에서 갱 폼의 인양작업을 하지 않을 것

③ 사업주는 제1항 제2호부터 제5호까지의 조립 등의 작업을 하는 경우에는 다음 각 호의 사항을 준수하여야 한다.
1. 조립 등 작업 시 거푸집 부재의 변형 여부와 연결 및 지지재의 이상 유무를 확인할 것
2. 조립 등 작업과 관련한 이동·양중·운반 장비의 고장·오조작 등으로 인해 근로자에게 위험을 미칠 우려가 있는 장소에는 근로자의 출입을 금지하는 등 위험 방지 조치를 할 것
3. 거푸집이 콘크리트면에 지지될 때에 콘크리트의 굳기정도와 거푸집의 무게, 풍압 등의 영향으로 거푸집의 갑작스런 이탈 또는 낙하로 인해 근로자가 위험해질 우려가 있는 경우에는 설계도서에서 정한 콘크리트의 양생기간을 준수하거나 콘크리트면에 견고하게 지지하는 등 필요한 조치를 할 것
4. 연결 또는 지지 형식으로 조립된 부재의 조립등 작업을 하는 경우에는 거푸집을 인양장비에 매단 후에 작업을 하도록 하는 등 낙하·붕괴·전도의 위험 방지를 위하여 필요한 조치를 할 것

[제337조에서 이동 〈2023. 11. 14.〉]

제332조(동바리 조립 시의 안전조치)

사업주는 동바리를 조립하는 경우에는 하중의 지지상태를 유지할 수 있도록 다음 각 호의 사항을 준수해야 한다.
1. 받침목이나 깔판의 사용, 콘크리트 타설, 말뚝박기 등 동바리의 침하를 방지하기 위한 조치를 할 것
2. 동바리의 상하 고정 및 미끄러짐 방지 조치를 할 것
3. 상부·하부의 동바리가 동일 수직선상에 위치하도록 하여 깔판·받침목에 고정시킬 것
4. 개구부 상부에 동바리를 설치하는 경우에는 상부하중을 견딜 수 있는 견고한 받침대를 설치할 것
5. U헤드 등의 단판이 없는 동바리의 상단에 멍에 등을 올릴 경우에는 해당 상단에 U헤드 등의 단판을 설치하고, 멍에 등이 전도되거나 이탈되지 않도록 고정시킬 것
6. 동바리의 이음은 같은 품질의 재료를 사용할 것
7. 강재의 접속부 및 교차부는 볼트·클램프 등 전용철물을 사용하여 단단히 연결할 것
8. 거푸집의 형상에 따른 부득이한 경우를 제외하고는 깔판이나 받침목은 2단 이상 끼우지 않도록 할 것
9. 깔판이나 받침목을 이어서 사용하는 경우에는 그 깔판·받침목을 단단히 연결할 것

[전문개정 2023. 11. 14.]

제332조의2(동바리 유형에 따른 동바리 조립 시의 안전조치)
사업주는 동바리를 조립할 때 동바리의 유형별로 다음 각 호의 구분에 따른 각 목의 사항을 준수해야 한다.
1. 동바리로 사용하는 파이프 서포트의 경우
   가. 파이프 서포트를 3개 이상 이어서 사용하지 않도록 할 것
   나. 파이프 서포트를 이어서 사용하는 경우에는 4개 이상의 볼트 또는 전용철물을 사용하여 이을 것
   다. 높이가 3.5미터를 초과하는 경우에는 높이 2미터 이내마다 수평연결재를 2개 방향으로 만들고 수평연결재의 변위를 방지할 것
2. 동바리로 사용하는 강관틀의 경우
   가. 강관틀과 강관틀 사이에 교차가새를 설치할 것
   나. 최상단 및 5단 이내마다 동바리의 측면과 틀면의 방향 및 교차가새의 방향에서 5개 이내마다 수평연결재를 설치하고 수평연결재의 변위를 방지할 것
   다. 최상단 및 5단 이내마다 동바리의 틀면의 방향에서 양단 및 5개틀 이내마다 교차가새의 방향으로 띠장틀을 설치할 것
3. 동바리로 사용하는 조립강주의 경우 : 조립강주의 높이가 4미터를 초과하는 경우에는 높이 4미터 이내마다 수평연결재를 2개 방향으로 설치하고 수평연결재의 변위를 방지할 것
4. 시스템 동바리(규격화·부품화된 수직재, 수평재 및 가새재 등의 부재를 현장에서 조립하여 거푸집을 지지하는 지주 형식의 동바리를 말한다)의 경우
   가. 수평재는 수직재와 직각으로 설치해야 하며, 흔들리지 않도록 견고하게 설치할 것
   나. 연결철물을 사용하여 수직재를 견고하게 연결하고, 연결부위가 탈락 또는 꺾어지지 않도록 할 것
   다. 수직 및 수평하중에 대해 동바리의 구조적 안정성이 확보되도록 조립도에 따라 수직재 및 수평재에는 가새재를 견고하게 설치할 것
   라. 동바리 최상단과 최하단의 수직재와 받침철물은 서로 밀착되도록 설치하고 수직재와 받침철물의 연결부의 겹침길이는 받침철물 전체길이의 3분의 1 이상 되도록 할 것
5. 보 형식의 동바리[강제 갑판(Steel Deck), 철재트러스 조립 보 등 수평으로 설치하여 거푸집을 지지하는 동바리를 말한다]의 경우
   가. 접합부는 충분한 걸침 길이를 확보하고 못, 용접 등으로 양끝을 지지물에 고정시켜 미끄러짐 및 탈락을 방지할 것
   나. 양끝에 설치된 보 거푸집을 지지하는 동바리 사이에는 수평연결재를 설치하거나 동바리를 추가로 설치하는 등 보 거푸집이 옆으로 넘어지지 않도록 견고하게 할 것

다. 설계도면, 시방서 등 설계도서를 준수하여 설치할 것
[본조신설 2023. 11. 14.]

제333조(조립·해체 등 작업 시의 준수사항)

① 사업주는 기둥·보·벽체·슬래브 등의 거푸집 및 동바리를 조립하거나 해체하는 작업을 하는 경우에는 다음 각 호의 사항을 준수해야 한다. 〈개정 2021. 5. 28., 2023. 11. 14.〉
1. 해당 작업을 하는 구역에는 관계 근로자가 아닌 사람의 출입을 금지할 것
2. 비, 눈, 그 밖의 기상상태의 불안정으로 날씨가 몹시 나쁜 경우에는 그 작업을 중지할 것
3. 재료, 기구 또는 공구 등을 올리거나 내리는 경우에는 근로자로 하여금 달줄·달포대 등을 사용하도록 할 것
4. 낙하·충격에 의한 돌발적 재해를 방지하기 위하여 버팀목을 설치하고 거푸집 및 동바리를 인양장비에 매단 후에 작업을 하도록 하는 등 필요한 조치를 할 것

② 사업주는 철근조립 등의 작업을 하는 경우에는 다음 각 호의 사항을 준수하여야 한다.
1. 양중기로 철근을 운반할 경우에는 두 군데 이상 묶어서 수평으로 운반할 것
2. 작업위치의 높이가 2미터 이상일 경우에는 작업발판을 설치하거나 안전대를 착용하게 하는 등 위험 방지를 위하여 필요한 조치를 할 것

제334조(콘크리트의 타설작업)

사업주는 콘크리트 타설작업을 하는 경우에는 다음 각 호의 사항을 준수해야 한다. 〈개정 2023. 11. 14.〉
1. 당일의 작업을 시작하기 전에 해당 작업에 관한 거푸집 및 동바리의 변형·변위 및 지반의 침하 유무 등을 점검하고 이상이 있으면 보수할 것
2. 작업 중에는 감시자를 배치하는 등의 방법으로 거푸집 및 동바리의 변형·변위 및 침하 유무 등을 확인해야 하며, 이상이 있으면 작업을 중지하고 근로자를 대피시킬 것
3. 콘크리트 타설작업 시 거푸집 붕괴의 위험이 발생할 우려가 있으면 충분한 보강조치를 할 것
4. 설계도서상의 콘크리트 양생기간을 준수하여 거푸집 및 동바리를 해체할 것
5. 콘크리트를 타설하는 경우에는 편심이 발생하지 않도록 골고루 분산하여 타설할 것

제335조(콘크리트 타설장비 사용 시의 준수사항)

사업주는 콘크리트 타설작업을 하기 위하여 콘크리트 플레이싱 붐(Placing Boom), 콘크리트 분배기, 콘크리트 펌프카 등(이하 이 조에서 "콘크리트타설장비"라 한다)을 사용하는 경우에는 다음 각 호의 사항을 준수해야 한다. 〈개정 2023. 11. 14.〉

1. 작업을 시작하기 전에 콘크리트타설장비를 점검하고 이상을 발견하였으면 즉시 보수할 것
2. 건축물의 난간 등에서 작업하는 근로자가 호스의 요동·선회로 인하여 추락하는 위험을 방지하기 위하여 안전난간 설치 등 필요한 조치를 할 것
3. 콘크리트타설장비의 붐을 조정하는 경우에는 주변의 전선 등에 의한 위험을 예방하기 위한 적절한 조치를 할 것
4. 작업 중에 지반의 침하나 아웃트리거 등 콘크리트타설장비 지지구조물의 손상 등에 의하여 콘크리트타설장비가 넘어질 우려가 있는 경우에는 이를 방지하기 위한 적절한 조치를 할 것

제347조(붕괴 등의 위험 방지)

① 사업주는 흙막이 지보공을 설치하였을 때에는 정기적으로 다음 각 호의 사항을 점검하고 이상을 발견하면 즉시 보수하여야 한다.
  1. 부재의 손상·변형·부식·변위 및 탈락의 유무와 상태
  2. 버팀대의 긴압(緊壓)의 정도
  3. 부재의 접속부·부착부 및 교차부의 상태
  4. 침하의 정도
② 사업주는 제1항의 점검 외에 설계도서에 따른 계측을 하고 계측 분석 결과 토압의 증가 등 이상한 점을 발견한 경우에는 즉시 보강조치를 하여야 한다.

제348조(발파의 작업기준)

사업주는 발파작업에 종사하는 근로자에게 다음 각 호의 사항을 준수하도록 하여야 한다.
  1. 얼어붙은 다이나마이트는 화기에 접근시키거나 그 밖의 고열물에 직접 접촉시키는 등 위험한 방법으로 융해되지 않도록 할 것
  2. 화약이나 폭약을 장전하는 경우에는 그 부근에서 화기를 사용하거나 흡연을 하지 않도록 할 것
  3. 장전구(裝塡具)는 마찰·충격·정전기 등에 의한 폭발의 위험이 없는 안전한 것을 사용할 것
  4. 발파공의 충진재료는 점토·모래 등 발화성 또는 인화성의 위험이 없는 재료를 사용할 것
  5. 점화 후 장전된 화약류가 폭발하지 아니한 경우 또는 장전된 화약류의 폭발 여부를 확인하기 곤란한 경우에는 다음 각 목의 사항을 따를 것
      가. 전기뇌관에 의한 경우에는 발파모선을 점화기에서 떼어 그 끝을 단락시켜 놓는 등 재점화되지 않도록 조치하고 그 때부터 5분 이상 경과한 후가 아니면 화약류의 장

전장소에 접근시키지 않도록 할 것
　나. 전기뇌관 외의 것에 의한 경우에는 점화한 때부터 15분 이상 경과한 후가 아니면 화약류의 장전장소에 접근시키지 않도록 할 것
6. 전기뇌관에 의한 발파의 경우 점화하기 전에 화약류를 장전한 장소로부터 30미터 이상 떨어진 안전한 장소에서 전선에 대하여 저항측정 및 도통(導通)시험을 할 것

제364조(조립 또는 변경시의 조치)

사업주는 터널 지보공을 조립하거나 변경하는 경우에는 다음 각 호의 사항을 조치하여야 한다.
1. 주재(主材)를 구성하는 1세트의 부재는 동일 평면 내에 배치할 것
2. 목재의 터널 지보공은 그 터널 지보공의 각 부재의 긴압 정도가 균등하게 되도록 할 것
3. 기둥에는 침하를 방지하기 위하여 받침목을 사용하는 등의 조치를 할 것
4. 강(鋼)아치 지보공의 조립은 다음 각 목의 사항을 따를 것
　가. 조립간격은 조립도에 따를 것
　나. 주재가 아치작용을 충분히 할 수 있도록 쐐기를 박는 등 필요한 조치를 할 것
　다. 연결볼트 및 띠장 등을 사용하여 주재 상호간을 튼튼하게 연결할 것
　라. 터널 등의 출입구 부분에는 받침대를 설치할 것
　마. 낙하물이 근로자에게 위험을 미칠 우려가 있는 경우에는 널판 등을 설치할 것
5. 목재 지주식 지보공은 다음 각 목의 사항을 따를 것
　가. 주기둥은 변위를 방지하기 위하여 쐐기 등을 사용하여 지반에 고정시킬 것
　나. 양끝에는 받침대를 설치할 것
　다. 터널 등의 목재 지주식 지보공에 세로방향의 하중이 걸림으로써 넘어지거나 비틀어질 우려가 있는 경우에는 양끝 외의 부분에도 받침대를 설치할 것
　라. 부재의 접속부는 꺾쇠 등으로 고정시킬 것
6. 강아치 지보공 및 목재지주식 지보공 외의 터널 지보공에 대해서는 터널 등의 출입구 부분에 받침대를 설치할 것

제366조(붕괴 등의 방지)

사업주는 터널 지보공을 설치한 경우에 다음 각 호의 사항을 수시로 점검하여야 하며, 이상을 발견한 경우에는 즉시 보강하거나 보수하여야 한다.
1. 부재의 손상·변형·부식·변위 탈락의 유무 및 상태
2. 부재의 긴압 정도
3. 부재의 접속부 및 교차부의 상태
4. 기둥침하의 유무 및 상태

제405조(벌목작업 시 등의 위험 방지)

① 사업주는 벌목작업 등을 하는 경우에 다음 각 호의 사항을 준수하도록 해야 한다. 다만, 유압식 벌목기를 사용하는 경우에는 그렇지 않다. 〈개정 2021. 11. 19.〉
1. 벌목하려는 경우에는 미리 대피로 및 대피장소를 정해 둘 것
2. 벌목하려는 나무의 가슴높이지름이 20센티미터 이상인 경우에는 수구(베어지는 쪽의 밑동 부근에 만드는 쐐기 모양의 절단면)의 상면·하면의 각도를 30도 이상으로 하며, 수구 깊이는 뿌리부분 지름의 4분의 1 이상 3분의 1 이하로 만들 것
3. 벌목작업 중에는 벌목하려는 나무로부터 해당 나무 높이의 2배에 해당하는 직선거리 안에서 다른 작업을 하지 않을 것
4. 나무가 다른 나무에 걸려있는 경우에는 다음 각 목의 사항을 준수할 것
   가. 걸려있는 나무 밑에서 작업을 하지 않을 것
   나. 받치고 있는 나무를 벌목하지 않을 것
② 사업주는 유압식 벌목기에는 견고한 헤드 가드(Head Guard)를 부착하여야 한다.

제495조(석면해체·제거작업 시의 조치)

사업주는 석면해체·제거작업에 근로자를 종사하도록 하는 경우에 다음 각 호의 구분에 따른 조치를 하여야 한다. 다만, 사업주가 다른 조치를 한 경우로서 지방고용노동관서의 장이 다음 각 호의 조치와 같거나 그 이상의 효과를 가진다고 인정하는 경우에는 다음 각 호의 조치를 한 것으로 본다. 〈개정 2012. 3. 5., 2019. 12. 26.〉
1. 분무(噴霧)된 석면이나 석면이 함유된 보온재 또는 내화피복재(耐火被覆材)의 해체·제거작업
   가. 창문·벽·바닥 등은 비닐 등 불침투성 차단재로 밀폐하고 해당 장소를 음압(陰壓)으로 유지하고 그 결과를 기록·보존할 것(작업장이 실내인 경우에만 해당한다)
   나. 작업 시 석면분진이 흩날리지 않도록 고성능 필터가 장착된 석면분진 포집장치를 가동하는 등 필요한 조치를 할 것(작업장이 실외인 경우에만 해당한다)
   다. 물이나 습윤제(濕潤劑)를 사용하여 습식(濕式)으로 작업할 것
   라. 평상복 탈의실, 샤워실 및 작업복 탈의실 등의 위생설비를 작업장과 연결하여 설치할 것(작업장이 실내인 경우에만 해당한다)
2. 석면이 함유된 벽체, 바닥타일 및 천장재의 해체·제거작업[천공(穿孔)작업 등 석면이 적게 흩날리는 작업을 하는 경우에는 나목의 조치로 한정한다]
   가. 창문·벽·바닥 등은 비닐 등 불침투성 차단재로 밀폐할 것
   나. 물이나 습윤제를 사용하여 습식으로 작업할 것

다. 작업장소를 음압으로 유지하고 그 결과를 기록·보존할 것(석면함유 벽체·바닥타일·천장재를 물리적으로 깨거나 기계 등을 이용하여 절단하는 작업인 경우에만 해당한다)
3. 석면이 함유된 지붕재의 해체·제거작업
   가. 해체된 지붕재는 직접 땅으로 떨어뜨리거나 던지지 말 것
   나. 물이나 습윤제를 사용하여 습식으로 작업할 것(습식작업 시 안전상 위험이 있는 경우는 제외한다)
   다. 난방이나 환기를 위한 통풍구가 지붕 근처에 있는 경우에는 이를 밀폐하고 환기설비의 가동을 중단할 것
4. 석면이 함유된 그 밖의 자재의 해체·제거작업
   가. 창문·벽·바닥 등은 비닐 등 불침투성 차단재로 밀폐할 것(작업장이 실내인 경우에만 해당한다)
   나. 석면분진이 흩날리지 않도록 석면분진 포집장치를 가동하는 등 필요한 조치를 할 것(작업장이 실외인 경우에만 해당한다)
   다. 물이나 습윤제를 사용하여 습식으로 작업할 것

제496조(석면함유 잔재물 등의 처리)

① 사업주는 석면해체·제거작업이 완료된 후 그 작업 과정에서 발생한 석면함유 잔재물 등이 해당 작업장에 남지 아니하도록 청소 등 필요한 조치를 하여야 한다.

② 사업주는 석면해체·제거작업 및 제1항에 따른 조치 중에 발생한 석면함유 잔재물 등을 비닐이나 그 밖에 이와 유사한 재질의 포대에 담아 밀봉한 후 별지 제3호 서식에 따른 표지를 붙여 「폐기물관리법」에 따라 처리하여야 한다.

제512조(정의)

이 장에서 사용하는 용어의 뜻은 다음과 같다. 〈개정 2024. 6. 28.〉

1. "소음작업"이란 1일 8시간 작업을 기준으로 85데시벨 이상의 소음이 발생하는 작업을 말한다.
2. "강렬한 소음작업"이란 다음 각 목의 어느 하나에 해당하는 작업을 말한다.
   가. 90데시벨 이상의 소음이 1일 8시간 이상 발생하는 작업
   나. 95데시벨 이상의 소음이 1일 4시간 이상 발생하는 작업
   다. 100데시벨 이상의 소음이 1일 2시간 이상 발생하는 작업
   라. 105데시벨 이상의 소음이 1일 1시간 이상 발생하는 작업
   마. 110데시벨 이상의 소음이 1일 30분 이상 발생하는 작업

바. 115데시벨 이상의 소음이 1일 15분 이상 발생하는 작업
3. "충격소음작업"이란 소음이 1초 이상의 간격으로 발생하는 작업으로서 다음 각 목의 어느 하나에 해당하는 작업을 말한다.
   가. 120데시벨을 초과하는 소음이 1일 1만회 이상 발생하는 작업
   나. 130데시벨을 초과하는 소음이 1일 1천회 이상 발생하는 작업
   다. 140데시벨을 초과하는 소음이 1일 1백회 이상 발생하는 작업
4. "진동작업"이란 다음 각 목의 어느 하나에 해당하는 기계·기구를 사용하는 작업을 말한다.
   가. 착암기(鑿巖機)
   나. 동력을 이용한 해머
   다. 체인톱
   라. 엔진 커터(Engine Cutter)
   마. 동력을 이용한 연삭기
   바. 임팩트 렌치(Impact Wrench)
   사. 그 밖에 진동으로 인하여 건강장해를 유발할 수 있는 기계·기구
5. "청력보존 프로그램"이란 다음 각 목의 사항이 포함된 소음성 난청을 예방·관리하기 위한 종합적인 계획을 말한다.
   가. 소음노출 평가
   나. 소음노출에 대한 공학적 대책
   다. 청력보호구의 지급과 착용
   라. 소음의 유해성 및 예방 관련 교육
   마. 정기적 청력검사
   바. 청력보존 프로그램 수립 및 시행 관련 기록·관리체계
   사. 그 밖에 소음성 난청 예방·관리에 필요한 사항

제597조(혈액노출 예방 조치)

① 사업주는 근로자가 혈액노출의 위험이 있는 작업을 하는 경우에 다음 각 호의 조치를 하여야 한다.
   1. 혈액노출의 가능성이 있는 장소에서는 음식물을 먹거나 담배를 피우는 행위, 화장 및 콘택트렌즈의 교환 등을 금지할 것
   2. 혈액 또는 환자의 혈액으로 오염된 가검물, 주사침, 각종 의료 기구, 솜 등의 혈액오염물 (이하 "혈액오염물"이라 한다)이 보관되어 있는 냉장고 등에 음식물 보관을 금지할 것
   3. 혈액 등으로 오염된 장소나 혈액오염물은 적절한 방법으로 소독할 것

4. 혈액오염물은 별도로 표기된 용기에 담아서 운반할 것
5. 혈액노출 근로자는 즉시 소독약품이 포함된 세척제로 접촉 부위를 씻도록 할 것

② 사업주는 근로자가 주사 및 채혈 작업을 하는 경우에 다음 각 호의 조치를 하여야 한다.
1. 안정되고 편안한 자세로 주사 및 채혈을 할 수 있는 장소를 제공할 것
2. 채취한 혈액을 검사 용기에 옮기는 경우에는 주사침 사용을 금지하도록 할 것
3. 사용한 주사침은 바늘을 구부리거나, 자르거나, 뚜껑을 다시 씌우는 등의 행위를 금지할 것(부득이하게 뚜껑을 다시 씌워야 하는 경우에는 한 손으로 씌우도록 한다)
4. 사용한 주사침은 안전한 전용 수거용기에 모아 튼튼한 용기를 사용하여 폐기할 것

③ 근로자는 제1항에 따라 흡연 또는 음식물 등의 섭취 등이 금지된 장소에서 흡연 또는 음식물 섭취 등의 행위를 해서는 아니 된다.

제619조(밀폐공간 작업 프로그램의 수립·시행)

① 사업주는 밀폐공간에서 근로자에게 작업을 하도록 하는 경우 다음 각 호의 내용이 포함된 밀폐공간 작업 프로그램을 수립하여 시행하여야 한다.
1. 사업장 내 밀폐공간의 위치 파악 및 관리 방안
2. 밀폐공간 내 질식·중독 등을 일으킬 수 있는 유해·위험 요인의 파악 및 관리 방안
3. 제2항에 따라 밀폐공간 작업 시 사전 확인이 필요한 사항에 대한 확인 절차
4. 안전보건교육 및 훈련
5. 그 밖에 밀폐공간 작업 근로자의 건강장해 예방에 관한 사항

② 사업주는 근로자가 밀폐공간에서 작업을 시작하기 전에 다음 각 호의 사항을 확인하여 근로자가 안전한 상태에서 작업하도록 하여야 한다.
1. 작업 일시, 기간, 장소 및 내용 등 작업 정보
2. 관리감독자, 근로자, 감시인 등 작업자 정보
3. 산소 및 유해가스 농도의 측정결과 및 후속조치 사항
4. 작업 중 불활성가스 또는 유해가스의 누출·유입·발생 가능성 검토 및 후속조치 사항
5. 작업 시 착용하여야 할 보호구의 종류
6. 비상연락체계

③ 사업주는 밀폐공간에서의 작업이 종료될 때까지 제2항 각 호의 내용을 해당 작업장 출입구에 게시하여야 한다.

제619조의2(산소 및 유해가스 농도의 측정)

① 사업주는 밀폐공간에서 근로자에게 작업을 하도록 하는 경우 작업을 시작(작업을 일시 중단하였다가 다시 시작하는 경우를 포함한다. 이하 이 조에서 같다)하기 전에 밀폐공간의

산소 및 유해가스 농도의 측정 및 평가에 관한 지식과 실무경험이 있는 자를 지정하여 그로 하여금 해당 밀폐공간의 산소 및 유해가스 농도를 측정(「전파법」 제2조 제1항 제5호·제5호의2에 따른 무선설비 또는 무선통신을 이용한 원격 측정을 포함한다. 이하 제629조, 제638조 및 제641조에서 같다)하여 적정공기가 유지되고 있는지를 평가하도록 해야 한다. 〈개정 2024. 6. 28.〉

② 사업주는 제1항에 따라 밀폐공간의 산소 및 유해가스 농도를 측정 및 평가하는 자에 대하여 밀폐공간에서 작업을 시작하기 전에 다음 각 호의 사항의 숙지여부를 확인하고 필요한 교육을 실시해야 한다. 〈신설 2024. 6. 28.〉
  1. 밀폐공간의 위험성
  2. 측정장비의 이상 유무 확인 및 조작 방법
  3. 밀폐공간 내에서의 산소 및 유해가스 농도 측정방법
  4. 적정공기의 기준과 평가 방법

③ 사업주는 제1항에 따라 산소 및 유해가스 농도를 측정한 결과 적정공기가 유지되고 있지 아니하다고 평가된 경우에는 작업장을 환기시키거나, 근로자에게 공기호흡기 또는 송기마스크를 지급하여 착용하도록 하는 등 근로자의 건강장해 예방을 위하여 필요한 조치를 하여야 한다. 〈개정 2024. 6. 28.〉

제662조(근골격계질환 예방관리 프로그램 시행)

① 사업주는 다음 각 호의 어느 하나에 해당하는 경우에 근골격계질환 예방관리 프로그램을 수립하여 시행하여야 한다. 〈개정 2017. 3. 3.〉
  1. 근골격계질환으로 「산업재해보상보험법 시행령」 별표 3 제2호 가목·마목 및 제12호 라목에 따라 업무상 질병으로 인정받은 근로자가 연간 10명 이상 발생한 사업장 또는 5명 이상 발생한 사업장으로서 발생 비율이 그 사업장 근로자 수의 10퍼센트 이상인 경우
  2. 근골격계질환 예방과 관련하여 노사 간 이견(異見)이 지속되는 사업장으로서 고용노동부장관이 필요하다고 인정하여 근골격계질환 예방관리 프로그램을 수립하여 시행할 것을 명령한 경우

② 사업주는 근골격계질환 예방관리 프로그램을 작성·시행할 경우에 노사협의를 거쳐야 한다.
③ 사업주는 근골격계질환 예방관리 프로그램을 작성·시행할 경우에 인간공학·산업의학·산업위생·산업간호 등 분야별 전문가로부터 필요한 지도·조언을 받을 수 있다.

제669조(직무스트레스에 의한 건강장해 예방 조치)

사업주는 근로자가 장시간 근로, 야간작업을 포함한 교대작업, 차량운전[전업(專業)으로 하는

경우에만 해당한다] 및 정밀기계 조작작업 등 신체적 피로와 정신적 스트레스 등(이하 "직무스트레스"라 한다)이 높은 작업을 하는 경우에 법 제5조 제1항에 따라 직무스트레스로 인한 건강장해 예방을 위하여 다음 각 호의 조치를 하여야 한다.

1. 작업환경·작업내용·근로시간 등 직무스트레스 요인에 대하여 평가하고 근로시간 단축, 장·단기 순환작업 등의 개선대책을 마련하여 시행할 것
2. 작업량·작업일정 등 작업계획 수립 시 해당 근로자의 의견을 반영할 것
3. 작업과 휴식을 적절하게 배분하는 등 근로시간과 관련된 근로조건을 개선할 것
4. 근로시간 외의 근로자 활동에 대한 복지 차원의 지원에 최선을 다할 것
5. 건강진단 결과, 상담자료 등을 참고하여 적절하게 근로자를 배치하고 직무스트레스 요인, 건강문제 발생가능성 및 대비책 등에 대하여 해당 근로자에게 충분히 설명할 것
6. 뇌혈관 및 심장질환 발병위험도를 평가하여 금연, 고혈압 관리 등 건강증진 프로그램을 시행할 것

PART 02

토공사 / 기초공사

- **1장** 일반사항
- **2장** 지반보강
- **3장** 흙막이공
- **4장** 기초공
- **5장** 사면안정
- **6장** 옹벽

CHAPTER 01 일반사항

01 재해예방을 위한 사전조사 및 작업계획서 내용

작업명	사전조사 내용	작업계획서 내용
1. 타워크레인을 설치·조립·해체하는 작업	-	가. 타워크레인의 종류 및 형식 나. 설치·조립 및 해체순서 다. 작업도구·장비·가설설비(假設設備) 및 방호설비 라. 작업인원의 구성 및 작업근로자의 역할 범위 마. 제142조에 따른 지지 방법
2. 차량계 하역운반기계 등을 사용하는 작업	-	가. 해당 작업에 따른 추락·낙하·전도·협착 및 붕괴 등의 위험 예방대책 나. 차량계 하역운반기계 등의 운행경로 및 작업방법
3. 차량계 건설기계를 사용하는 작업	해당 기계의 굴러 떨어짐, 지반의 붕괴 등으로 인한 근로자의 위험을 방지하기 위한 해당 작업장소의 지형 및 지반상태	가. 사용하는 차량계 건설기계의 종류 및 성능 나. 차량계 건설기계의 운행경로 다. 차량계 건설기계에 의한 작업방법
4. 화학설비와 그 부속설비 사용작업	-	가. 밸브·콕 등의 조작(해당 화학설비에 원재료를 공급하거나 해당 화학설비에서 제품 등을 꺼내는 경우만 해당한다) 나. 냉각장치·가열장치·교반장치(攪拌裝置) 및 압축장치의 조작 다. 계측장치 및 제어장치의 감시 및 조정 라. 안전밸브, 긴급차단장치, 그 밖의 방호장치 및 자동경보장치의 조정 마. 덮개판·플랜지(Flange)·밸브·콕 등의 접합부에서 위험물 등의 누출 여부에 대한 점검 바. 시료의 채취

작업명	사전조사 내용	작업계획서 내용
4. 화학설비와 그 부속설비 사용작업	–	사. 화학설비에서는 그 운전이 일시적 또는 부분적으로 중단된 경우의 작업방법 또는 운전 재개 시의 작업방법 아. 이상 상태가 발생한 경우의 응급조치 자. 위험물 누출 시의 조치 차. 그 밖에 폭발·화재를 방지하기 위하여 필요한 조치
5. 제318조에 따른 전기작업	–	가. 전기작업의 목적 및 내용 나. 전기작업 근로자의 자격 및 적정 인원 다. 작업 범위, 작업책임자 임명, 전격·아크 섬광·아크 폭발 등 전기 위험 요인 파악, 접근 한계거리, 활선접근 경보장치 휴대 등 작업시작 전에 필요한 사항 라. 제319조에 따른 전로 차단에 관한 작업계획 및 전원(電源) 재투입 절차 등 작업 상황에 필요한 안전 작업 요령 마. 절연용 보호구 및 방호구, 활선작업용 기구·장치 등의 준비·점검·착용·사용 등에 관한 사항 바. 점검·시운전을 위한 일시 운전, 작업 중단 등에 관한 사항 사. 교대 근무 시 근무 인계(引繼)에 관한 사항 아. 전기작업장소에 대한 관계 근로자가 아닌 사람의 출입금지에 관한 사항 자. 전기안전작업계획서를 해당 근로자에게 교육할 수 있는 방법과 작성된 전기안전작업계획서의 평가·관리계획 차. 전기 도면, 기기 세부 사항 등 작업과 관련되는 자료
6. 굴착작업	가. 형상·지질 및 지층의 상태 나. 균열·함수(含水)·용수 및 동결의 유무 또는 상태 다. 매설물 등의 유무 또는 상태 라. 지반의 지하수위 상태	가. 굴착방법 및 순서, 토사 반출 방법 나. 필요한 인원 및 장비 사용계획 다. 매설물 등에 대한 이설·보호대책 라. 사업장 내 연락방법 및 신호방법 마. 흙막이 지보공 설치방법 및 계측계획 바. 작업지휘자의 배치계획 사. 그 밖에 안전·보건에 관련된 사항

작업명	사전조사 내용	작업계획서 내용
7. 터널굴착작업	보링(Boring) 등 적절한 방법으로 낙반·출수(出水) 및 가스폭발 등으로 인한 근로자의 위험을 방지하기 위하여 미리 지형·지질 및 지층상태를 조사	가. 굴착의 방법 나. 터널지보공 및 복공(覆工)의 시공방법과 용수(湧水)의 처리방법 다. 환기 또는 조명시설을 설치할 때에는 그 방법
8. 교량작업	−	가. 작업 방법 및 순서 나. 부재(部材)의 낙하·전도 또는 붕괴를 방지하기 위한 방법 다. 작업에 종사하는 근로자의 추락 위험을 방지하기 위한 안전조치 방법 라. 공사에 사용되는 가설 철구조물 등의 설치·사용·해체 시 안전성 검토 방법 마. 사용하는 기계 등의 종류 및 성능, 작업방법 바. 작업지휘자 배치계획 사. 그 밖에 안전·보건에 관련된 사항
9. 채석작업	지반의 붕괴·굴착기계의 굴러 떨어짐 등에 의한 근로자에게 발생할 위험을 방지하기 위한 해당 작업장의 지형·지질 및 지층의 상태	가. 노천굴착과 갱내굴착의 구별 및 채석방법 나. 굴착면의 높이와 기울기 다. 굴착면 소단(小段 : 비탈면의 경사를 완화시키기 위해 중간에 좁은 폭으로 설치하는 평탄한 부분)의 위치와 넓이 라. 갱내에서의 낙반 및 붕괴방지 방법 마. 발파방법 바. 암석의 분할방법 사. 암석의 가공장소 아. 사용하는 굴착기계·분할기계·적재기계 또는 운반기계(이하 "굴착기계 등"이라 한다)의 종류 및 성능 자. 토석 또는 암석의 적재 및 운반방법과 운반경로 차. 표토 또는 용수(湧水)의 처리방법
10. 건물 등의 해체작업	해체건물 등의 구조, 주변 상황 등	가. 해체의 방법 및 해체 순서도면 나. 가설설비·방호설비·환기설비 및 살수·방화설비 등의 방법 다. 사업장 내 연락방법 라. 해체물의 처분계획

작업명	사전조사 내용	작업계획서 내용
10. 건물 등의 해체작업	해체건물 등의 구조, 주변 상황 등	마. 해체작업용 기계·기구 등의 작업계획서 바. 해체작업용 화약류 등의 사용계획서 사. 그 밖에 안전·보건에 관련된 사항
11. 중량물의 취급 작업	-	가. 추락위험을 예방할 수 있는 안전대책 나. 낙하위험을 예방할 수 있는 안전대책 다. 전도위험을 예방할 수 있는 안전대책 라. 협착위험을 예방할 수 있는 안전대책 마. 붕괴위험을 예방할 수 있는 안전대책
12. 궤도와 그 밖의 관련설비의 보수·점검작업 13. 입환작업(入換作業)	-	가. 적절한 작업 인원 나. 작업량 다. 작업순서 라. 작업방법 및 위험요인에 대한 안전조치방법 등

02 지반조사

1. 지하탐사법

1) 터 파보기
2) 짚어보기
3) 물리적 탐사
   (1) 탄성파 탐사
   (2) 음파 탐사
   (3) 전기 탐사

2. 사운딩(Sounding)

1) 표준관입 시험(SPT) → N치
2) 콘 관입 시험(CPT)
3) 베인 테스트(Vane Test)
4) 스웨덴식 사운딩 시험(Screw Point)

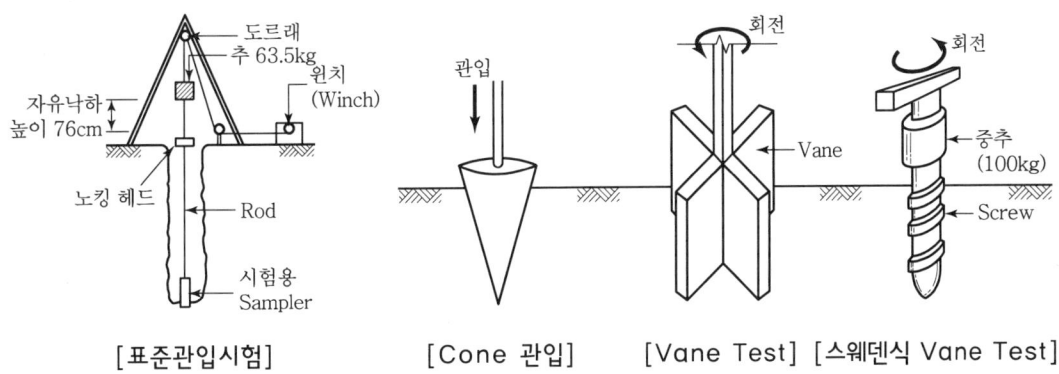

[표준관입시험] [Cone 관입] [Vane Test] [스웨덴식 Vane Test]

3. 보링(Boring)

1) 회전식
2) 충격식
3) 핸드 오거식
4) 수세식

4. 시료채취(Sampling)

1) 교란 시료채취
2) 불교란 시료채취

5. 토질시험(Soil Test)

1) 물리적 시험

   (1) 비중
   (2) 함수량
   (3) 입도
   (4) 액성한계
   (5) 소성한계
   (6) 수축한계
   (7) 밀도

2) 역학적 시험

　　(1) 투수시험

　　(2) 압밀시험

　　(3) 전단시험

6. 재하시험(Load Test)

　1) 평판재하시험(PBT)

　2) 말뚝재하시험(PLT)

··· 03 평판재하시험 및 말뚝재하시험

1. 평판재하시험

1) 실제 기초지면에서 직접 재하하여 침하량을 측정함으로써 지내력을 판정하는 시험

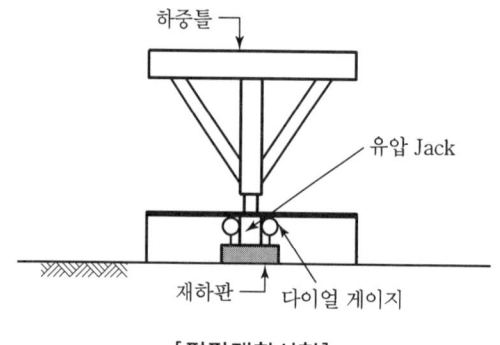

[평판재하시험]

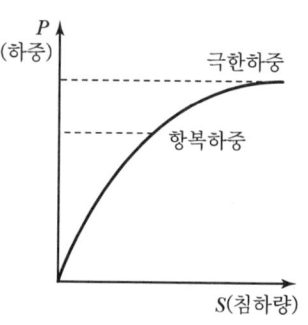

[하중-침하량 곡선도]

2) 측정장치

　　(1) 재하판

　　(2) 반력장치

　　(3) 재하장치(Jack)

　　(4) 침하량 측정장치

3) 지내력계수 산정

   (1) 일정 하중에서의 재하판 침하량으로 하중강도를 나눈 값
   (2) $K = \dfrac{하중(p)}{침하량(s)}$

4) 시험 목적

   (1) 건축물의 기초지반 지지력 시험(침하관리)
   (2) 교량 등 토목구조물의 지지력 시험(침하관리)
   (3) 도로의 노상이나 노체의 지지력 시험(다짐관리)

2. 말뚝재하시험

1) 시험말뚝에 하중을 가하여 말뚝의 침하량을 측정하여 지지력을 측정하는 시험

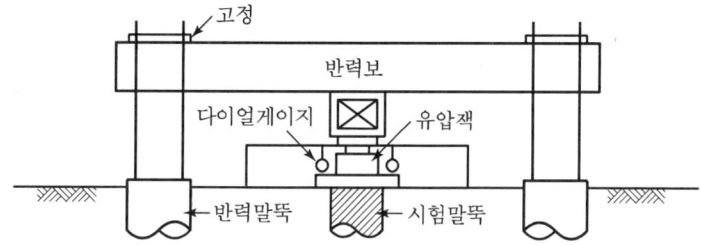

2) 재하시험의 목적

   (1) 말뚝설계를 위한 지지력 결정
   (2) 말뚝기초의 규격과 소요량 결정
   (3) 기 시공된 말뚝의 안전성 확인

3) 재하시험의 분류

   (1) 압축재하시험
      ① 사하중 재하방법
      ② 반력말뚝 사용방법
   (2) 인발재하시험
      ① 1개 유압잭 사용방법
      ② 2개 유압잭 사용방법
   (3) 수평재하시험

04 토공사 안전대책

1. 공사 전 준수사항

1) 작업의 이해
2) 근로자 소요 인원 파악
3) 장애물 제거
4) 매설물 방호조치
5) 자재 반입
6) 토사 반출
7) 신호체제
8) 지하수 유입

2. 작업 시 준수사항

1) 불안전한 상태 점검
2) 근로자 적절 배치
3) 사용기기, 공구 확인
4) 안전보호구 착용
5) 단계별 안전교육
6) 출입금지
7) 표준신호 준용

05 동상현상

1. 동상원인(3요소)

1) 온도(0℃ 이하 지속)
2) Silt질 세립토
3) 모관수

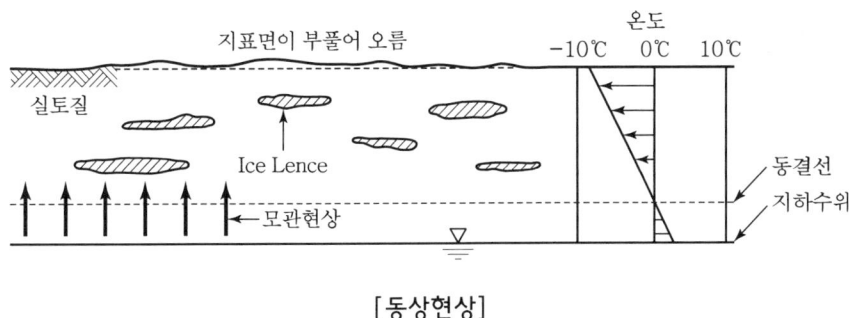

[동상현상]

2. 동상현상 발생 Mechanism

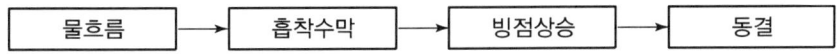

3. 동결일수와 동결지수

1) 일기온을 누계한 그림에서 동결일수와 동결지수 산정
2) 20년간 기상자료에서 추웠던 2년간 자료에 의함

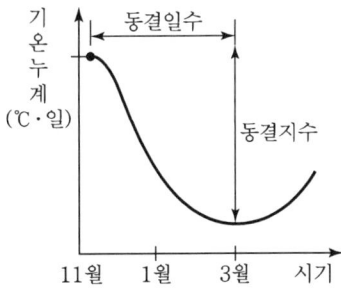

4. 동결깊이 산정방법

1) 설계동결지수(F)

$$F = 동결지수 + 0.5 \times 동결기간 \times \frac{현장지반고 - 측후소지반고}{100}$$

2) 동결깊이(Z)

$$Z = c\sqrt{F}$$

여기서, c : 설계동결지수에 따른 보정계수

06 융해현상

1. 융해원인
1) 융해수 잔류
2) 지표수 침입
3) 지하수 상승
4) 실트질 존재

2. 문제점
1) 지반 강도 저하
2) 지반 침하
3) 지하매설물 손상

3. 안전대책
1) 배수층 설치
2) 지하수위 저하
3) 비동결성 재료 사용
4) 동상 방지
5) 구조물 동결심도 아래에 축조

07 점성토와 사질토

1. 점성토의 성질
1) 침하
   ① 침하량 큼
   ② 압축성 큼
   ③ 침하속도 느림

2) 전단강도

   ① 전단강도 작음
   ② 지지력 작음

3) 투수

   ① 투수계수 작음
   ② 모관상승고 큼

4) 물리적 특성

   ① 점착성 큼
   ② 자연함수비 높음
   ③ 액성한계, 소성지수 큼
   ④ 함수비 변화에 따른 수축팽창이 큼

5) 시공성

   ① Trafficability 확보가 어려움
   ② 지하수위에서 작업성 떨어짐
   ③ 성토체 다짐불량

2. 사질토의 성질

1) 침하

   ① 침하량 적음
   ② 압축성 작음
   ③ 침하속도 빠름

2) 전단강도

   ① 전단강도 큼
   ② 지지력 큼

3) 투수

   ① 투수계수 큼
   ② 모관상승고 낮음

4) 물리적 특성
① 점착성 작음
② 자연함수비 낮음
③ 액성한계, 소성지수 작음
④ 함수비 변화에 따른 수축팽창 작음

5) 시공성
① Trafficability 확보 가능
② 지하수위에서 작업성 용이
③ 성토체 재료로 적합

··· 08 액상화 현상

1. 액상화 영향
1) 건축물·구조물의 부등침하
2) 매설물의 부상 및 횡방향 변위
3) 비탈면 붕괴 및 도로, 하천, 제방, 댐 붕괴

2. 액상화 원인
1) 진동
2) 지진
3) Quick Sand, Boiling, Piping

3. 액상화가 우려되는 지반조건
1) 입도 : 가늘고 균일한 모래질일수록
2) 상대 밀도 : 느슨할수록
3) 하중지속시간 : 퇴적연대가 짧을수록
4) 진동 : 정상 진동보다 여러 방향의 진동

4. 안전대책

1) 밀도를 증가시킴

　① SCP(Sand Compaction Pile) 시공
　② Vibroflotation공법 시공
　③ 동다짐 공법 시공
　④ 무리말뚝 시공
　⑤ 표면다짐 시공

2) 입도개량

　양질토로 치환

3) 고결공법

　주입공법

4) 지하수위 저하

　① Deep Well 공법
　② Well Point 공법

5) 연직 배수공법 적용

6) Sheet Pile에 의한 차단벽 시공

··· 09 예민비와 Thixotropy 현상

1. 예민비

1) 정의

　① 교란된 시료는 불교란시료에 비하여 전단강도가 저하되는데, 이때 교란시료와 불교란시료의 전단강도비

　② 예민비 = $\dfrac{\text{불교란시료의 일축압축강도}}{\text{교란시료의 일축압축강도}}$

2) 예민비의 특징

① 예민비가 크면 토공재료로 부적당함
② 예민비가 큰 토질 : 세립자를 많이 함유한 토질, 유기질토
③ 점토지반은 지반을 교란하면 강도가 작아짐 : 전압다짐이 유리함
④ 사질토지반은 지반을 교란하면 강도가 커짐 : 진동다짐이 유리함

2. Thixotropy 현상

1) 정의

점토가 교란된 후 강도가 저하된 상태에서 시간이 경과함에 따라 강도가 회복되는 현상

2) 특성

① 물을 많이 흡수하여 팽창성이 큰 점토일수록 강함
② 활성도가 클수록 강함
③ 액성지수가 클수록 강함
④ 낮은 변형률에서 강함

3. 구조물에서의 예민비와 Thixotropy 현상

1) 말뚝기초를 항타 시공 시

① 말뚝 주변의 교란
② 말뚝 주변 점착력 및 선단지지력 저하
③ 일정시간 경과 시 점착력 및 지지력 회복

2) 재하시험 시 주의사항

말뚝시공 15일이 경과된 후 재하시험 실시

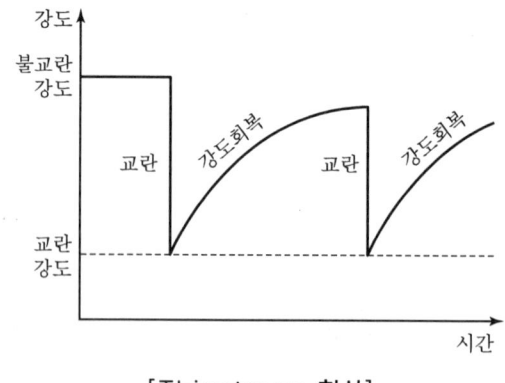

[Thixotropy 현상]

···10 흙의 연경도(Consistency, Atterberg Limit)

1. 개요

1) 세립토를 건조시켜 가면 액성, 소성, 반고체, 고체의 4단계를 거치면서 성상이 변화하는 현상
2) 이때 경계함수비인 액성한계, 소성한계 및 수축한계를 Atterberg 한계라고 함

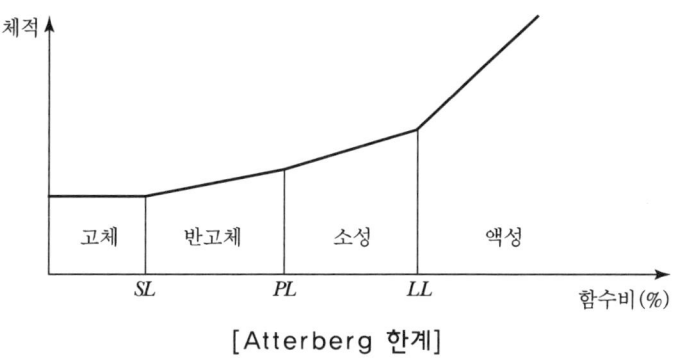

[Atterberg 한계]

2. 액성한계(LL : Liquid Limit)

1) 흙이 액성에서 소성으로 옮겨지는 경계의 함수비
2) 외력에 대한 전단저항력이 "0"이 되는 함수비

3. 소성한계(PL : Plastic Limit)

1) 흙이 소성에서 반고체상으로 옮겨지는 경계의 함수비
2) 소성상태를 갖는 최소 함수비
3) 소성상태 흙을 손으로 눌러 여러 모양을 만들 수 있는 상태

4. 수축한계(SL : Shrinkage Limit)

1) 흙이 반고체 상태에서 고체상으로 옮겨지는 경계의 함수비
2) 함수비가 변해도 체적변화가 발생되지 않는 시점의 함수비

5. 소성지수(PI : Plastic Index)

1) 흙이 소성상태로 존재할 수 있는 함수비의 범위

2) 소성지수(PI) = 액성한계(LL) − 소성한계(PL)

3) 소성지수가 큰 상태

   ① 취급이 용이해 여러 모양을 만들 수 있는 상태
   ② 소성상태가 될 수 있는 폭이 넓은 상태

4) 소성지수가 "0"인 상태

   모래와 같은 흙의 상태

5) 활용

   ① 액성지수 산정 시 : 점토의 압밀상태 판단
   ② 연경지수 산정 시 : 점토의 안정상태 판단

11 다짐

1. 다짐 공법

1) 전압다짐 : 점성토 지반
2) 진동다짐 : 사질토 지반
3) 충격다짐 : 협소한 장소

2. 다짐 목적

1) 전단강도 크게
2) 변형 작게, 지지력 크게
3) 압축성 작게
4) 공극 작게
5) 투수성 작게

3. 도로 다짐 기준

1) 노체부
① 1층 다짐 완료 후 두께는 30cm 이하
② 각 층의 다짐도는 최대건조밀도의 90% 이상
③ 균일하게

2) 노상부
① 1층 다짐 완료 후 두께는 20cm 이하
② 각 층의 다짐도는 최대건조밀도의 95% 이상
③ 균일하게

4. 다짐 취약부

1) 구조물 접속부
2) 절성토 경계부(편절, 편성부)
3) 확폭부
4) 종방향 흙쌓기, 땅깎기 경계부
5) 연약지반부
6) 암성토부
7) 고함수비 점토부
8) 성토 비탈면
9) 유기질토, 부엽토 및 나무뿌리 등이 많은 곳

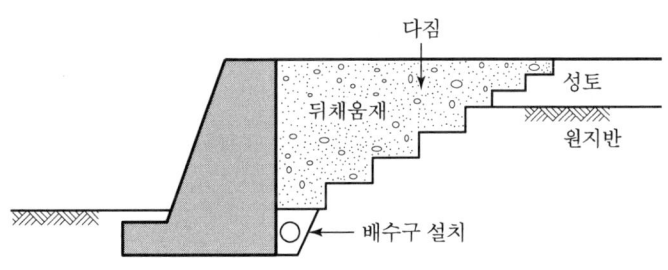

[옹벽 시공 시 다짐시공부]

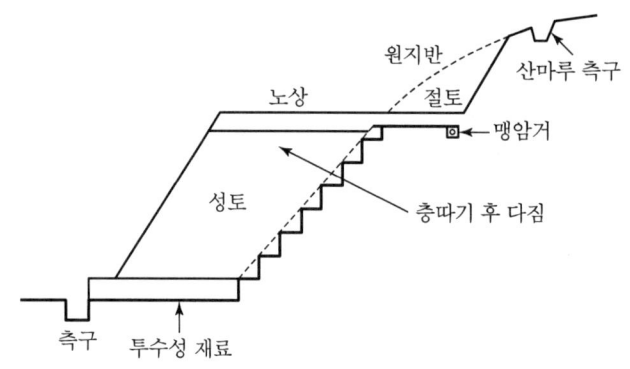

[절·성토 경계부]

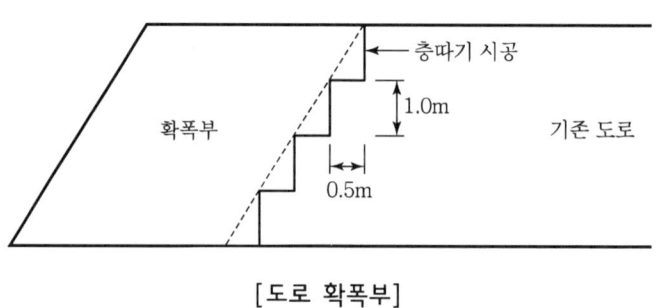

[도로 확폭부]

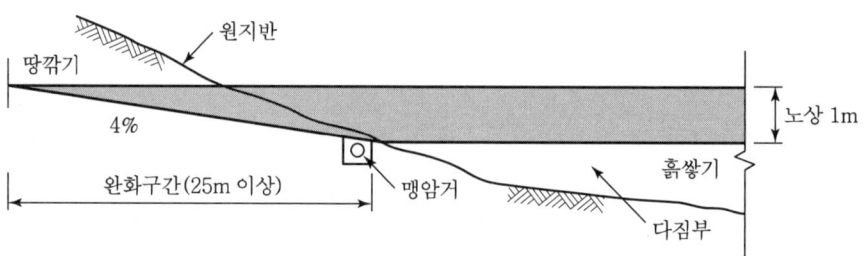

[종방향 흙쌓기·땅깎기 경계부]

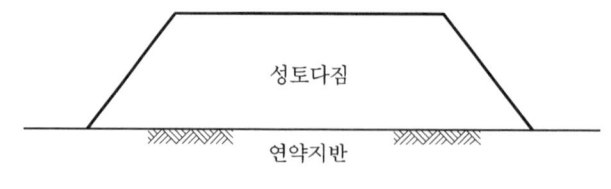

[연약지반 위 성토]

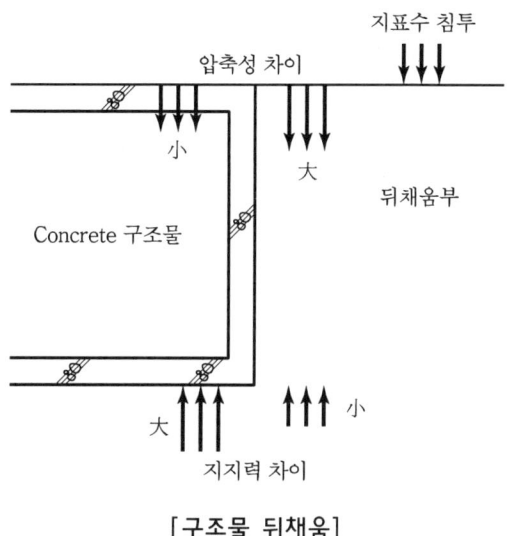

[구조물 뒤채움]

5. 다짐효과 증대방안

1) 최적함수비(OMC) 상태에서 다짐

2) 양질의 재료 사용

   ① 전단강도가 큰 흙
   ② 압축성이 적은 흙
   ③ 투수성이 적은 흙
   ④ Over Size가 없는 흙
   ⑤ 나무뿌리, 부엽토, 유기질이 없는 흙

3) 시험시공 후 다짐기준 결정

4) 토질에 맞는 다짐장비 선정

5) 층다짐(노상 : 20cm, 노체 : 30cm)

6) 다짐 에너지를 크게 해서 다짐

7) 다짐 취약부 품질관리

··· 12 지진피해와 예방대책

1. 지진 발생원인

1) 맨틀 위에 떠있는 여러 판이 서로 부딪칠 때 발생되는 충격파
2) 구조판 경계의 변형 및 단차에 의해 발생

2. 지진파

1) 진원과 진앙

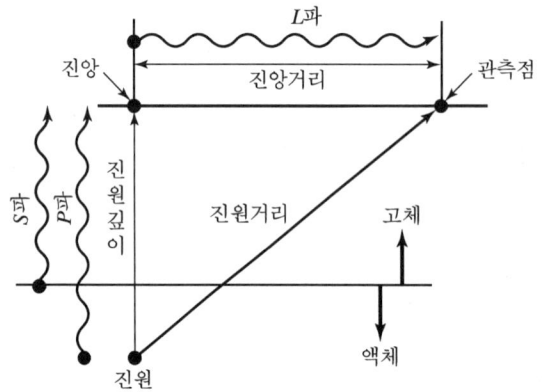

2) P파(Primary Wave)

   (1) 지구 내부의 액체, 고체를 모두 통과하는 파
   (2) 음파와 같이 진동하여 압축과 팽창이 교차하며 발생
   (3) 가장 빠른 속도로 지구 내부 통과

3) S파(Secondary Wave)

   (1) 지구 내부의 고체만 통과하는 파
   (2) 파동 진행방향에 수직방향으로 진동하는 횡파
   (3) 4km/sec의 속도로 전달됨

4) L파(Love Wave) : 표면파, 충격파

   (1) 지구의 표면을 따라 느리게 진행하는 파
   (2) P파와 S파에 의해 발생

(3) 3km/sec의 속도로 진행
(4) 파괴력이 가장 큰 파

3. 지진의 규모 및 영향

지진 규모	영향
리히터 규모 3.5 이하	민감한 동물이 느낌
리히터 규모 4.0	트럭이 지나가는 것 같은 진동
리히터 규모 5.0	진동을 느껴 자는 사람이 깸
리히터 규모 6.0	벽에 금이 가고 떨어짐
리히터 규모 7.0	집이 무너짐
리히터 규모 7.5	철도가 휘고, 많은 빌딩이 무너짐
리히터 규모 8.1 이상	완전히 파괴

4. 지진 피해

1) 사회 기반시설 파손

   교량, 도로, 철도, 지하철, 항만, 발전소, 댐, 제방

2) 화재, 폭발

3) 지하매설관로 파괴

   전기, 통신, 가스관로, 상수관로 파괴

4) 환경 파괴

5. 지진피해 방지대책

1) 건축구조물

   ① 건축물의 내진 설계 : 지반, 기초, 골조
   ② 기존 건물 내진 보강

2) 사회 간접시설

   ① 신규 설계 시 내진 설계 : 지반, 하부구조, 상부구조
   ② 기존 구조물 내진 보강

6. 내진 설계(보강) 방안

1) 강도 증대
   (1) 휨 저항력 증대
   (2) 벽체, 보 등 보강

2) 강성 증대
   (1) 변형에 대한 저항력 증대
   (2) 철골 구조 보강(시공)

3) 인성 증대
   (1) 에너지 흡수력 증대
   (2) 기둥부 철판보강

4) 혼합형
   강도+강성, 강성+인성, 강도+인성

5) 기타
   (1) 기초 저면 확대
   (2) 튜브 SYSTEM 적용
   (3) 상부 중량 저감

CHAPTER 02

PROFESSIONAL ENGINEER CONSTRUCTION SAFETY

지반보강

··· 01 연약지반

1. 판정기준

1) 점성토 N치 4 이하
2) 사질토 N치 10 이하
3) 유기질토 N치 6 이하

2. 연약지반의 문제점

1) 측방 유동에 의한 활동 파괴
2) 주변지반 융기
3) 지반 강도 저하
4) 성토 시 침하에 의한 성토량 증가
5) 침하에 의한 제체 상단폭이 좁아짐
6) 횡단구조물 침하
7) 도로 종단 침하
8) 장기침하에 의한 문제
9) 주변지반 변형에 따른 문제

3. 처리기준

회피 → 경량화 → 치환 → 개량

4. 연약지반 개량목적

1) 전단강도 및 지지력 증대
2) 부등침하 방지

3) 액상화 방지
4) 투수성 감소
5) 주변지반 안정성 유지

5. 점성토 지반 개량공법

1) 치환공법

① 굴착공법
② 미끄럼치환
③ 폭파치환

2) 압밀공법

① 선행재하공법(Preloading)

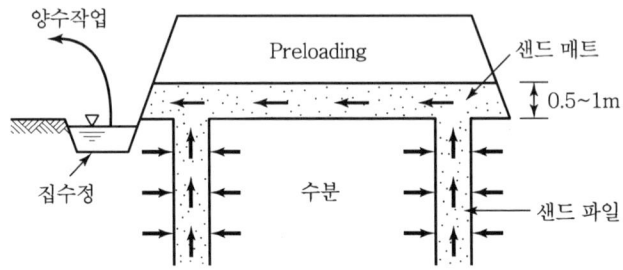

② 비탈면 사면 선단재하공법

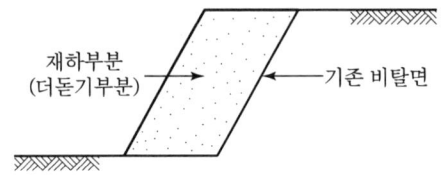

③ 압성토공법

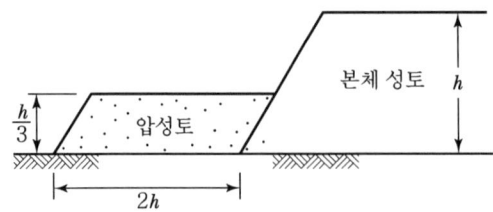

3) 탈수공법

① Sand Drain 공법 : 연약지반 내 모래말뚝 형성
② Paper Drain 공법 : Drain Board를 지층 내에 삽입하여 탈수
③ Pack Drain 공법 : Sand Pack을 지층 내에 삽입하여 탈수
④ PBD Drain 공법 : 다공질 Plastic Board를 삽입시켜 탈수

4) 배수공법

① Deep Well 공법
② Well Point 공법

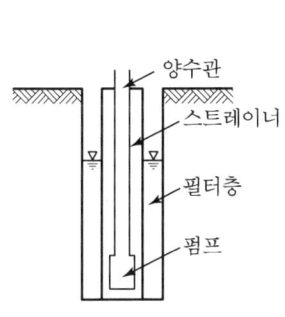

[Deep well 공법]

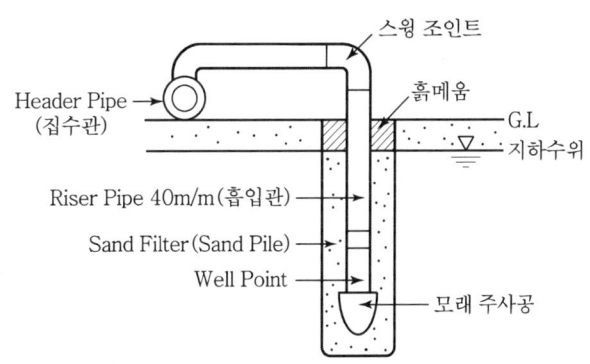

[Well Point 공법]

5) 고결공법

① 생석회 말뚝공법
② 동결공법
③ 소결공법

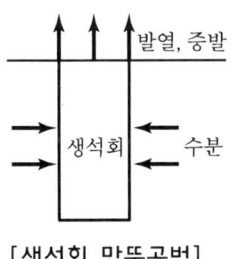

[생석회 말뚝공법]

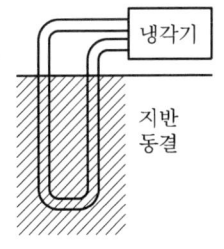

[동결공법]

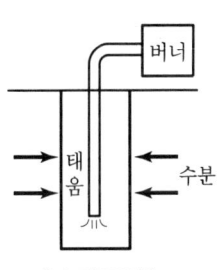

[소결공법]

6) 동치환공법

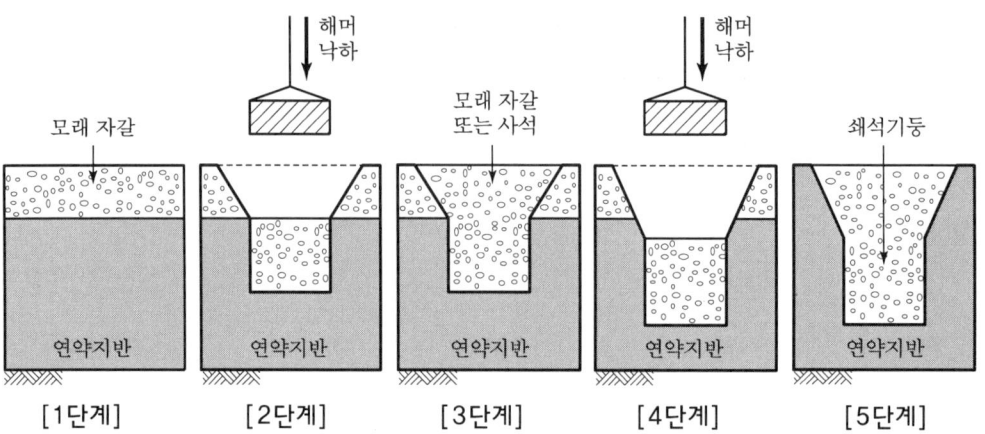

7) 전기침투공법

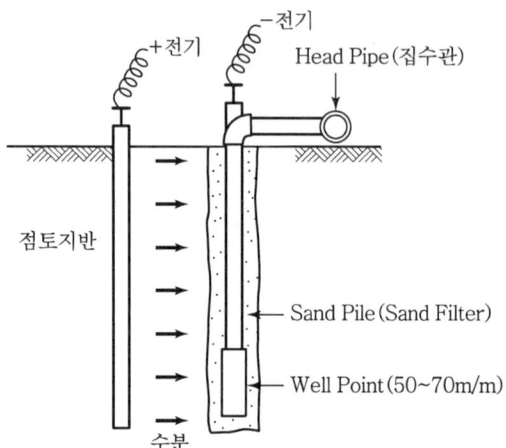

8) 침투압공법

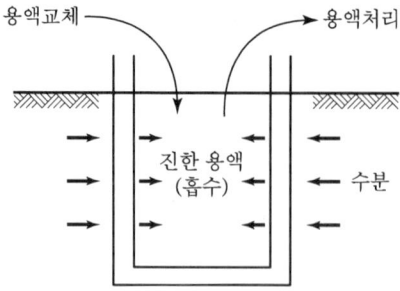

9) 대기압공법

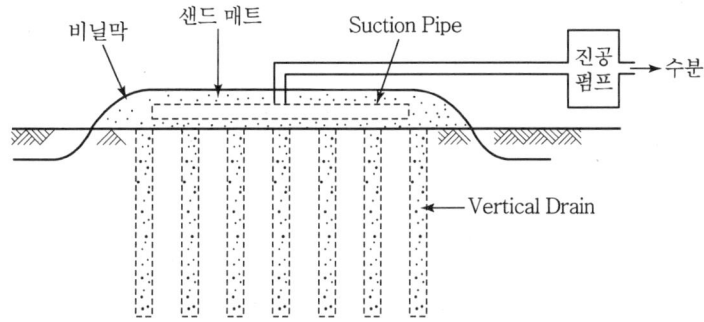

10) 표면처리공법

① 지표면을 자갈, 쇄석, 석회석, 시멘트로 처리
② 토목섬유공법
③ 대나무 매트공법
④ PTM 공법(Progressive Trench Method)

6. 사질토 지반 개량공법

1) 진동다짐공법

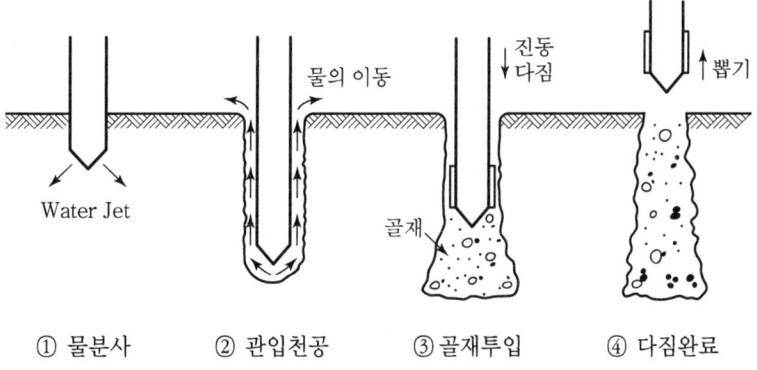

① 물분사   ② 관입천공   ③ 골재투입   ④ 다짐완료

2) 모래다짐 말뚝공법(Sand Compaction Pile)

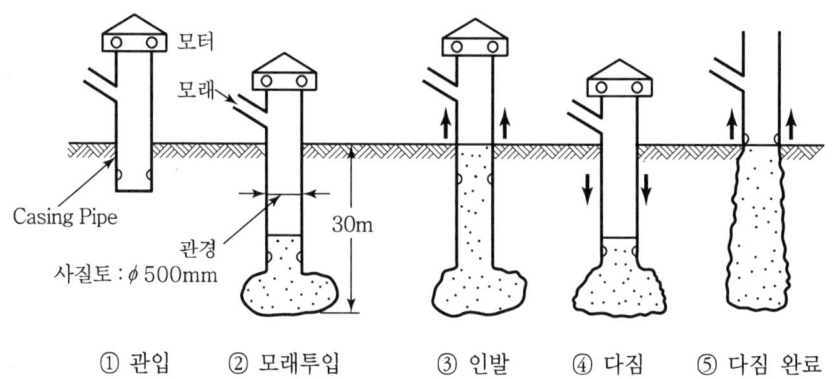

3) Vibro Floatation 공법

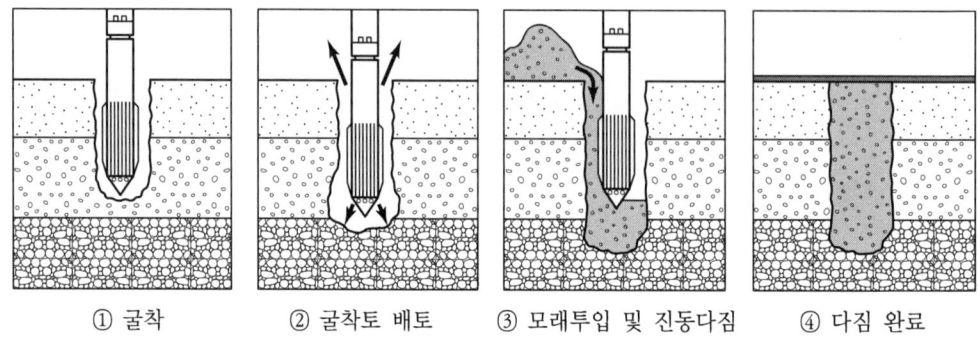

4) 폭파다짐공법

5) 전기충격공법

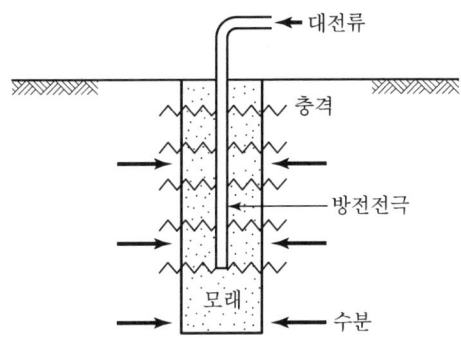

6) 약액주입공법

① 현탁액 : Asphalt, Bentonite
② 용액 : LW, SGR, SCW, JSP, MSG

7) 동다짐공법

7. 공법별 안전대책

1) 장비전도
2) 인원, 장비 매몰
3) 정밀시공
4) 구조물 부등침하
5) 터파기 사면안정
6) 기초안정

8. 계측관리(정보화 시공)

① 지중경사계
② 토압계
③ 간극수압계
④ 지표침하계
⑤ 지하수위계
⑥ 지중침하계
⑦ 층별침하계

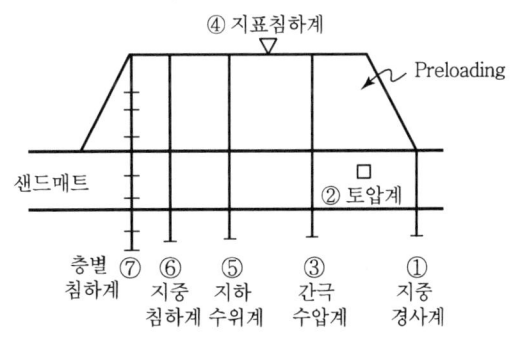

02 지하수처리

1. 배수공법

1) 중력배수
2) 강제배수
3) 영구배수
4) 복수공법

2. 차수공법

1) 흙막이
   ① Steel Sheet Pile
   ② Slurry Wall

2) 고결
   ① 생석회 Pile 공법
   ② 동결공법
   ③ 소결공법

3) 약액주입
   ① 현탁액 : Asphalt, Bentonite
   ② 용액 : LW, 고분자계

CHAPTER 03 흙막이공

···01 굴착

1. 모양

1) 구덩이
2) 줄
3) 온통파기

2. 형식

1) Open Cut
   (1) 전단면 굴착
      ① 경사 자립
      ② 흙막이
   (2) 부분 굴착
      ① Island Cut
      ② Trench Cut

2) 역타공법

3) 수중굴착
   (1) 물막이굴착
   (2) 수중굴착

3. 흙막이 굴착 시 유의사항

1) 흙막이 강성 부족에 의한 변형으로 주변 지반 침하
2) 지보공 위치의 부적당함에 의한 굴착 곤란

3) 뒤채움 토사 부적합
4) 배면 배수불량에 의한 붕괴
5) 공벽 발생
6) 지하수위 저하로 주변 침하

02 흙막이 공법

1. 흙막이 공법 선정 시 고려사항

1) 안정성 확인
2) 수밀성, 차수성
3) 시공성
4) 경제성
5) 환경공해(소음, 진동, 분진, 수질오염)

2. 지지방식에 의한 분류

1) 자립식

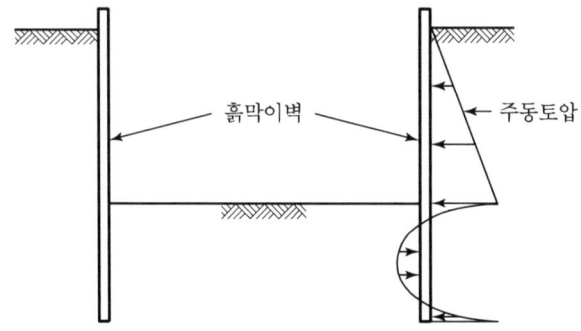

2) 버팀대식

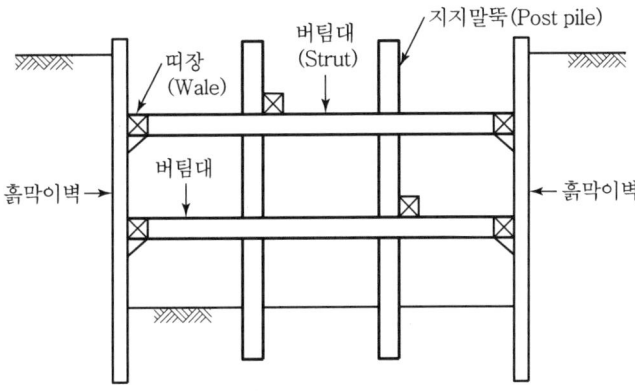

3) Earth Anchor

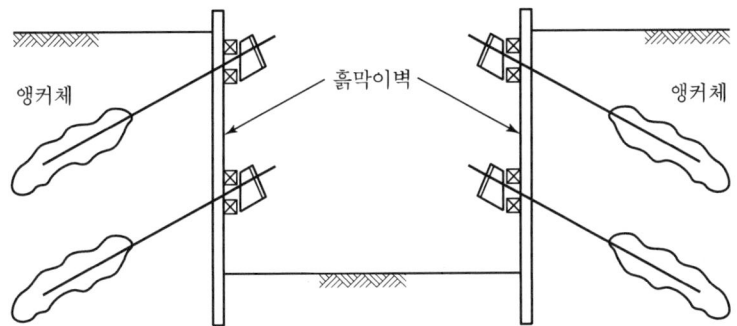

4) Soil Nailing

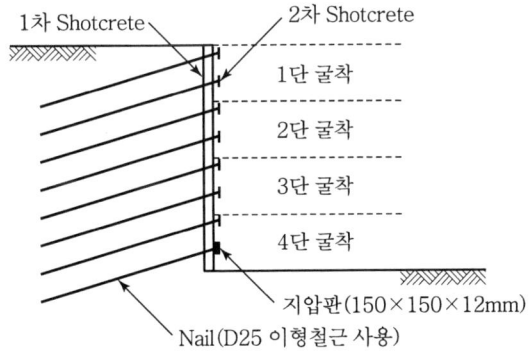

3. 구조방식에 의한 분류

1) 벽식 흙막이

① H Pile + 토류판
② Sheet Pile
③ Slurry Wall
④ Top Down

2) 주열식 흙막이

① S.C.W(Soil Cement Wall) 공법
② C.I.P(Cast In Place Pile) 공법
③ M.I.P(Mixed In Place Pile) 공법
④ P.I.P(Prepacked In Place Pile) 공법
⑤ 강관 주열식 공법

3) 구체 흙막이 : Caisson

4. 벽식 지하연속벽 공법

1) Slurry Wall 공법

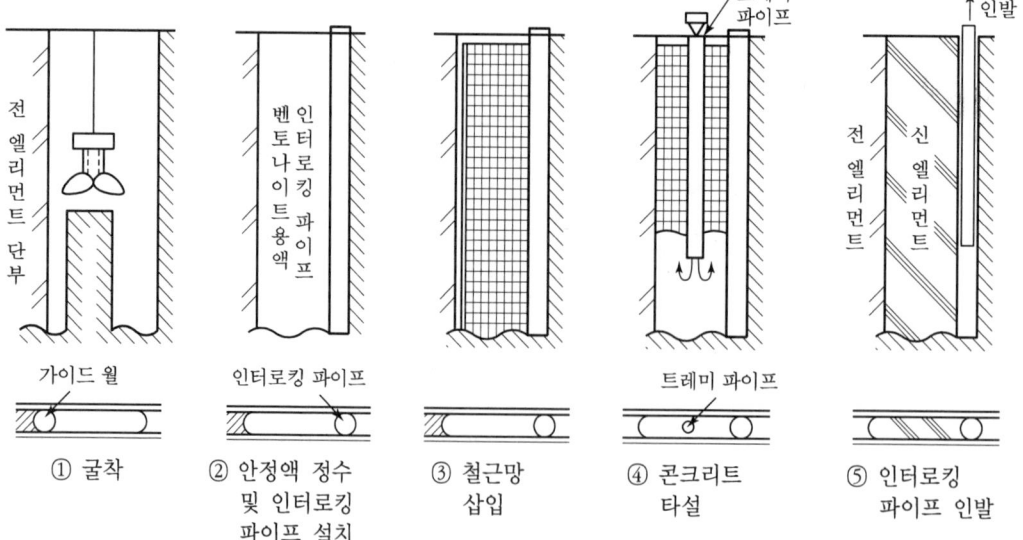

2) Top Down 공법

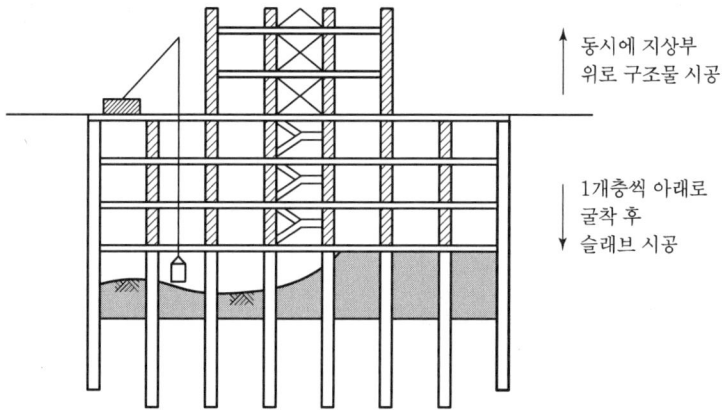

5. 주열식 지하연속벽 공법

1) S.C.W 공법(Soil Cement Wall)

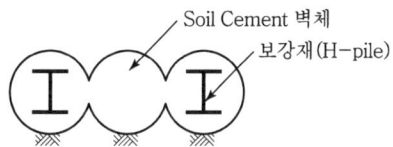

2) C.I.P 공법(Cast In Place Pile)

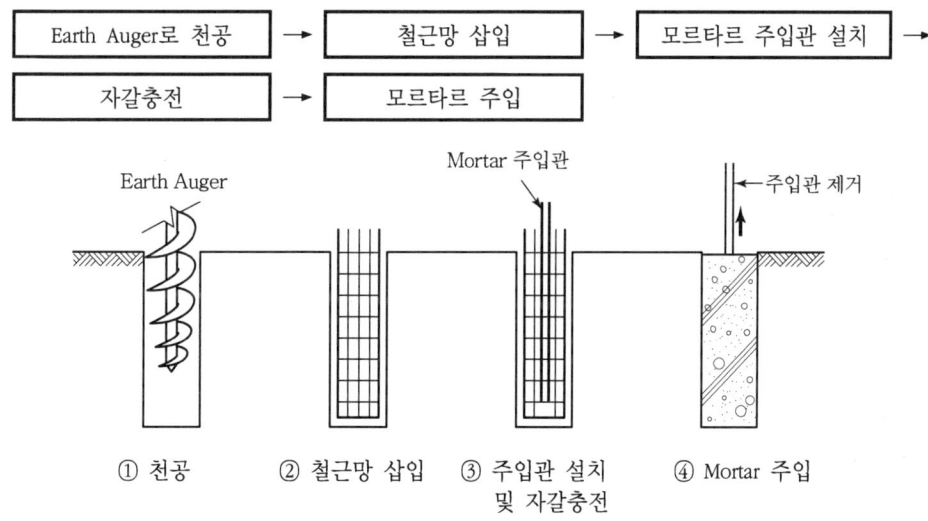

3) M.I.P 공법(Mixed In Place Pile)

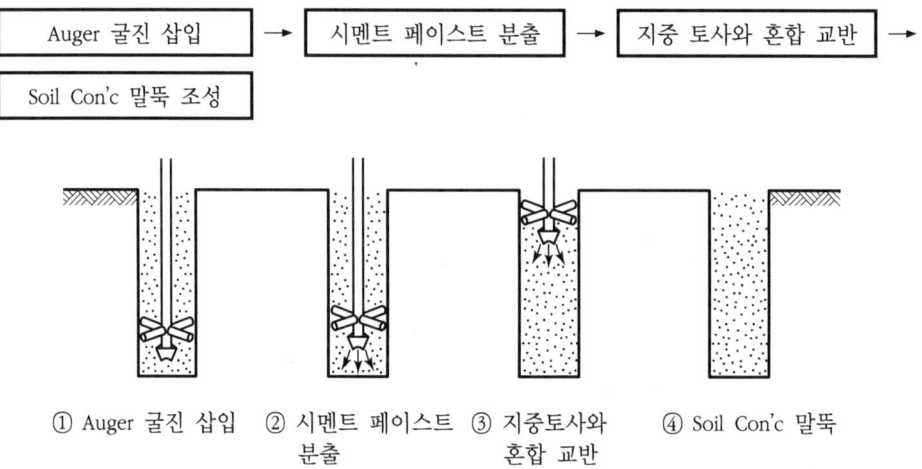

4) P.I.P 공법(Prepacked In Place Pile)

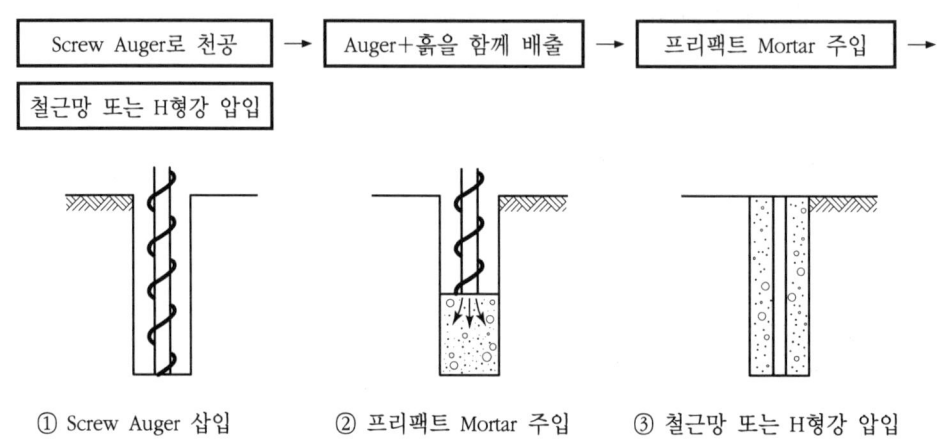

6. 흙막이 안정성 검토사항

1) 측압
2) 소단
3) Heaving
4) Boiling
5) 피압수
6) Piping

7. 흙막이 시공 시 유의사항

1) 충분한 근입장 확보

2) 접합부 보강에 유의
   ① Strut와 Wale 접합부
   ② 우각부
   ③ 교차부 버팀대, 가새

3) 흙막이벽 부근 중량물 방치 금지
   ① 자재 야적 금지
   ② 대형차 통과 금지
   ③ 펌프카, 레미콘차량 진입 금지

4) 인접 구조물 침하, 변형 방지

5) 지하매설관 보호

6) 뒤채움 철저
   ① 토류판 설치 시
   ② Post Pile 인발 후

7) 지하수처리 철저
   ① 흙막이 배면 : 강제배수, 차수, 지수
   ② 굴착 저면 : 중력배수

03 흙막이 안정성 저하 원인 및 대책

1. **붕괴원인**

   1) 설계상

      ① 구조계산 오류
      ② 토질정수 산정 오류
      ③ 안전율 과소 반영

   2) 시공상

      ① 부적합 자재 사용
      ② 시공순서 미준수
      ③ 버팀대 및 앵커재 시공시기 지연
      ④ 과굴착
      ⑤ 콘크리트 구조체 및 그라우팅재 양생기간 미준수
      ⑥ 계측관리 소홀
      ⑦ 지표수, 지하수 처리 소홀
      ⑧ 근입장 부족
      ⑨ 볼트 체결 누락 및 용접불량
      ⑩ 우각부 시공 불량

   3) 여건상

      ① 지반상태의 설계조건과 상이함
      ② 지하수위 설계와 상이함
      ③ 가시설 주변의 중차량 진입
      ④ 가시설 주변의 철근, 철골, 시멘트 등 중량물 적치

2. **방지대책**

   1) 설계 시 구조 안정성 검토

   2) 시공 시

      ① 부적합 자재 반입금지
      ② 시공순서 준수

③ 버팀 및 앵커재 적기 시공
④ 과굴착 금지
⑤ 콘크리트 구조체 및 그라우팅재 양생기간 준수
⑥ 계측관리 철저
⑦ 지표수, 지하수 처리기준 준수
⑧ 근입장 확대
⑨ 볼트 체결 및 용접 철저
⑩ 우각부 시공 철저

3) 현장관리
① 주변 구조물 계측 철저
② 주변 지하수위 유지
③ 가시설 주변에 중차량 진입 금지
④ 가시설 주변에 철근, 철골, 시멘트 등 중량물 적치 금지

04 흙막이 배수 공법

1. 흙막이 지하수로 인한 문제점

1) 피압수에 의한 굴착지면 부풀음
2) 사질토의 Boiling, Quick Sand
3) 토류벽체부 Piping
4) 흙막이 변형

2. 배수 시 문제점

1) 지하수 고갈
2) 압밀침하
3) 구조물의 지지력 약화
4) 인접구조물 부등침하, 균열, 변형
5) 지하매설물 파손

3. 지하수 처리 공법

1) 중력배수

① 집수통

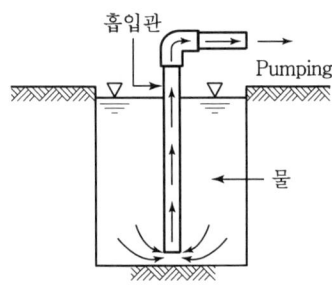

[집수통 공법]

② Deep Well

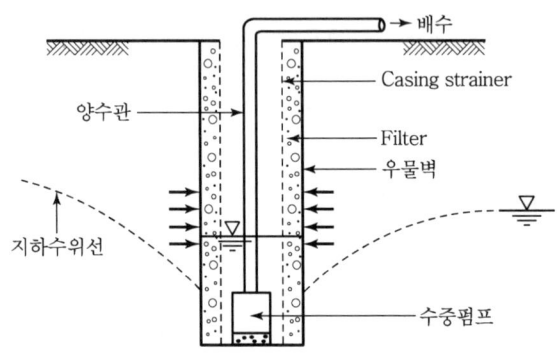

[Deep Well 공법]

2) 강제배수

① Well Point

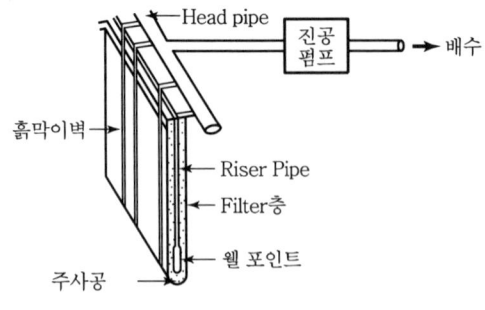

[Well Point 공법]

② 진공 Deep Welll

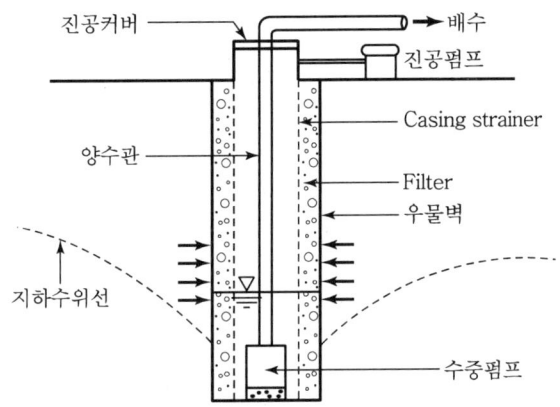

[진공 Deep Well 공법]

3) 복수 공법

① 주수 공법

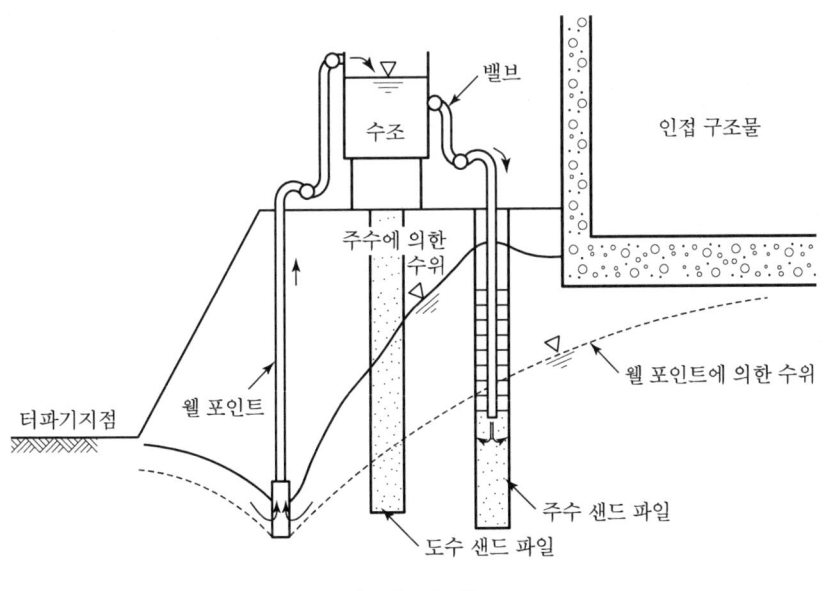

[주수 공법]

② 담수 공법

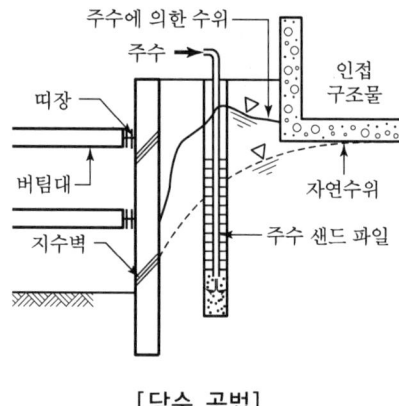

[담수 공법]

4) 영구배수

① 유공관 설치
② 배수관(판) 설치
③ Drain Mat

4. 지하수 처리 시 안전대책(지하안전영향평가 포함)

1) 사전조사 철저

2) 흙막이 안정성 검토

(1) 측압
(2) 부력·양압력
(3) Heaving
(4) Boiling, Piping, 피압수에 의한 부풀음

3) 공법선택 신중

수밀성, 강성, 시공성

4) 수위 저하로 인한 압밀침하 유의

5) 수질오염 방지

6) 뒤채움 재료는 투수성이 양호한 재료 사용

7) 계측관리

··· 05 흙막이 주변 침하 및 균열

1. 원인

1) Strut 시공불량
2) 측압을 견디지 못함
3) 뒤채움 불량
4) 배수처리 불량
5) 지표면 과재하
6) 지표수 침투
7) Boiling
8) Heaving
9) Piping
10) 피압수
11) 터파기 시 소단 없앰

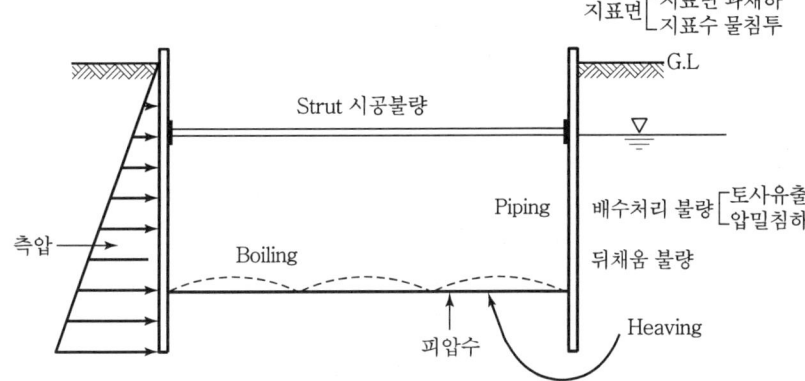

2. 안전대책

1) 사전조사
2) 적정 공법 선정
3) 주변 지하수위 유지
4) 근입장 관리
5) 흙막이벽 안정성 검토
6) 흙막이 부재 강도유지
7) 약액주입공법
8) 주변건물 기초침하 방지
9) Strut 단면검토
10) 지표수 침투 방지
11) 뒤채움 철저
12) Strut Preloading
13) Post Pile 인발 후 Grouting
14) 계측관리

06 Underpining 공법

1. 바로받이 공법

1) 철골조나 자중이 비교적 가벼운 구조물에 적용
2) 기존 기초 하부를 바로 받칠 수 있도록 신설기초 설치

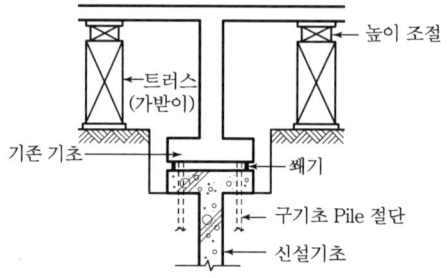

2. 보받이 공법

1) 기초 하부를 보받이하는 신설보 설치

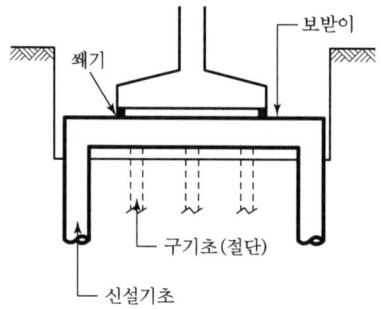

3. 바닥판받이 공법

가받이 쐐기로 기존 건축물을 받친 후 신설 기초로 받치는 공법

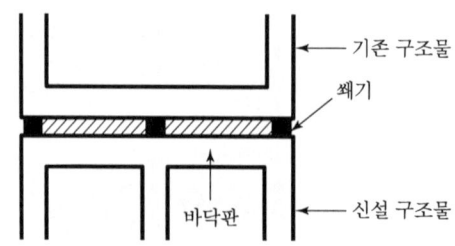

··· 07 계측관리

1. 계측 목적

1) 지반거동의 사전파악
2) 지보재 지보효과 확인
3) 구조물 안정성 확인
4) 주변 구조물 안전
5) 자료축적 및 미래 예측

2. 계측기 종류

1) 건물균열계
2) 표면경사계
3) 지중경사계
4) 지중침하계
5) 하중계
6) 변형계
7) 지하수위계
8) 간극수압계
9) 토압계
10) 지표침하계
11) 소음측정기
12) 진동측정기

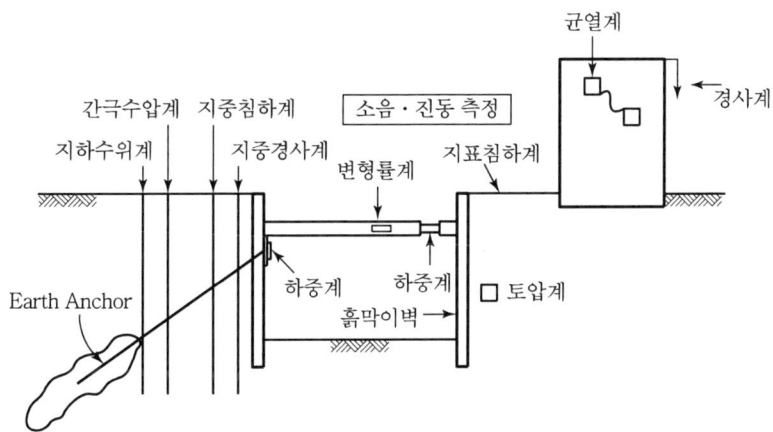

3. 계측위치 선정 시 고려사항

1) 지반조건이 충분히 파악된 곳
2) 토류 구조물을 대표할 수 있는 곳

3) 주요 구조물이 인접한 곳
4) 교통량이 많은 곳
5) 지하수위가 높은 곳
6) 계측기가 가장 오래 남아 있을 곳

08 근접시공 및 건설공해

1. 근접시공

1) 침하 및 균열
2) 계측
3) 지하수 대책
4) 건설공해
5) 조망권
6) 일조권
7) 배수
8) 접근로

2. 건설공해

1) 소음
2) 진동
3) 분진
4) 장비 배출 매연
5) 교통장해
6) 정신 불안
7) 지반 침하
8) 지반 균열
9) 건물 균열
10) 지하수 오염
11) 지하수 고갈

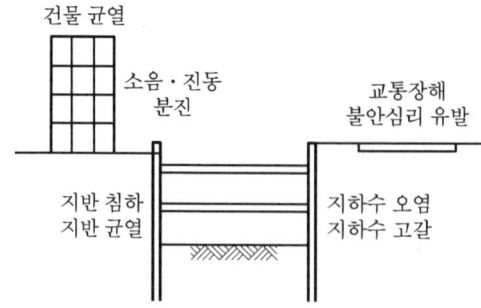

CHAPTER 04 기초공

··· 01 얕은 기초

1) 독립기초
2) 복합기초
3) 연속기초(줄기초)
4) 전면기초(온통기초)

··· 02 깊은 기초

1. 말뚝기초

1) 기성 말뚝

　① 나무 말뚝
　② 콘크리트 말뚝
　③ 강 말뚝
　④ 합성 말뚝

2) 현장 타설 말뚝

　① All Casing 공법(Benoto 공법)
　② Reverse Cerculation 공법
　③ Earth Drill 공법
　④ C.I.P
　⑤ M.I.P
　⑥ P.I.P

3) Caisson 기초

　① Open Caisson(우물통)

　② Pneumatic Caisson(공기압)

　③ Box Caisson(설치)

4) 특수기초

　① 팽이말뚝

　② JSP 말뚝

　③ Sheet Pile 말뚝

2. 현장 타설 말뚝

1) All Casing 공법(Benoto 공법)

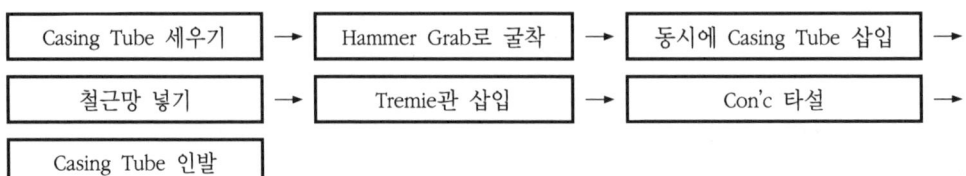

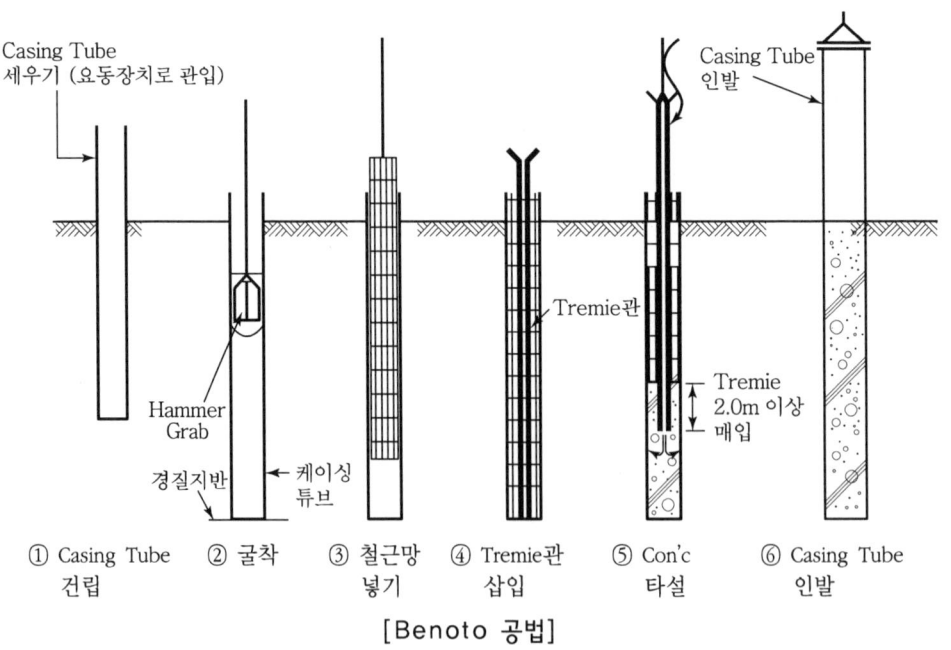

[Benoto 공법]

2) Reverse Cerculation Drill 공법

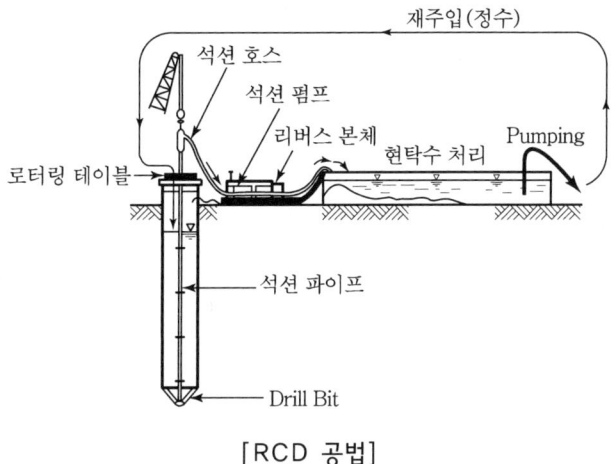

[RCD 공법]

3) Earth Drill 공법

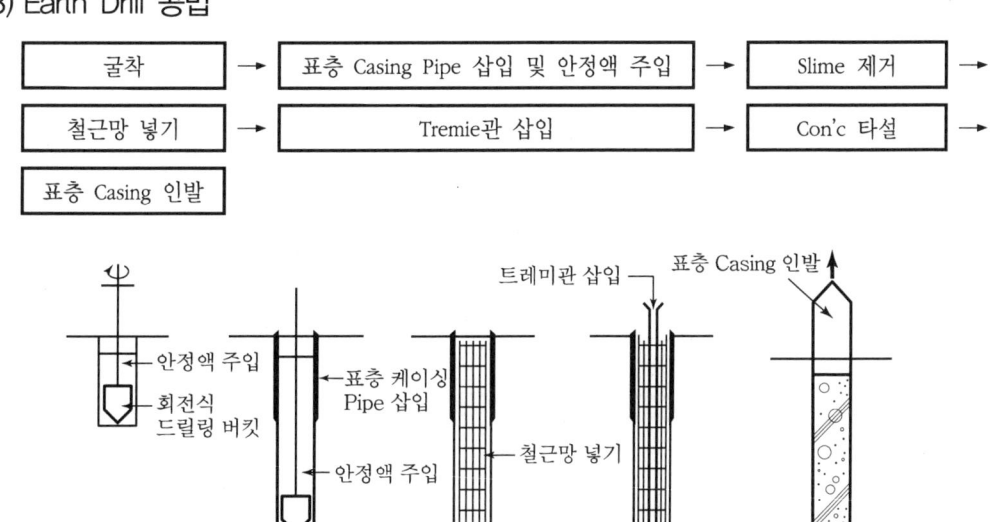

[Earth Drill 공법]

4) 공법 비교

구분	All Casing	R.C.D	Earth Drill
공벽유지	전 길이 Casing	표층부 Casing	표층부 Casing
굴착장비	Hammer Grab	RCD 장비의 Drill Bit	회전버킷
굴착방법	충격식	갈아서 흡입	단부 회전
경사굴착	12도까지 가능	일부 가능	불가
수상시공	불리	유리	불리
Con'c 타설	트레미	트레미	트레미
Pile 길이	20~40m	30m 이상	25m 이하
Pile 직경	800~1,500mm	1,200mm	1,200mm

3. 케이슨 기초

1) Open Caisson

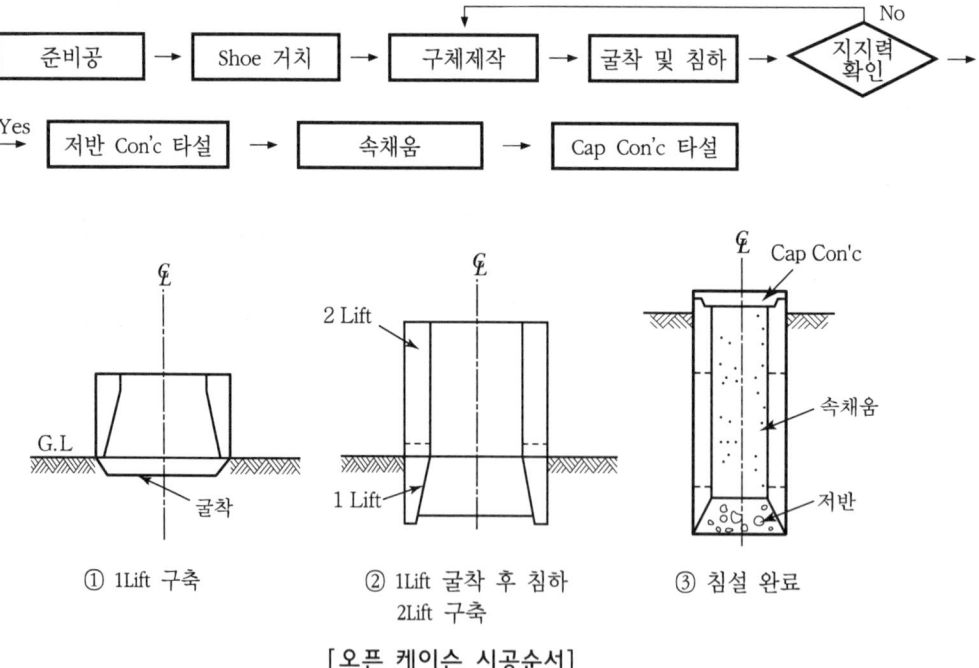

[오픈 케이슨 시공순서]

2) Pneumatic Caisson

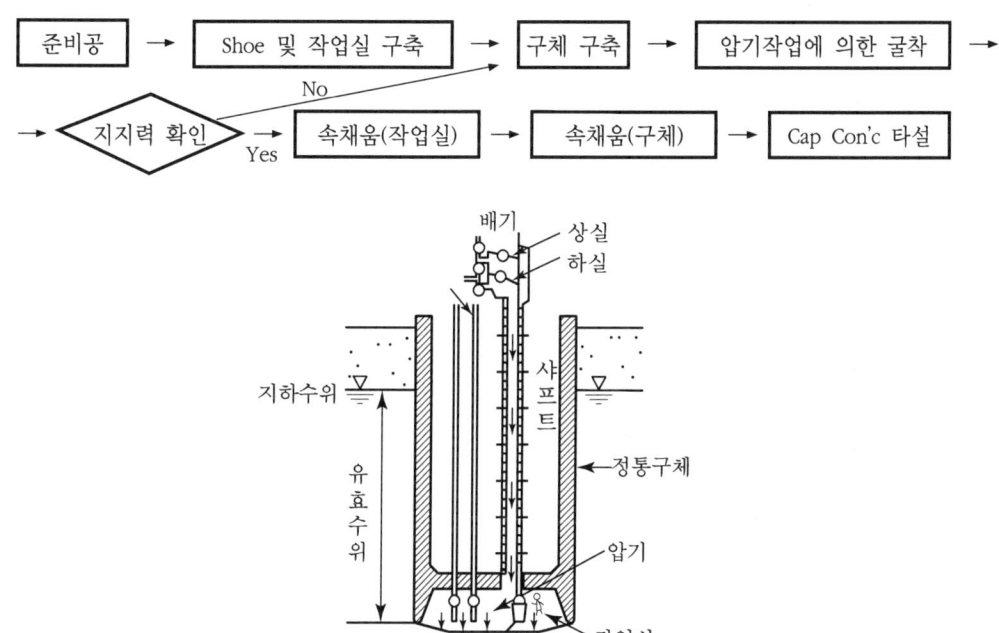

[Pneumatic Caisson]

3) Box Caisson

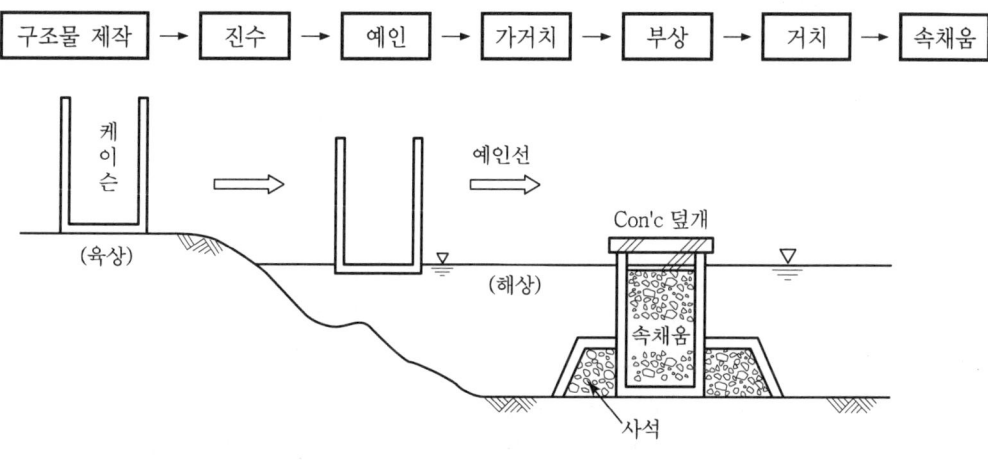

[Box Caisson]

03 박기

1) 타격공법
   (1) Drop Hammer
   (2) Steam Hammer
   (3) Diesel Hammer
   (4) 유압 Hammer

2) 진동공법(Vibro Hammer)

3) 압입공법

4) Water Jet 공법

5) Preboring 공법

6) 중굴(中堀)공법

04 이음

1) 장부식(Band식)
2) 충전식
3) Bolt식
4) 용접식

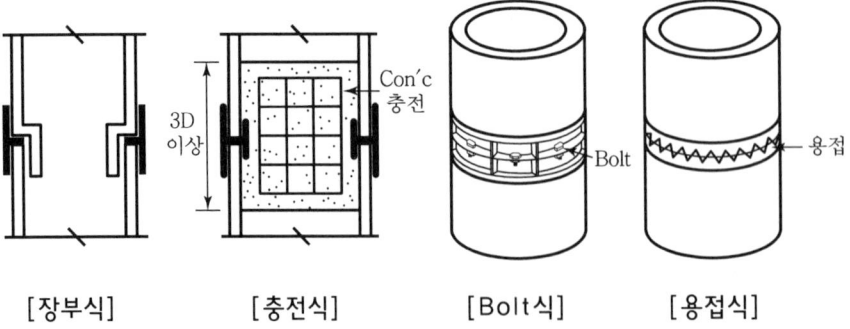

[장부식]　　　[충전식]　　　[Bolt식]　　　[용접식]

05 지지력

1) 말뚝재하시험

 (1) 정재하 시험 : 실하중의 2.5배를 직접 재하하여 침하량 측정

 (2) 동재하 시험 : 항타 시 파일(변형률계, 가속도계 부착)에 발생하는 응력과 속도 분석

2) 시험말뚝 박기

3) 소리, 진동으로 확인

4) Rebound Check

06 공해대책

1) 저소음 대책(공법, 장비)

2) 저진동 대책(공법, 장비)

3) 수질, 토양오염 방지대책

07 말뚝 시공 시 유의사항

1. 공법별 공통사항

1) 말뚝 본체 불량 및 손상(장비 선정 오류, 지중 장애물)

2) 시공불능(지층 판정 오류, 공벽 붕괴)

3) 지지력 부족, 부등침하

4) 경사, 편심

5) 지반 구조물의 변형

6) 공벽 안정 유지

7) 지중 장애물 저촉

2. 운반 저장 시 유의사항

1) 말뚝 제작 후 최소 14일 이내 운반 금지
2) 말뚝 받침은 동일 선상에 설치
3) 저장 장소는 지반이 견고한 지반에 할 것
4) 저장은 2단 이하로 종류별로 야적
5) 말뚝 견인 시 2줄걸이, $\frac{1}{5}l$ 지점에 결속

3. 항타 시 주의사항

1) 말뚝 두부 손상
   (1) 좌굴
   (2) 종방향 크랙
   (3) 뒤틀림

2) 말뚝 몸체 손상
   (1) 뒤틀림
   (2) 찌그러짐
   (3) 만곡

3) 말뚝 파괴

4) 말뚝 선단부 손상

5) 말뚝위치 확인

6) 말뚝박기 순서 : 중앙부 → 가장자리

7) 최종관입량 확인

8) 항타허용 오차
   (1) 위치허용 말뚝직경의 $\frac{1}{10}$ 미만
   (2) 수직허용 경사도는 $\frac{1}{50}$ 이하

08 말뚝 두부 파손 원인 및 대책

1. 파손 형태

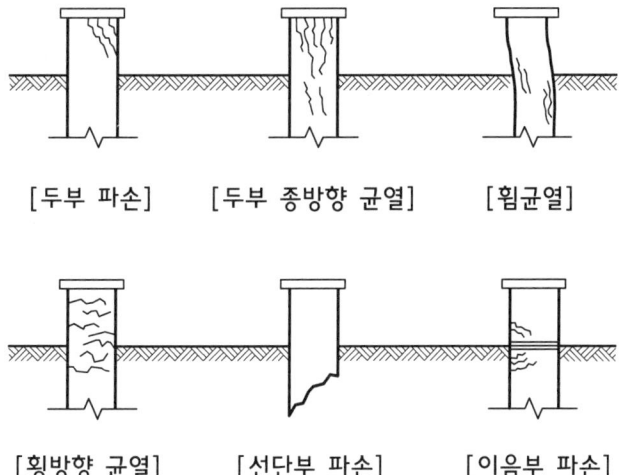

[두부 파손]   [두부 종방향 균열]   [휨균열]

[횡방향 균열]   [선단부 파손]   [이음부 파손]

2. 파손 원인

1) 두부 파손

   (1) 장비 정비 불량
   (2) 쿠션재 편마모, 편타
   (3) 타격 횟수 과다, 큰 해머 사용

2) 중간부 파손

   (1) 지반 견고
   (2) 지층 불규칙

3) 선단부 파손

   (1) 지지층 경사
   (2) 전석층 존재
   (3) 해머 과대 및 과대 타격

3. 파손 방지 대책

1) 두부 파손

   (1) 쿠션재 자주 교체
   (2) 항타 중 경사 측정
   (3) 타격 횟수관리
   (4) 적정 해머 사용

2) 중간부 파손

   (1) 지지층에 도달 시까지 적은 타격력으로 항타
   (2) 쿠션재 두꺼운 것 사용

3) 선단부 파손

   (1) Pencil Shoe를 Flat Shoe로 교체
   (2) Pre-boring
   (3) 적정 해머 사용
   (4) 타격횟수 관리

···09 부마찰력 / 구조물 부상 / 부등침하

1. 부마찰력

1) 파일의 마찰력

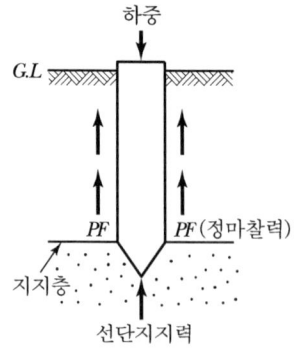
[정마찰력(Positive Friction)]

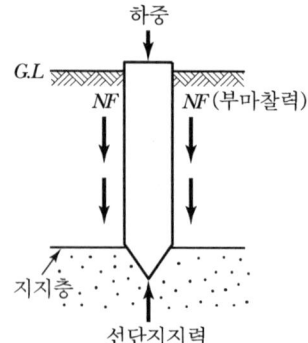
[부마찰력(Negative Friction)]

2) 부마찰력 문제점
   (1) 지반침하
   (2) 구조물 균열
   (3) Pile 지지력 감소
   (4) Pile 파손

3) 부마찰력 발생원인
   (1) 연약층 위에 새로운 상재 하중 재하 시
   (2) 성토 자중에 의한 압밀 발생 시
   (3) 항타에 의한 압밀 발생 시
   (4) 지하수위 저하에 의한 압밀 시
   (5) 말뚝 주변에 큰 변위 발생 시

4) 부마찰력 방지대책
   (1) 말뚝의 지지력 증가방법
      ① 선단면적 증대
      ② 재질 변경
      ③ 근입 깊이 증대
      ④ 말뚝 본수 증대
   (2) 부마찰력 감소방법
      ① 아스팔트, 역청재 도포
      ② 이중관 말뚝, 테이퍼 말뚝, 매입 말뚝 사용
      ③ 표면적이 작은 말뚝
   (3) 설계에 의한 방법
      ① 군말뚝 설계
      ② 선단 지지말뚝 설계

2. 구조물 부상 방지대책

1) 구조물 Rock Anchor
2) Bracket 설치
3) 2중 Mat기초 슬래브 시공
4) 마찰말뚝 기초 시공

5) 강제 배수(De-watering)
6) 자중 증대

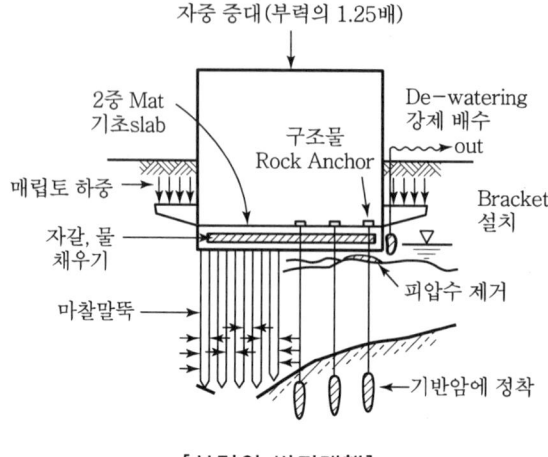

[부력의 방지대책]

3. 구조물 부등침하 원인과 대책

1) 부등침하로 인한 문제점

(1) 지반의 침하
(2) 상부 구조물의 균열
(3) 구조물의 누수
(4) 구조물의 내구성 저하

2) 부등침하 원인

(1) 지반
① 연약한 지반 위 시공
② 연약층 지반두께 상이
③ 이질 지반 위 기초 시공
④ 기초하부 지하매설물 또는 동공 존재 시
⑤ 경사지반에 기초시공

(2) 기초
① 서로 다른 기초 복합시공
② 기초 인접부에서 터파기 시

(3) 기타
　　① 지하수위 변화
　　② 부주의한 증축

3) 부등침하 방지대책

(1) 연약지반에 대한 대책
　　치환공법, 재하공법, 혼합공법, 탈수공법, 진동다짐압입공법, 고결안정공법, 전기화학고결공법, 배수공법

(2) 기초구조에 대한 대책
　　① 경질지반에 고결
　　② 마찰말뚝으로 지지
　　③ 이질지반에 복합기초 시공
　　④ 지하실을 설치하여 굳은 지반에 시공

(3) 상부구조물 대책
　　① 경량화
　　② 평면길이 단축
　　③ 구조물 강성 증대
　　④ 건물 증축 시 하중 고려
　　⑤ 건물 전체 중량배분 고려

CHAPTER 05 사면안정

··· 01 사면의 종류 및 파괴형태

1. 토사사면

1) 무한사면 : 직선활동에 의한 평면파괴

2) 유한사면

   (1) 저부 파괴
   (2) 사면 선단 파괴
   (3) 사면 내 파괴

3) 직립사면 : 붕락

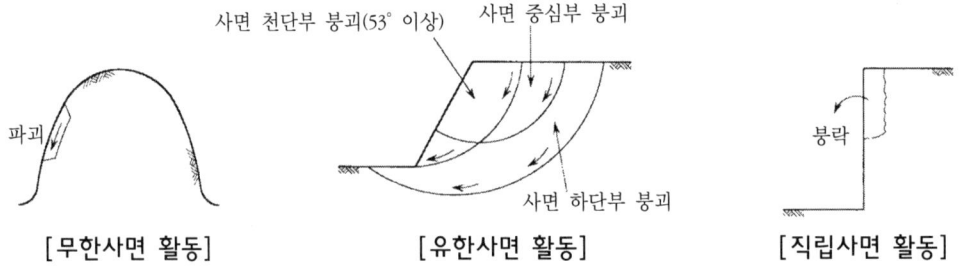

[무한사면 활동]　　[유한사면 활동]　　[직립사면 활동]

2. 암반사면

1) 원형 파괴
2) 평면 파괴
3) 쐐기 파괴
4) 전도 파괴

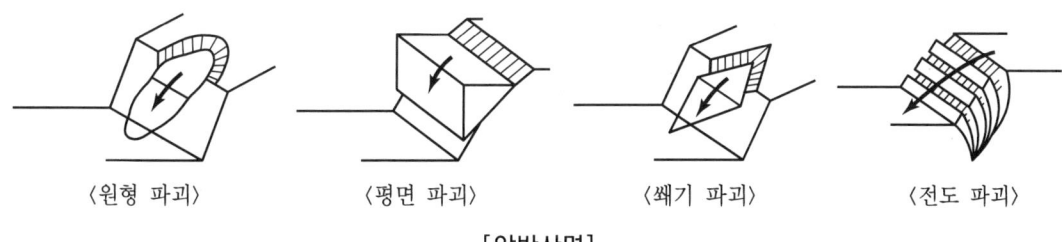

⟨원형 파괴⟩　　⟨평면 파괴⟩　　⟨쐐기 파괴⟩　　⟨전도 파괴⟩

[암반사면]

3. Land Creep과 Land Sliding

1) Land Creep

(1) 개요

자연사면이 중력에 의하여 비교적 완만하게 낮은 곳으로 넓은 면적의 사면이 붕괴되는 현상

(2) 방지대책

① 활동면 선단에 옹벽 시공
② 활동면에 억지말뚝 시공
③ 침식방지용 수제 및 호안의 설치
④ 지표수 침투방지 배수로 설치
⑤ 지하수 배수를 위해 배수로 설치
⑥ 상부토 제거 후 경량재 치환

2) Land Sliding

(1) 개요

역학적으로 불안정한 상태의 사면이 호우나 지진 등의 영향으로 강도가 저하되어 붕괴되는 현상

(2) 방지대책

① 지표수 배수처리 철저
② 층이 얇은 곳은 말뚝 박기
③ 모래 사면 : 밀도 크게
④ 연약한 점토 사면 : 지하수 배수, 탈수
⑤ 단단한 점토 : 경사 완화

3) Land Creep과 Land Sliding 비교

구분	Land Creep	Land Sliding
원인	강우, 융설, 지하수위 상승	호우, 융설, 지진
발생시기	강우 후 일정시간 경과 후	호우 중
지질	점성토, 연질암	사질토
지형	완경사 지역	경사 가파른 곳
발생속도	느리고 연속적임	빠르고 순간적임
규모	대규모	부분적

⋯ 02 사면의 붕괴원인

1) 절리
2) 세굴
3) 인근 공사장 진동
4) 기울기
5) 다짐 불량
6) 지표수 침투
7) 지하수 용출
8) 풍화 정도
9) 토질 불량

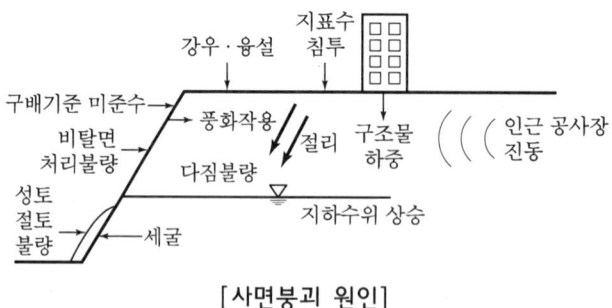

[사면붕괴 원인]

03 사면의 안전대책

1. 사면 안정성 검토방법

1) 한계평형 해석법

   힘의 평형에 의한 해석방법

2) 한계 해석법

   소성법에 의한 해석방법

3) 수치 해석법

   복잡한 사면의 해석방법

2. 시공 시 안전대책

1) 사면 기울기 준수
2) 과굴착 금지
3) 선균열 발파
4) 무진동 발파
5) 선단부 배수처리

3. 설계상 안전대책

1) 식생 보호공

2) 구조물 보호공

3) 영구 대책공

   ① 지표수 배제공법
   ② 지하수 배제공법
   ③ 비탈면 구배 수정
   ④ 안정처리 흙에 의한 원형 복구
   ⑤ 비탈면 보호공
   ⑥ 말뚝공법
   ⑦ Anchor 공법

⑧ 옹벽시공
⑨ 절토공법

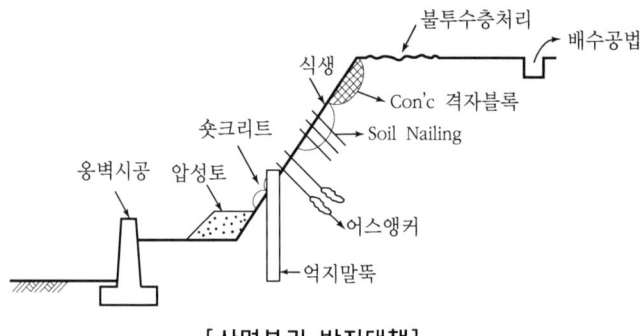

[사면붕괴 방지대책]

4. 응급대책

1) 배토
2) 압성토
3) 응급 배수공
4) 흙막이 마대 쌓기

5. 비탈면 보호공

1) 식생에 의한 보호공

   ① 종자뿜기 공법
   ② 식생매트 공법
   ③ 떼붙임공

2) 구조물에 의한 보호공

   ① Shotcrete 공법
   ② Block 공법
   ③ 돌쌓기 공법
   ④ 돌망태 공법
   ⑤ 철책공
   ⑥ Rock Anchor, Rock Bolt, FRP 보강그라우팅 공법
   ⑦ Soil Nailing 공법

04 산사태 원인 및 대책

1. 산사태 원인

1) 집중호우
2) 지진
3) 산림 훼손
4) 벌목 미복구
5) 산불
6) 토석류

2. 산사태 대책

1) 사면보호공
2) 사면보강공
3) 토류지 설치
4) 인공시설물 금지
5) 시설물 일정거리 격리
6) 도수로 설치

05 사면안정계측

1. 원상태 측정

1) 경사계
2) 지하수위계
3) 절토면 관찰

2. 굴착 중 계측

1) 지표 변위 측량
2) 사면 균열 측정

3) 사면 기울기 측정
4) 지중 수평변위 측정
5) 지중 수직변위 측정
6) 지하수위 측정

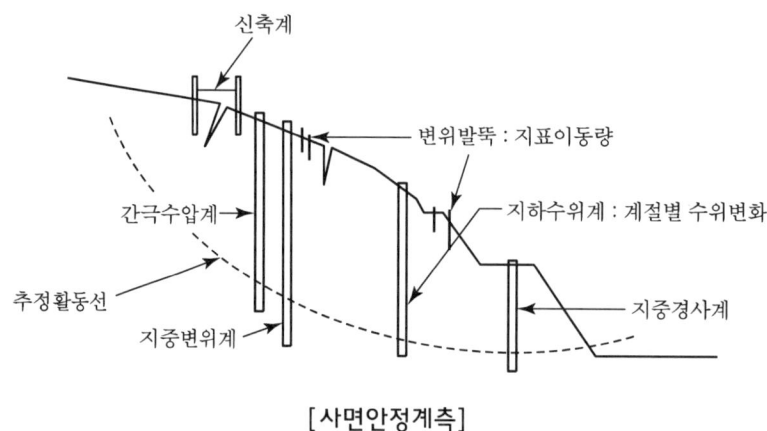

[사면안정계측]

··· 06 절토

1. 암질 판별

1) RQD(Rock Quality Designation : 암반지수)

$$RQD = \frac{10cm \text{ 이상인 Core 길이(회수암석의 길이)의 합계}}{\text{총시추길이(보링공의 길이)}} \times 100\%$$

[RQD에 따른 암질 상태]

RQD	암질 상태
0~25	매우 나쁨
25~50	나쁨
50~75	보통
75~90	양호
90~100	매우 양호

2) RMR(Rock Mass Rating : 암반등급)

[평가점수에 의한 암반등급 분류(5등급)]

평가점수	81<RMR<100 (81~100)	61<RMR<80 (61~80)	41<RMR<60 (41~60)	21<RMR<40 (21~40)	RMR<20 (20 이하)
일반등급	I	II	III	IV	V
암반상태	매우 양호	양호	보통	불량	매우 불량

3) 일축압축강도 : kg/cm^2

4) 탄성파 속도 : m/sec

5) 진동값 속도 : cm/sec = kine

2. 발파공법

1) Bench Cut

2) Controlled Blasting

   (1) Line Drilling Method

   (2) Cushion Blasting

   (3) Smooth Blasting

   (4) Pre-Splitting Blasting

3) 수중 발파

4) 터널 심빼기 발파

3. 발파작업 시 안전대책

1) 발파 전

   (1) 점화작업 근로자 외 대피

   (2) 전 근로자 및 장비 운전원 대피

   (3) 도화선 연결 불량 여부 확인

   (4) 천공부 밀봉 여부 확인

   (5) 잔류화약 수거 후 보관장소에 반납

(6) 점화자와 발파장과의 안전 이격거리 준수 여부 확인

(7) 주변 지역 주민, 근로자 대피 신호 사이렌 가동

2) 발파 후 점검

(1) 발파 모선을 발파기에서 제거

(2) 발파 후 접근시간

① 지발뇌관 발파 시 5분 이상 경과 후 접근

② 그 밖의 발파 시 15분 이상 경과 후 접근

③ 대 발파 시 30분 이상 경과 후 접근

(3) 불발 장약 유무 확인

(4) 용수 유무 확인

(5) 부석, 낙석 위험 여부 점검

(6) 도화선 잔재 확인

07 지하매설물 안전관리

1. 지하매설물의 종류

1) 가스관(도시가스, LNG)
2) 상수도관
3) 하수도관
4) 전기관로
5) 통신관로
6) 송유관로
7) 지역난방관로
8) 유선방송관로

2. LNG관

1) 설계기준

(1) 미국, 일본 등과 동등 이상 기준

(2) 관내 압력 : 70kg/cm²(주배관) ※ 외압은 내압에 비해서 적음

(3) 두께 : 지역의 중요도에 따라서 3등급으로 분류(16.7mm, 13.3mm, 11.1mm)

(※ 관의 압력에 대해 안전율을 1.6~2.5배 고려)

(4) 관보호 : 외부에 폴리에틸렌 3.5mm

(5) 피복 : 전기방식
(6) 내용연수 : 약 30년(감가상각연수 10년)
(7) 시공 : 도로를 따라서 매설(관 1개당 길이 12m, 연결은 용접, 외부로부터 보호하기 위해 보호용 철판 설치)

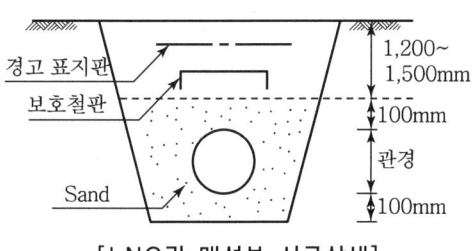

[LNG관 매설부 시공상세]

2) 안전관리 대책

(1) 검사주기

① 자체검사 : 6개월마다 한국가스안전공사 등 검사기관이 실시

② 정기검사 : 1년마다 한국가스안전공사 등 검사기관이 실시

(2) 안전관리자 자격

산업안전보건법에 의함(책임자로 가스기사 1급 1인과, 1일 공급량에 따라 관리원 5~10인)

3) 안전교육

시·도지사가 교육 실시(신규종사자 : 연 1회, 기존종사자 : 2년 1회)

3. 상수도관

1) 설계기준

내압으로써 수압 및 충격압, 외압으로써 차량하중과 토압을 고려 결정 – 관의 외압이 최대 10kg/cm²임

2) 관보호

부식두께 2mm를 추가 고려하며, 부식 방지를 위해 전기방식 또는 강관콘크리트 보호공 설치

3) 내용연수 : 40년

4) 시공

관 연장은 관종에 따라 4~6m 이내, 연결방법도 현장용접, 플랜지 접합, 메커니컬 접합방식

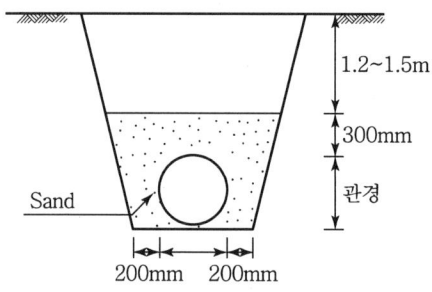

[상수도관 매설부 시공상세]

4. 하수도관

1) 설계기준

대부분 외압만 고려(특별한 경우 압력관 사용)

2) 외압에 견딜 수 있는 흄관, 철근콘크리트, P.C관 등 사용

① 흄관 : 30~103mm

② 철근콘크리트 : 50~125mm

③ P.C관 : 2.6~21.5mm

3) 내용연수 : 50년 이상

CHAPTER 06 옹벽

··· 01 콘크리트 옹벽

1. 콘크리트 옹벽 종류

1) 중력식
2) 반중력식
3) 역T형식
4) 부벽식
5) L형식

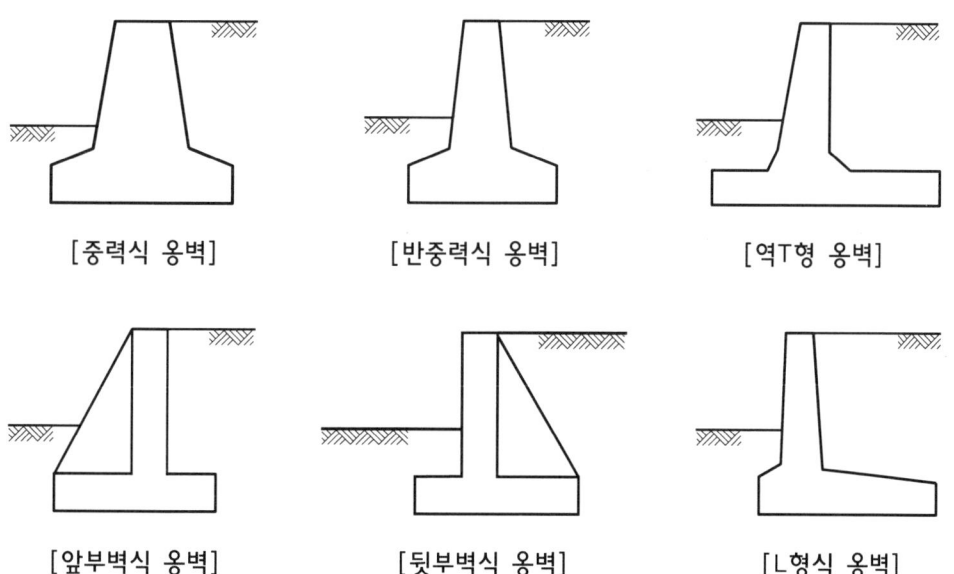

[중력식 옹벽]   [반중력식 옹벽]   [역T형 옹벽]

[앞부벽식 옹벽]   [뒷부벽식 옹벽]   [L형식 옹벽]

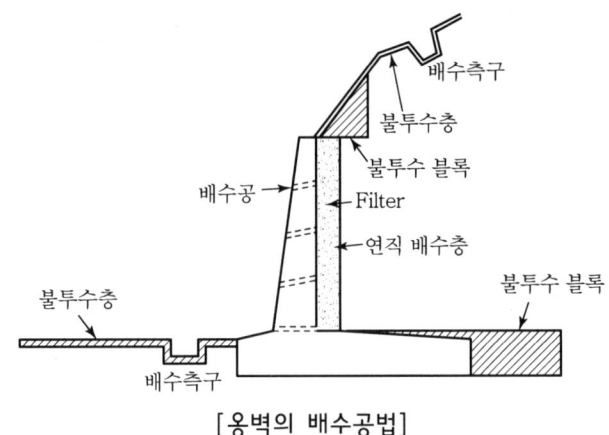

[옹벽의 배수공법]

2. 옹벽에 작용하는 토압

1) 주동토압
2) 수동토압
3) 정지토압

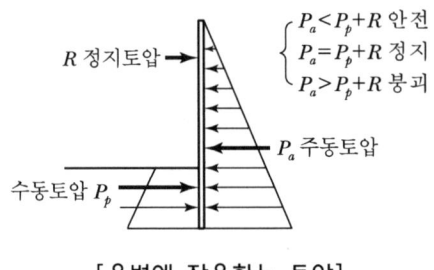

[옹벽에 작용하는 토압]

3. 옹벽의 3대 안정성 검토

1) 활동
2) 전도
3) 침하

4. 옹벽 시공 시 유의사항

1) 배수공 설치 주의
   (1) 배수 Pipe
   (2) 배수층 자재
   (3) 필터재

2) 표면배수 처리
   (1) 상단 배수로
   (2) 상부 불투수층 시공

3) 전면 배수로 설치

4) 뒤채움재는 투수성이 양호한 것

5) 신축이음 시공(10~15m 간격)

6) 기초지반 지지력 확보
   (1) 성토부 다짐 철저
   (2) 절토부 연약지반 치환

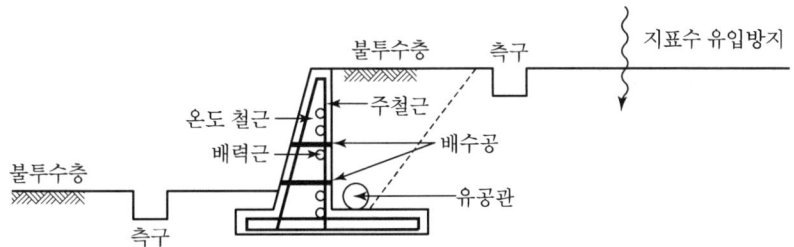

5. 옹벽 파손원인

1) 지반 마찰력 감소
2) 높이 과다
3) 상재 과다 하중
4) 뒷굽길이 부족
5) 연약지반 개량 미실시
6) 저판면적 부족
7) 배면 토압 증가

6. 안전대책

1) 활동에 대한 대책
  (1) Shear Key 설치
  (2) 말뚝기초 시공
  (3) 기초 근입깊이 확대

2) 전도에 대한 대책
  (1) 높이 축소
  (2) 뒷굽길이 확장
  (3) Counter Weight 설치
  (4) Anchor 시공

3) 침하에 대한 대책
  (1) 저판면적 넓게
  (2) 연약지반 개량
  (3) 보강 Grouting

··· 02 보강토 옹벽

1. 공법원리
  1) 점착력 없는 토립자 + 보강재
  2) 겉보기 점착력으로 자립

2. 보강토 옹벽의 종류
  1) Pannel식
  2) Block식

3. 구성요소(4요소)

1) Skin Plate(전면판)
2) Strip Bar(보강재)
3) Tie(연결재)
4) 뒤채움재

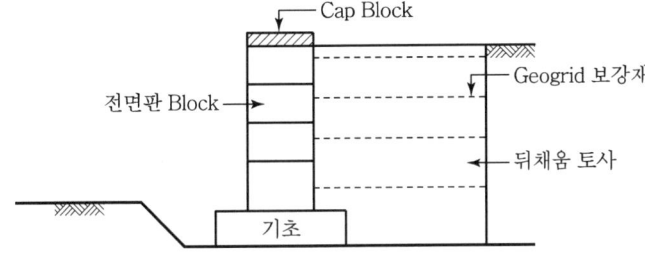

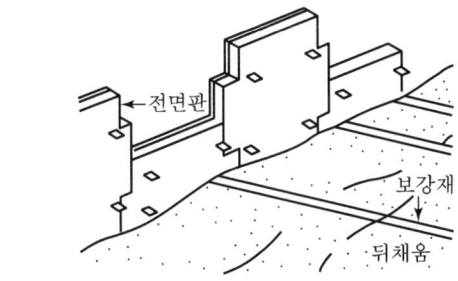

4. 특징

1) 장점

(1) 기초처리의 단순화
(2) 공기단축 가능
(3) 진동, 지진에 대한 안정성
(4) 미관이 수려
(5) 배수관리가 수월
(6) 용지폭 최소로 경제적

2) 단점

(1) 연직도 확보
(2) 낮은 옹벽구간(7m 이하)에서는 비경제적

(3) Strip의 내구성 문제
(4) 연직 수평 줄눈재 없음

5. 파괴형태

1) 전도
2) 바닥면 Sliding
3) 기초지반 파괴
4) 벽면 Slip
5) 보강재 파단
6) 전단 파괴

6. 안전대책

1) 기초의 정밀 시공
2) 수직도 관리
3) 층다짐 철저
4) 연결재 시공 철저
5) 양질토 사용
6) 배수공법 적용

PART 03

철근콘크리트공사

- 1장 일반사항
- 2장 거푸집 / 동바리
- 3장 철근공사
- 4장 콘크리트공사
- 5장 균열 / 열화

CHAPTER 01 일반사항

01 재료 및 보관

1. 거푸집 및 동바리
2. 철근
3. 콘크리트

　1) 물

　　(1) 염분 0.04% 이하
　　(2) pH 6~8

　2) 시멘트

　　(1) 포틀랜드시멘트(보통시멘트)
　　(2) 백색시멘트
　　(3) 특수시멘트(알루미나, 초속경, 팽창, 컬러)
　　(4) 혼합시멘트
　　　① 고로시멘트(보통시멘트+고로 Slag)
　　　② Silica 시멘트(보통시멘트+Pozzolan재)
　　　③ Fly Ash 시멘트(보통+Fly Ash)

　3) 골재

　　(1) 굵은골재
　　(2) 잔골재(0.08~5mm 체)

　4) 혼화재료(시멘트중량의 5% 기준)

　　(1) 혼화재 : 팽창재, 착색재, 포졸란, 고로 Slag, Fly Ash
　　(2) 혼화제 : 유동화제, AE제, 경화조절제, 방수제, 방청제

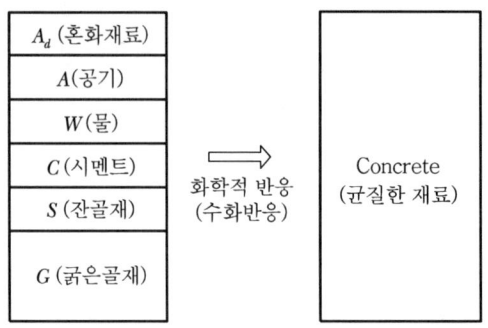

4. 재료 보관

1) 시멘트 보관 시 유의사항

(1) 지면 30cm 이상

(2) 13포 이내, 장기간 보관 시 7포 이내

(3) 방습설비

(4) 통풍이 되지 않도록

(5) 선입선출

(6) 창고보관

2) 철근 보관 시 유의사항

(1) 지면 30cm 이상

(2) 같은 규격별 구분

(3) 붕괴 우려 지점 피하기

  ① 과적재 금지

  ② 선입선출

  ③ 노천보관 금지

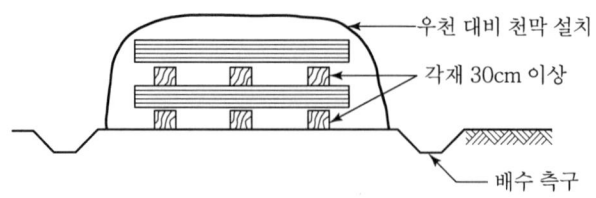

··· 02 시험

1. 타설 전 시험

1) 물 : 염분, pH
2) 시멘트 : 분말도, 안정성, 시료채취, 비중, 강도, 응결, 수화열
3) 골재 : 혼탁비색, 간극률, 체가름, 마모, 강도, 흡수율

2. 타설 중 현장시험

1) Slump
2) 공기량
3) 염화물

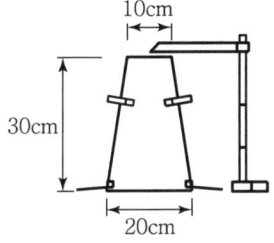 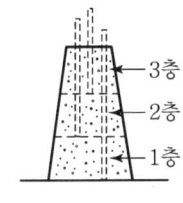 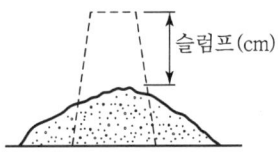

[Slump Test]

3. 타설 후 시험

1) 압축강도 시험
2) Core 채취 후 파괴시험
3) 비파괴시험
   ① 슈미트해머
   ② 방사선
   ③ 초음파
   ④ 진동
   ⑤ 인발
   ⑥ 철근탐사

··· 03 배합설계

1. 목적

1) 강도
2) 내구성
3) 수밀성
4) Workability

```
Air (3~6%)
W (16~22%)
C (9~15%)      경제적
S (20~30%)   ⟹ W/C 적게 배합
G (35~48%)
```

→ 강도 / 내구성 / 수밀성 / Workability

2. 배합설계의 종류

1) 시방배합
2) 현장배합
3) 중량배합
4) 용적배합

3. 시방배합의 현장배합 수정 필요성

1) 골재 입도와 시방의 상이함

   현장에는 굵은골재와 잔골재가 섞여 있음

2) 골재의 함수상태 상이함

   현장에서 이론상의 표면건조상태 지속 유지 불가

4. 시방배합과 현장배합의 차이

구분	시방배합	현장배합
굵은골재	5mm 이상	5mm 이하 몇 % 포함
잔골재	5mm 미만	5mm 이상 몇 % 포함
골재 함수상태	표면건조 포화상태	습윤 기건상태
골재 계량	질량 표시	질량 또는 용적 표시
단위량 표시	$1m^3$	1Batch

5. 배합설계 원리

1) 굵은골재 최대화
2) W/C 최소화
3) 단위수량 최소화

6. 배합설계 순서 F/C

1) 설계기준강도 확인
2) 배합강도 결정(설계강도의 1.15~1.2배)
3) 시멘트 강도 확인
4) 물결합재비(W/B) 산출
5) 굵은골재 최대치수 결정
6) 잔골재율 결정
7) 단위수량 결정
8) 시방배합의 산정
9) 현장배합표 작성
10) 시방배합을 현장배합으로 수정
    (1) 입도에 의한 조정
    (2) 표면수에 의한 조정
        ① 1m³당 재료 배합량 산정
        ② 1Batch 생산 시 배합량 산정(1Batch=3m³)

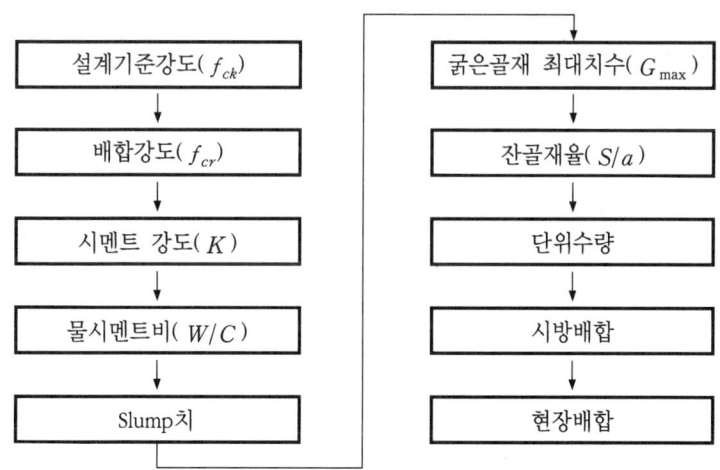

[배합설계 F/C]

CHAPTER 02 거푸집 / 동바리

···01 거푸집 / 동바리 설계 시 고려사항

1. 연직하중

W = 고정하중 + 충격하중 + 작업하중

2. 수평하중

1) 작업 시 진동, 충격
2) 풍압, 유수압, 지진

3. Con'c 측압

1) 측정방법

   수압판, 측압계, OK식 측압계, 조임철물

2) 측압 증가 요인

   ① 시멘트 : 부배합, 응결속도 低
   ② 철근(골) : 少
   ③ 거푸집 : 표면 평활도, 단면치수 大, 수밀성 양호
   ④ 콘크리트 : 슬럼프값 大, Workability 大, 타설속도 大, 타설높이 高, 다짐 多
   ⑤ 기타 : 외기온도 低

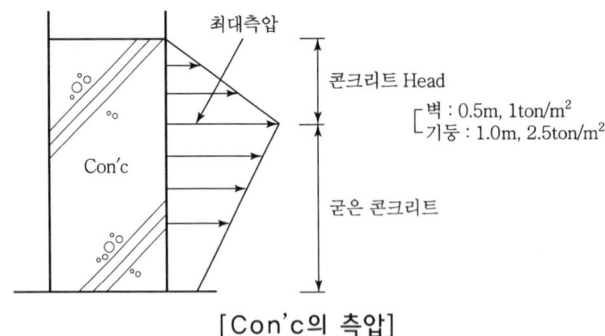

[Con'c의 측압]

02 거푸집 재료 선정 시 고려사항

1) 강도
2) 강성
3) 내구성
4) 작업성
5) 경제성
6) Con'c

03 거푸집의 종류

1. 일반 거푸집

1) 목재
2) 철재
3) FRP
4) 알루미늄

2. System Form 분류

1) 벽체
   ① Gang Form(Pannel Form) : 멍에, 장선 일체화
   ② Climbing Form : 연속 타설에 의한 Joint 없음
      • Sliding Form : 단면 변화가 없는 구조물
      • Slip Form : 단면형상의 변화가 있는 구조물

2) 슬래브
   ① Table(Flying) Form
   ② Waffle Form
   ③ Deck Plate Form

3) 바닥+벽
   ① Tunnel Form
   ② Travelling Form

··· 04 System 동바리

1. 구조 및 명칭

주요 구성부 : 수직재, 수평재, 가새, 링, 연결핀, 잭베이스, 유헤드

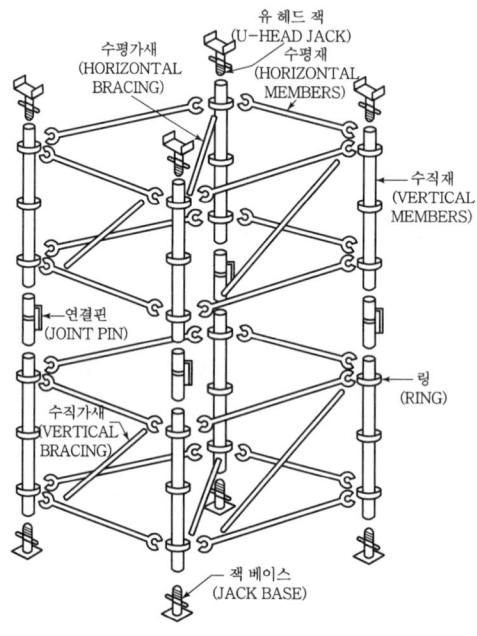

[시스템 동바리의 구조]

2. 작업순서 및 단계별 관리사항

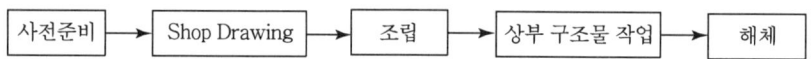

1) 사전준비 : 가설재 반입검사
2) Shop Drawing : 구조 검토 및 공작도 작성
3) 조립 : 부재긴압, 침하, 좌굴, 휨, 변형 방지
4) 상부 구조물 작업 : 임의해체 금지 및 콘크리트 존치기간 준수
5) 해체 : 해체기준의 준수

3. 설치기준

1) 설치높이는 단변길이의 3배 미만으로 하며 초과될 경우 벽체지지 또는 별도의 버팀대를 설치할 것
2) Jack Base의 전체 길이는 600mm 이하로 하며, 수직재와의 겹침부는 150mm 이상으로 할 것
3) 수직재 설치 시 수평재 간 연결부위는 2개소 이하로 할 것
4) U-head 폭은 멍에 2개 이상의 넓이로 하며 조립 시 멍에재와 U-head 간의 유격이 없도록 할 것
5) 구조도에 의한 조립기준을 준수할 것
6) 수직재와 수평재는 90°로 하며 흔들리지 않도록 견고하게 고정할 것
7) 부재의 재료는 가설기자재 성능검정품 또는 KS 제품을 사용할 것

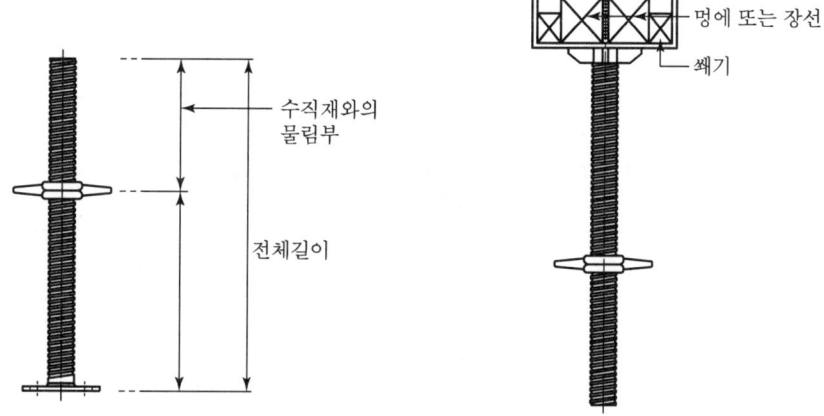

[시스템 동바리 설치부 도해]

05 거푸집 존치기간

가설공사표준시방서(2023.1.31. 시행), 콘크리트시방서에 따라 콘크리트 타설 후 소요강도 확보 시까지 외력 또는 자중에 영향이 없도록 거푸집 존치

1. 압축강도 시험을 할 경우

부재		콘크리트의 압축강도(f_{ck})
기초, 보, 기둥, 벽 등의 측면		• 5MPa 이상 • 내구성이 중요한 구조물인 경우 : 10MPa 이상
슬래브 및 보의 밑면 아치 내면	단층구조인 경우	f_{ck}의 2/3 이상(단, 14MPa 이상)
	다층구조인 경우	f_{ck} 이상(필러 동바리 구조를 이용할 경우는 구조계산에 의해 존치기간을 단축할 수 있음. 단, 이 경우라도 최소강도는 14MPa 이상)

2. 압축강도 시험을 하지 않을 경우(기초, 보, 기둥, 벽 등의 측면)

시멘트의 종류 평균기온	조강 포틀랜드 시멘트	보통포틀랜드 시멘트 고로슬래그 시멘트(1종) 포틀랜드포졸란 시멘트(A종) 플라이애시 시멘트(1종)	고로슬래그 시멘트(2종) 포틀랜드포졸란 시멘트(B종) 플라이애시 시멘트(2종)
20℃ 이상	2일	4일	5일
10℃ 이상 20℃ 미만	3일	6일	8일

3. 거푸집 존치기간의 영향 요인

1) 시멘트의 종류
2) 콘크리트의 배합기준
3) 구조물의 규모와 종류
4) 부재의 종류 및 크기
5) 부재가 받는 하중
6) 콘크리트 내부온도와 표면온도

4. 해체작업 시 유의사항

1) Slab, 보 밑면은 100% 해체하지 않고, Filler 처리함
2) 중앙부를 먼저 해체하고 단부 해체
3) 다중 슬래브인 경우 아래 2개 층 이상 Filler 처리한 동바리를 존치할 것

06 거푸집 / 동바리 붕괴원인과 방지대책

1. 붕괴원인

1) 재료 불량
2) 설치 불량
3) 구조검토 미흡
4) Con'c 타설방법 불량

2. 방지대책

1) 거푸집 / 동바리 구조검토 순서 F/C

   하중계산 → 응력계산 → 단면계산

2) 시공 시 유의사항

   ① 거푸집 수밀성, 강도 확보
   ② 거푸집 볼트 Sepa, Tie Bolt 사용
   ③ 전용 핀 연결
   ④ 전용 클램프로 연결
   ⑤ 전도 방지
   ⑥ 높이 3.5m 이상 시 2m마다 수평연결재 설치
   ⑦ Support 단부 경사 시 쐐기목
   ⑧ 동바리 수직도 유지
   ⑨ 동바리 검정품 사용
   ⑩ 박리제 코팅 철저
   ⑪ 콘크리트 타설순서 준수
   ⑫ 급속타설 금지

07 거푸집 동바리 설계 시 고려해야 할 하중과 구조검토사항

1. 개요

콘크리트공사표준안전작업지침에 의한 거푸집 동바리 설계 시 고려해야 할 하중과 구조검토사항으로는 연직하중과 수평하중을 비롯해 응력·처짐 검토, 표준조립상세도가 포함되어야 한다.

2. 거푸집 동바리 설계 시 고려해야 할 하중(콘크리트공사표준안전작업지침 제4조)

1) 연직방향 하중

   콘크리트 타설높이와 관계없이 최소 5kN/m² 이상
   ① 고정하중 : 철근콘크리트(보통 24kN/m³), 거푸집(최소 0.4kN/m²)
   ② 활하중 : 작업하중(작업원, 경장비하중, 충격하중, 자재·공구 등 시공하중)

2) 횡방향 하중

   ① 작업할 때의 진동, 충격, 시공오차 등에 기인되는 횡방향 하중 이외에 필요에 따라 풍압, 유수압, 지진 등
   ② MAX(고정하중의 2%, 수평방향 1.5kN/m)
   ③ 벽체거푸집의 경우, 거푸집 측면은 0.5kN/m² 이상

3) 콘크리트의 측압

   굳지 않은 콘크리트 측압, 타설속도·타설높이에 따라 변화

4) 특수하중

   ① 시공 중에 예상되는 특수한 하중
   ② 편심하중, 크레인 등 장비하중, 외부 진동다짐 영향, 콘크리트 내부 매설물의 양압력

5) 그 밖에 수직하중, 수평하중, 측압, 특수하중에 안전율을 고려한 하중

3. 거푸집 및 동바리 설계기준에 따른 분류

1) 연직하중
2) 수평하중

3) 콘크리트 측압
4) 풍하중
   ① 풍하중 $P = C \times q \times A$
   ② 풍하중(kgf) = 풍력계수×설계속도압(kgf/m^2)×유효풍압면적(m^2)
5) 특수하중

4. 구조검토사항

1) 하중검토 : 작용하는 모든 하중검토
2) 응력·처짐 검토 : 부재(거푸집널, 장선, 멍에, 동바리)별 응력과 처짐검토
3) 단면검토 : 부재 응력·처짐 고려 적정 단면검토
4) 표준조립상세도 : 부재의 재질, 간격, 접합방법, 연결철물 등 기재한 상세도

··· 08 거푸집 측압

1. 개요

콘크리트 타설 시 거푸집에는 수평압이 작용하며, 1종 시멘트, 단위중량 24kN/m^3, 슬럼프 100mm 이하, 내부 진동다짐, 혼화제를 감안하지 않는 경우 아래 산정식에 의해 산정한다.

2. 측압의 증가요인

1) 경화속도가 늦을수록(기온, 습도, Concrete 온도의 영향을 받음)
2) 타설 속도가 빠를수록
3) 슬럼프가 클수록
4) 다짐이 많을수록

3. 타설방법에 따른 측압의 변화

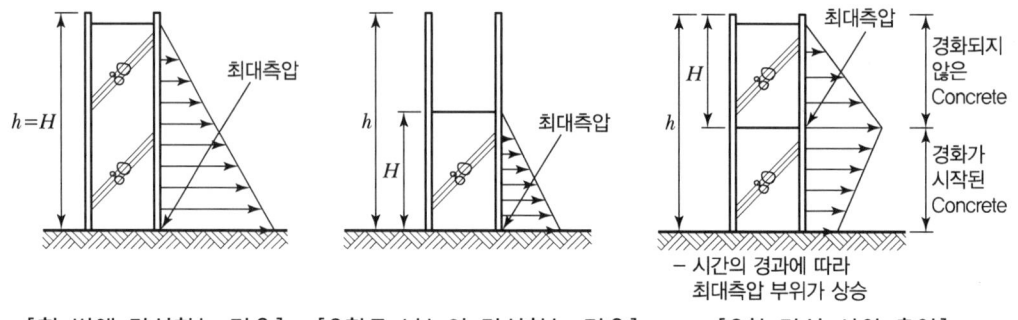

[한 번에 타설하는 경우]   [2회로 나누어 타설하는 경우]   [2차 타설 시의 측압]

4. 측압 산정식

구분		콘크리트 측압 P(kN/m²)
일반 콘크리트		$P = W \cdot H$
기둥		$P = 7.2 + \dfrac{790R}{T+18} \leq 23.5H$ (30kN/m² $\leq P \leq$ 150kN/m²)
벽	$R \leq 2.1$	$P = 7.2 + \dfrac{790R}{T+18} \leq 23.5H$ (30kN/m² $\leq P \leq$ 100kN/m²)
	$2.1 < R \leq 3.0$	$P = 7.2 + \dfrac{1,160 + 240R}{T+18} \leq 23.5H$ (30kN/m² $\leq P \leq$ 100kN/m²)

※ 콘크리트 측압 산정식에서

W : Concrete 단위중량(kN/m³), H : Concrete 타설 높이(m)

R : Concrete 타설 속도(m/hr)≤9m/hr, T : 타설되는 Concrete 온도(℃)

5. 측정방법

1) 수압판에 의한 방법

수압판을 거푸집면의 바로 아래에 대고 탄성변형에 의한 측압을 측정하는 방법

2) 측압계를 이용하는 방법

수압판에 Strain Gauge(변형률계)를 설치해 탄성 변형량을 측정하는 방법

3) 조임철물 변형에 의한 방법

조임철물에 Strain Gauge를 부착시켜 응력변화를 측정하는 방법

4) OK식 측압계

조임철물의 본체에 유압잭을 장착하여 인장의 변화를 측정하는 방법

CHAPTER 03 철근공사

01 철근재료의 구비조건

1) 부착강도가 클 것
2) 강도와 항복점이 클 것
3) 연성이 크고, 가공이 쉬울 것
4) 부식 저항이 클 것
5) 용접이 잘될 것

02 철근의 분류

1. 슬래브

1) 주(主)철근 : 정(正)철근, 부(負)철근
2) 부(副)철근 : 띠철근, 배력근
3) 온도철근

2. 보

1) 주철근
2) 전단철근
3) Stirrup(늑근)

3. 기둥

1) 주철근
2) Hoop(띠철근)

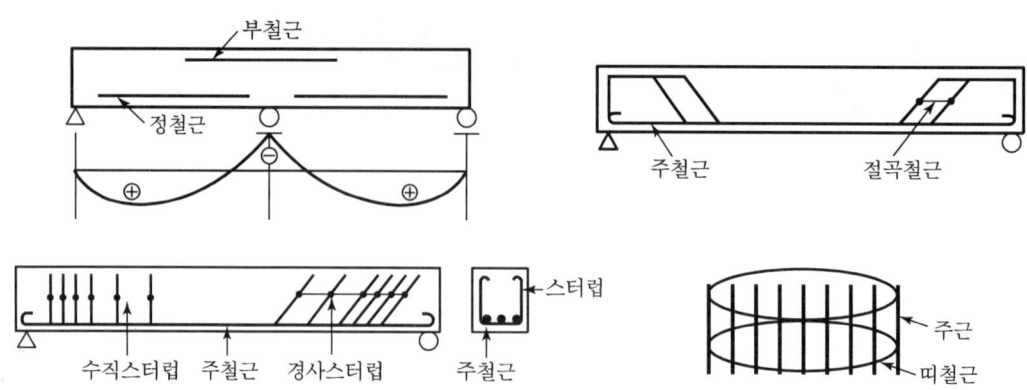

··· 03 철근의 이음 및 정착

1. 이음위치

1) 응력이 작은 곳
2) 보 : 압축응력 발생부
3) 기둥 : 슬래브 50cm 위, 3/4H 이하

2. 이음공법

1) 겹침
2) 용접
3) Gas 압접
4) Sleeve Joint
5) Sleeve 충진
6) 나사이음
7) Cad 용접
8) G-loc Splice

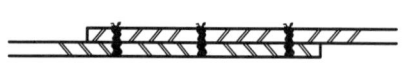
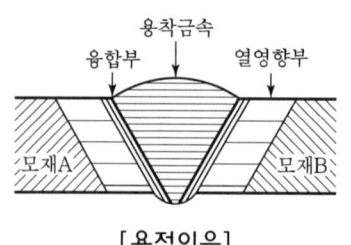

[겹침이음]   [용접이음]

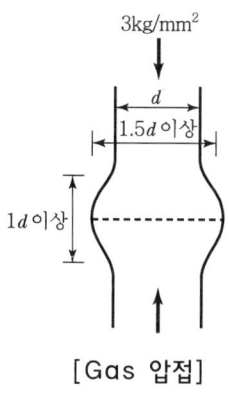
[Gas 압접]

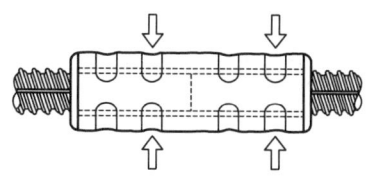
[Sleeve Joint]

3. 정착위치

1) 기둥주근 : 기초
2) 벽주근 : 보, 바닥판, 기둥
3) 보주근 : 기둥
4) 작은 보주근 : 큰 보
5) 바닥근 : 벽, 보

04 철근조립

1. 피복두께 및 목적

1) 내구성 확보
2) 내화성 확보
3) 철근 부착력 확보
4) 시공성 확보

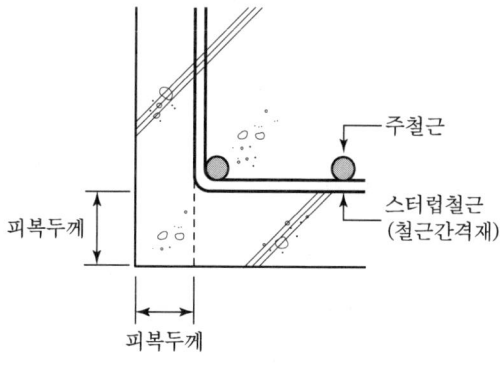
[철근의 피복두께]

··· 05 철근공사 시 안전작업지침

1. 철근 반입 시 안전대책

1) 지게차 운전원 자격 여부 사전확인
2) 인양 및 하역 장소의 주변 구조물과 일정간격을 두어 철근이 부딪히지 않도록 하고 유도자 배치
3) 적재용 받침대는 철근무게를 충분히 견딜 수 있는 강도를 갖출 것
4) 지게차 후면부에는 경광등·후진경보장치 부착 및 후진 시 근로자 접근 금지
5) 안전모, 안전화 등 개인보호구 착용
6) 적재 시 견고하고 평탄한 지반에 적재
7) 지게차로 하역 시 철근 중심부에서 정확히 인양하고 근로자 접근 금지
8) 지게차 사용 시 유도자 배치 및 근로자 접근 통제

2. 철근 가공작업 시 안전대책

1) 작업장에서 넘어짐, 미끄러짐 등의 위험이 없도록 작업장 바닥을 안전하고 청결한 상태로 유지
2) 가공장 주변에 울타리 설치
3) 가공 시 절단기·절곡기 외함 접지
4) 풋 스위치 오조작 예방을 위한 덮개 등의 방호조치 실시
5) 기계·기구 및 설비의 외함은 접지선을 추가 배선하여 외함에 견고하게 고정
6) 가공기 전원 측에 누전차단기 부착 연결
7) 절연열화로 인한 감전예방을 위해 배선의 절연저항 주기적 측정 및 관리
8) 철근 적재 시 무너져 내리지 않도록 안전되게 적재 및 받침목 수평으로 설치
9) 가공 및 운반작업 중 안전모, 안전화 등 개인보호구 착용

3. 철근 운반 및 인양작업 안전대책

1) 인양 시 2줄걸이로 결속하고 수평인양
2) 안전장치(과부하방지장치, 권과방지장치, 훅해지장치)의 정상상태 유지 및 점검
3) 정격하중 표지판 부착 등 정격하중 초과적재 금지

4) 지게차 안전작업계획서 작성 및 계획서의 준수를 위한 운전자 및 근로자 교육
5) 지게차 운행속도 지정 및 근로자 이동과 구분된 전용통로 확보
6) 유자격자를 전담 지정하여 운전
7) 지게차 작업 전 헤드가드, 백레스트, 전조등, 후미등 설치·부착·작동상태 확인 및 운전원의 안전벨트 착용
8) 작업 전 관리감독자에 의한 안전점검 실시
9) 적재하중 준수 및 시야확보
10) 지게차 작업반경 출입제한 및 작업 공간확보
11) 시동키 분리 및 별도 보관으로 무자격자에 의한 운전사고 예방
12) 인양로프는 철근 중량을 충분히 견딜 만한 견고한 로프 사용
13) 작업 전 와이어로프 등 줄걸이 마모 및 손상 여부 점검
14) 인양, 운반 시 유도자 배치로 작업통제 실시

4. 조립작업 안전대책

1) 작업발판 설치 시 이동식 비계에 작업발판 설치
2) 조립 중이나 조립 후 철근이 넘어지지 않도록 넘어짐 방지조치
3) 가스 압접기 사용 시 보호장갑 착용 및 안전작업절차 준수
4) 상부철근 조립 시 이동식 비계와 작업발판 설치
5) 배근작업 시 관리감독자를 배치하여 근로자 접근 통제
6) 이동식 비계 사용 시 승강시설 설치
7) 이동식 비계의 작업발판 단부에 안전난간대 설치
8) 가스 압접작업 시 안전작업 절차준수로 끼임 방지
9) 작업장소의 상황, 순서방법 등이 포함된 작업계획 작성
10) 작업시작 전 비상정지장치, 리미트 등 안전장치 기능확인 및 바스켓 부딪힘·끼임 방지용 방호가드 설치 확인

CHAPTER 04 콘크리트공사

01 콘크리트의 요구조건

1) 강도발현
2) 작업성
3) 균질성
4) 내구성
5) 수밀성
6) 경제성

02 콘크리트공사 시공단계별 준수사항

1. 시공순서 F/C

계량 → 비빔 → 운반 → 타설 → 다짐 → 이음 → 양생

2. 운반 시 준수사항

1) 운반장비 종류

① 운반차(Agitator, 레미콘 차량)
② Bucket
③ Con'c Pump Car
④ Con'c Placer
⑤ Belt Conveyer
⑥ Chute

2) 운반시간(비비기~치기)

① 외기 25℃ 이상 시 1.5시간 이내
② 외기 25℃ 이하 시 2.0시간 이내

3. 타설 시 준수사항

1) 낙하높이 1.5m 이하 유지
2) Cold Joint 유의
3) 타설속도 준수
4) 타설순서 준수

4. 다짐 시 준수사항

1) 간격 60cm 이내
2) 연직 유지
3) 천천히 인발
4) 상·하층 Over Lap
5) 철근에 닿지 않게
6) 예비 진동봉 준비

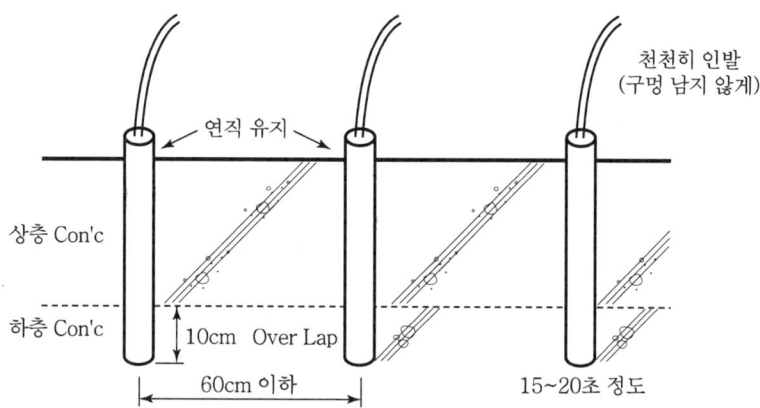

5. 이음 시 준수사항

1) 이음의 종류

① 신축이음(Expantion Joint, Isolation Joint, 분리줄눈)

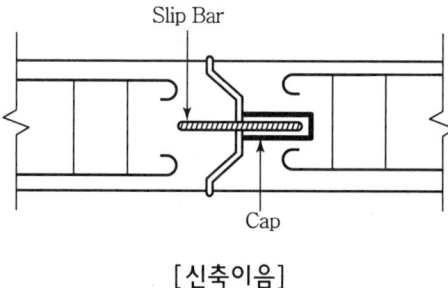

[신축이음]

② 수축이음(수축줄눈, 균열유발줄눈, 조절줄눈, Contration Joint, Control Joint)

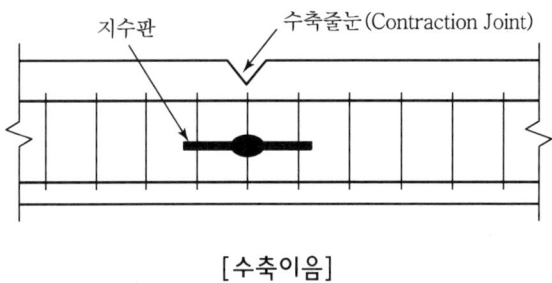

[수축이음]

③ 시공이음(Construction Joint)

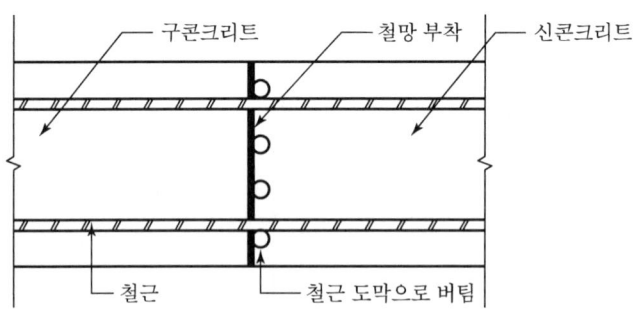

[시공이음부 상세도]

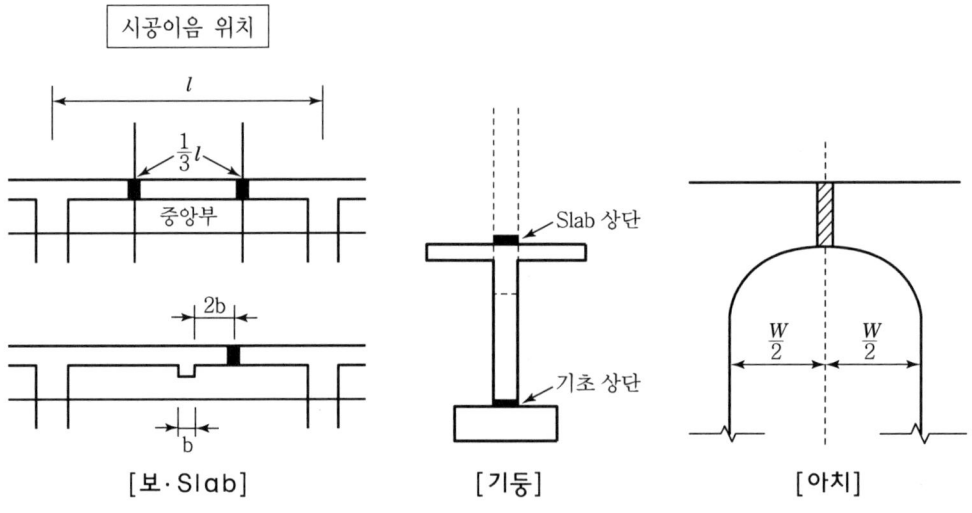

[보·Slab]　　[기둥]　　[아치]

④ Cold Joint

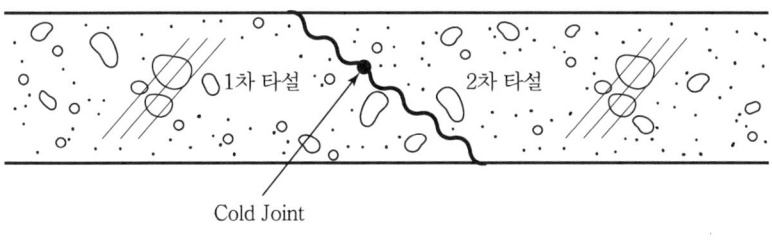

[Cold Joint]

⑤ Delay Joint(지연줄눈)

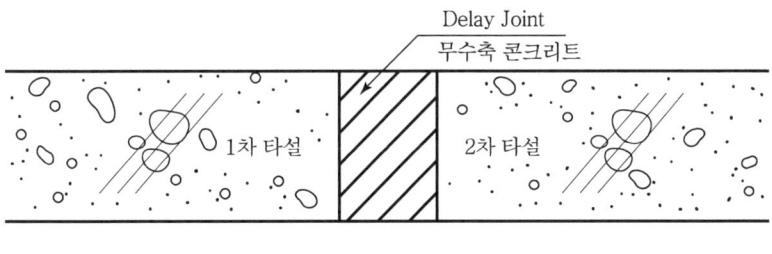

[Delay Joint]

2) 이음 시 준수사항

① 이음 위치 및 폭 준수
② 절단 시기 및 간격 준수
③ 구조적 및 기능적 검토 후 설치
④ 미관이 불량하지 않도록 설치
⑤ 줄눈부 줄눈재 채움
⑥ 시공이음면 레이턴스 제거, 습윤, 신구 접착제 도포 후 시공
⑦ 이음부 수밀성 확보

6. 양생 시 준수사항

1) 양생의 종류

① 습윤양생
   살수 / 담수 / 부직포 / 모래

② 피막양생

　합성수지계 / 수지계

③ 온도제어 양생
- Precooling
- Pipe Cooling
- 증기양생
- 단열양생

2) 양생 불량 시 문제점

① 겨울철 시공 시 동해
② 여름철 시공 시 소성수축균열, 침하균열
③ 수화촉진 및 건조수축균열 발생
④ 수화작용 지연으로 강도발현 지연
⑤ 균열, 누수, 철근부식으로 내구성 저하
⑥ 강도저하 및 수밀성 저하

3) 양생 시 준수사항

① 초기 양생 철저(타설 후 최소 7일까지)
② 직사광선, 바람, 서리, 비 등에 직접 노출 방지
③ 겨울철·여름철 타설 시 적정 양생공법 적용
④ 경화 중 충분한 습도 유지
⑤ 양생 완료 시까지 충격, 재하 금지
⑥ 균열, 누수, 철근부식으로 내구성 저하

··· 03 콘크리트의 성질

1. 굳지 않은 콘크리트 성질

1) 성질

① 작업성(Workability)
② 반죽질기(유동성, Consistancy)

③ 성형성(점성, Plasticity)
④ 마무리 용이성(Finishability)
⑤ 이송성(압송성, Pumpability)
⑥ 다짐성(Compactability)

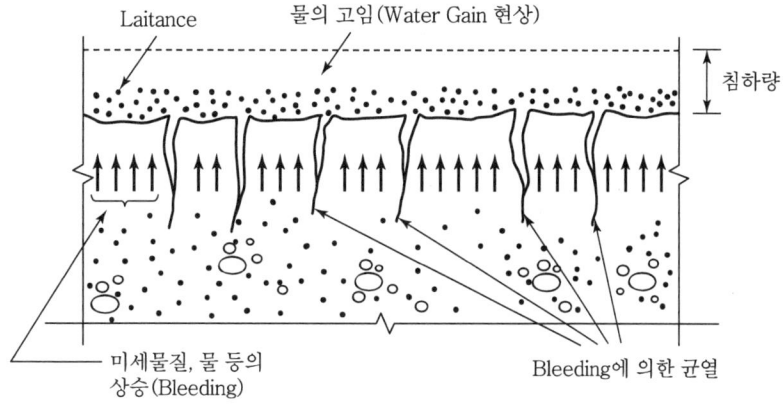

[굳지 않은 콘크리트의 문제발생 유형]

2) Workability

① Workability 불량 시 콘크리트에 미치는 문제점
- 작업능률 저하
- 재료분리
- Cold Joint 발생
- 콘크리트의 강도, 내구성 저하
- 콘크리트의 수밀성, 내화학성 저하

② 증진대책
- 단위수량 적게
- 단위시멘트양 적지 않게
- 굵은골재로 강자갈 사용
- 잔골재에 미립분이 적지 않게
- AE제 감수제 사용
- W/C비 가능한 적게

2. 굳은 콘크리트 성질

1) 성질
   ① 강도
   ② 내구성
   ③ 내화성
   ④ 수밀성
   ⑤ Creep 변형
   ⑥ 탄성 변형
   ⑦ 체적 변화

2) 강도의 종류
   ① 정적 강도 : 압축강도, 인장강도, 휨강도, 전단강도, 부착강도
   ② 동적 강도 : 피로강도, 충격강도

3. Creep 변형

1) 하중의 증가 없이 시간 경과에 따라 변형이 증가되는 현상

2) Creep가 콘크리트에 미치는 영향
   ① 콘크리트의 변형
   ② 콘크리트의 처짐
   ③ 콘크리트의 균열 증대
   ④ 콘크리트의 파괴
   ⑤ Prestress의 감소

3) Creep 변형과 탄성 변형

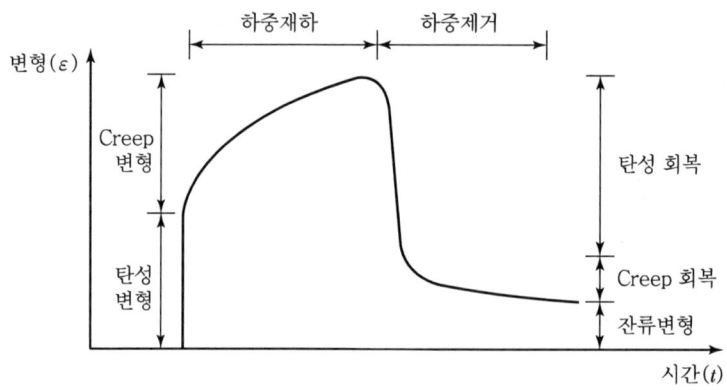

4) Creep 파괴

① 변천 Creep(1차 Creep) : 변형속도가 시간이 지나면서 감소
② 정상 Creep(2차 Creep) : 변형속도가 일정하거나 최소로 변형
③ 가속 Creep(3차 Creep) : 변형속도가 점차 증가하여 파괴

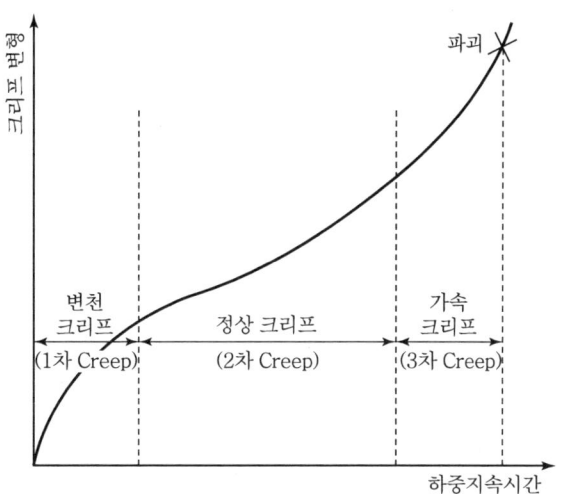

04 콘크리트 펌프카 타설 시 안전대책

1. 전도 및 충돌 예방

1) 지반의 부등침하 방지를 위해 견고한 지반에 장비 설치
2) 충분한 강도와 접지면을 확보한 철판을 지면에 깔고 그 위에 장비 설치
3) 앤드호스 길이 초과 사용 금지, 펌프카를 크레인 대용으로 화물 양중에 사용 금지

2. 낙하 예방

붐 하부에서 수리·점검작업 등 수행 시 안전블록 또는 안전지주를 설치하는 등 방호조치 실시

3. 협착 예방

1) 작업 전에 펌프카 아우트리거 받침 부분에 지반다짐 실시
2) 펌프카의 주 용도 외 사용을 엄격히 제한

4. 감전 예방

1) 충전전로 인근 사용 시 감시인을 배치하고 전선로 등으로부터 충분한 이격거리 확보
2) 필요시 절연용 방호구를 설치하거나 전선을 이설

5. 사용 전 점검

1) 사용하는 기계의 종류 및 능력, 운행경로, 작업방법 등의 작업계획 수립
2) 작업 시작 전 브레이크, 클러치 등의 기능 점검
3) 작업구역 내 고압선, 수도배관, 가스배관, 케이블 등의 위치 확인
4) 운전석 내부를 청결히 하고 발판과 손잡이는 미끄러지지 않도록 조치
5) 유도자 배치 및 장비별 특성에 따른 일정한 표준방법 지정

05 방사선 차폐용 콘크리트

1. 정의

생물체의 방호를 위하여 X선, γ선 및 중성자선을 차폐할 목적으로 사용되는 콘크리트

2. 사용재료

1) 시멘트

   내황산염 시멘트(5종), 고로 시멘트, Fly Ash 시멘트

2) 골재

   콘크리트 밀도가 2,300kg/m³ 이상인 바라이트, 자철강, 적철강 등 중량골재 사용

3) 혼화제

   고성능 감수제, Fly Ash, 철분

3. 방사선 차폐용 콘크리트의 조건

1) 밀도가 커야 함
2) 압축강도가 커야 함
3) 설계허용온도가 커야 함
4) 결합수량이 많은 골재 사용
5) 붕소량이 많은 골재 사용

4. 배합설계 시 고려사항

1) 사전에 시험 비빔을 실시하여 차폐 설계조건에 맞는지 확인
2) 슬럼프치는 15cm 이하
3) 단면형상이 복잡하거나, 철근이 조밀하게 배근된 경우 시험타설 실시
4) Workability 개선을 위한 혼화제 사용 시 차폐성능이 있는 것 사용

5. 시공 시 주의사항

1) 차폐용 콘크리트 생산 전용 저장설비와 B/P설비를 갖춘 레미콘 공장이 있어야 함
2) 차폐용 골재와 보통골재가 혼입되지 않도록 저장 및 관리
3) 설계에 정해져 있지 않은 이어치기 시행 불가
4) 추가 이어치기 필요시 위치 및 형상을 설계한 후 시공

CHAPTER 05 균열 / 열화

··· 01 균열

1. 균열피해

1) 강도 저하
2) 내구성 저하
3) 수밀성 저하
4) 철근부식

2. 균열의 종류 및 원인

1) 굳지 않은 콘크리트 균열

   ① 소성수축 : 수분증발이 Bleeding보다 빠를 경우
   ② 콘크리트 침하 : W/B 과다, 피복두께 얇음, 다짐 부족
   ③ 콘크리트 수화열 : Mass Con'c 타설
   ④ 거푸집 변형 및 동바리 침하 : 설치 잘못, 지반 침하
   ⑤ 진동 및 충격하중 : 주변 차량·철도 운행, 항타, 발파

2) 굳은 콘크리트 균열

   ① 건조수축 : 콘크리트 건조 시 시멘트 수축응력 구속
   ② 온도수축 : 콘크리트 내외부 온도 차이
   ③ 동결융해 : 겨울철 초기 양생 시 영하기온 노출
   ④ 중성화
   ⑤ 알칼리 골재반응
   ⑥ 염해
   ⑦ 설계 오류에 의한 단면 및 철근 과소

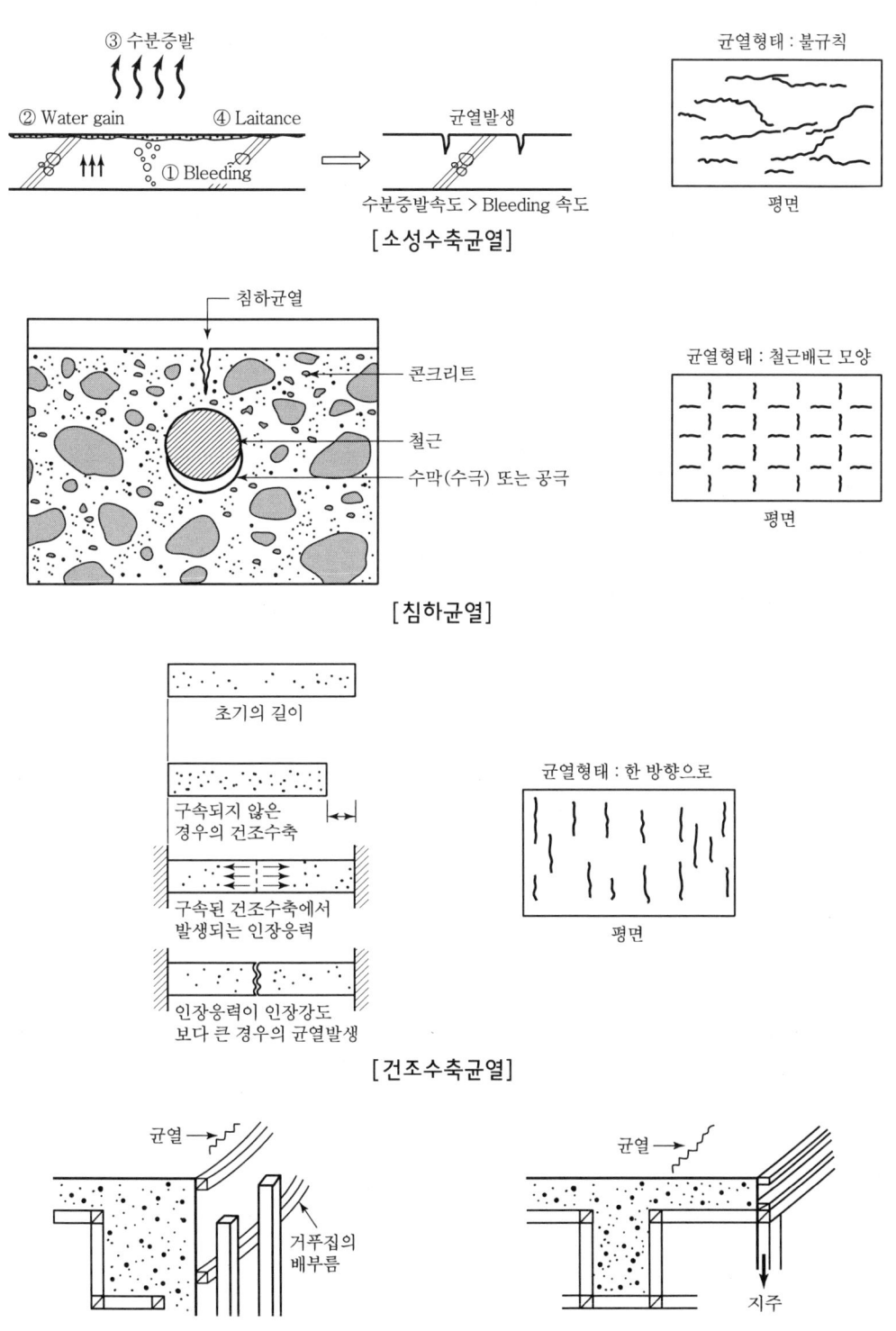

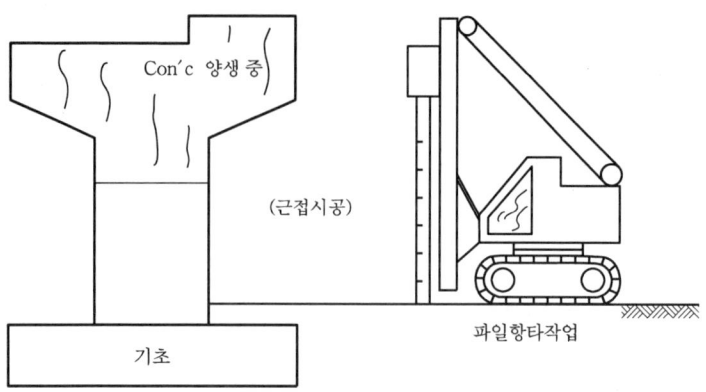

[진동·충격에 의한 균열]

3. 균열의 분류(크기) 및 허용균열 폭

1) 균열의 분류

① 미세균열(0.1mm 미만)

② 중간균열(0.1~0.7mm 미만)

③ 대형균열(0.7mm 이상)

2) 허용균열 폭

구분	건조환경	습윤환경	부식성 환경	고부식성 환경
건축물	0.4mm	0.3mm	$0.004\ t_c$	$0.0035\ t_c$
기타 구조물	$0.006\ t_c$	$0.005\ t_c$		

4. 균열 측정

① 육안검사 : Crack Gauge, 루페
② 비파괴검사 : 초음파법, X선 투과법, γ선 투과법, 자기법
③ Core검사 : Core채취검사(결함상태, 크기, 깊이, 압축강도)
④ 설계도면 및 시공자료 검토 : 사용재료 확인, 철근도면, 하중비교

··· 02 열화

1. 콘크리트 비파괴시험의 목적

1) 콘크리트의 압축강도 측정
2) 신설 구조물의 품질검사
3) 기존 구조물의 안전점검 및 정밀 안전진단

2. 콘크리트 비파괴시험의 종류

1) 강도법(반발경도법, 타격법, Schmidt Hammer Test)
2) 초음파법(음속법, Ultrasonic Techniques)
3) 복합법(강도법＋초음파법)
4) 자기법(철근 탐사법, Magnetic Method)
5) 음파법(공진법, Sonic Method)
6) 레이더법(Radar Method)
7) 방사선법(Radiographic Method)
8) 전기법(Electrical Method)
9) 내시경법(Endoscopes Method)

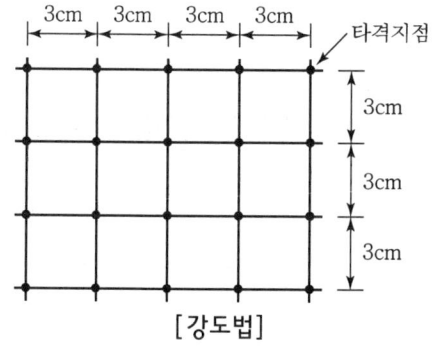

[강도법]

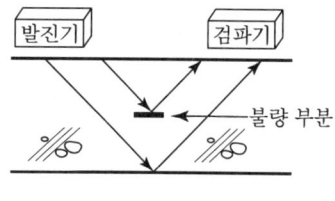

[초음파법]

3. 구조물 손상의 종류 및 보수·보강공법

구분	손상종류	보수·보강공법
Con'c 구조물	박리, 균열, 백태, 손상	표면도포, 충전공법, 면처리 후 충전, 표면코팅
	박락, 층분리	강재 Anchor, 충진, 치환법
강 구조물	부식, 피로균열	방청제 도포, 보강판 부착, 균열부 교체
	과재하중, 외부충격손상	단면보강, 교정보강

4. 보수·보강공법

1) 보수공법 : 구조적 결함이 없을 경우
① 표면처리
② 충전
③ 주입
④ BIGS(Ballon Injection Grouting System)
⑤ Polymer시멘트 침투
⑥ 치환

2) 보강공법
① 강판부착
② 강재 Anchor
③ 강재 Jacking
④ 외부강선 보강
⑤ Prestress
⑥ 단면 증대
⑦ 탄소섬유 Sheet 부착
⑧ 교체공법

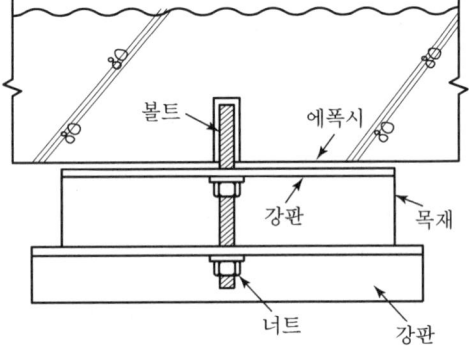

(a) 압착법에 의한 강판접착

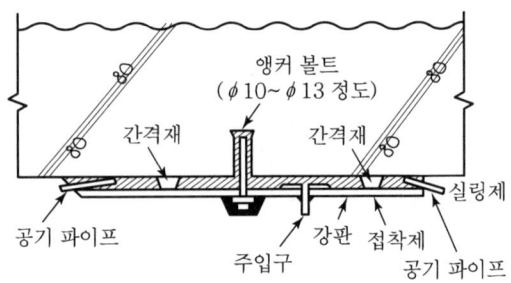

(b) 주입법에 의한 강판접착

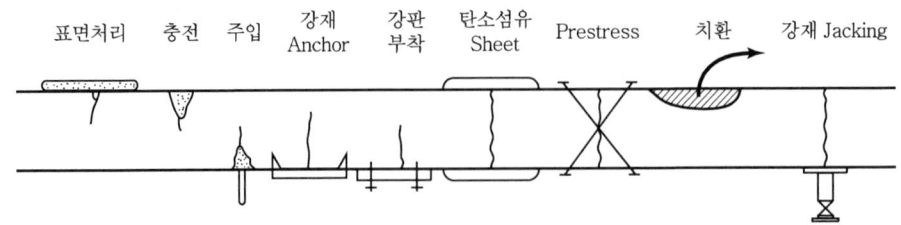

··· 03 내구성 저하의 원인 및 대책

1. 콘크리트 구조물의 내구성 점검방법

종류	점검시기	점검내용
정기 점검	• A·B·C 등급 : 반기당 1회 • D·E 등급 : 해빙기·우기·동절기 등 연간 3회	• 시설물의 기능적 상태 • 사용요건 만족도

정밀 점검	• 건축물
	  – A : 4년에 1회
	  – B·C : 3년에 1회
	  – D·E : 2년에 1회
	  – 최초실시 : 준공일 또는 사용승인일 기준 3년 이내(건축물은 4년 이내)
	  – 건축물에는 부대시설인 옹벽과 절토사면을 포함한다.
	• 기타 시설물
	  – A : 3년에 1회
	  – B·C : 2년에 1회
	  – D·E : 1년마다 1회
	  – 항만시설물 중 썰물 시 바닷물에 항상 잠겨있는 부분은 4년에 1회 이상 실시한다.
		• 시설물 상태
		• 안전성 평가

긴급 점검	• 관리주체가 필요하다고 판단 시 • 관계 행정기관장이 필요하여 관리주체에게 긴급점검을 요청한 때	재해, 사고에 의한 구조적 손상 상태
정밀 진단	최초실시 : 준공일, 사용승인일로부터 10년 경과 시 1년 이내 * A 등급 : 6년에 1회 * B·C 등급 : 5년에 1회 * D·E 등급 : 4년에 1회	• 시설물의 물리적, 기능적 결함 발견 • 신속하고 적절한 조치를 취하기 위해 구조적 안전성과 결함 원인을 조사, 측정, 평가 • 보수, 보강 등의 방법 제시

2. 콘크리트 구조물 안전진단기법

1) 육안검사
2) 균열 조사
3) 반발경도 조사
4) 철근 배근상태 조사
5) 중성화 조사
6) 기울기 조사
7) 지반침하 조사
8) 수평·수직변위 조사
9) 구조체 내력 조사
10) Core 채취
11) 콘크리트 변색 조사

3. 열화원인 및 대책

구분	열화 원인	대책
기본적 원인	1) 설계상 • 철근 단면 부족 • 철근량 부족 및 피복 두께부족 • 신축이음 누락	• 설계하중 충분히 산정 • 신축이음 설계
	2) 재료상 • 재료불량 • 혼화재 과다사용	• 풍화된 시멘트 사용금지 • 적절한 혼화재료
	3) 시공상 • 재료분리 • 가수, 다짐불량 • 양생불량	• 타설속도 조절 • 밀어넣기 금지 • 가수 금지 • 다짐 철저 • 양생 철저
기상작용	• 동결융해 • 양생 시 온도변화 • 건조수축	• 보온양생 • 양생온도 관리 • 입도 양호한 골재 사용
물리·화학적	• 중성화 • 알칼리 골재반응 • 염해	• 물시멘트비 적게 • 밀실하게 타설 • 해사 사용 금지
기계적	• 진동, 충격 • 마모, 파손	• 양생 시 항타 금지 • 장비 충격 방지

4. 철근부식의 원인 및 방지대책

1) 부식 촉진제(부식의 3요소) : 물, 산소, 전해질($2e^-$)

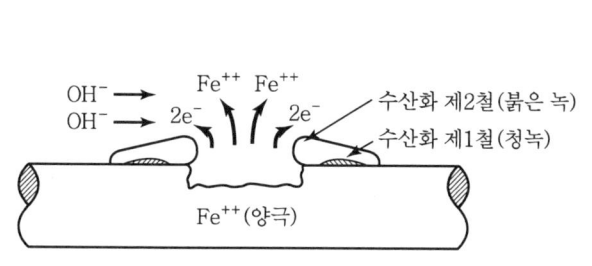

[철근의 녹 발생]

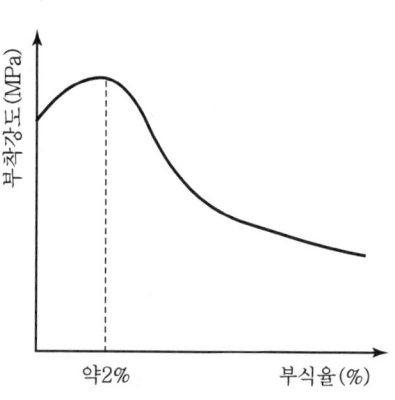

[부식률과 부착강도]

⟨철근 부식 Mechanism⟩

$$Fe + H_2O + \frac{1}{2}O_2 \rightarrow Fe(OH)_2 : 수산화 제1철$$

$$Fe(OH)_2 + \frac{1}{2}H_2O + \frac{1}{4}O_2 \rightarrow Fe(OH)_3 : 수산화 제2철$$

$$Fe(OH)_3 \rightarrow 팽창 \rightarrow 균열 \rightarrow 부식 촉진 \rightarrow 내구성 저하$$

2) 철근 부식률 한계

   ① 교량, 도로구조물, 주차장구조물 : 15%
   ② 일반 건축구조물, 아파트 : 30%
   ③ 공장, 창고 : 50%

3) 철근 부식의 발생원인

   ① 동결융해
   ② 탄산화
   ③ 알칼리 골재반응
   ④ 염해
   ⑤ 반복 진동 하중
   ⑥ 전류

4) 철근부식 방지대책
   ① 아연도금
   ② Epoxy 코팅
   ③ Tar 코팅
   ④ 피복두께 증대
   ⑤ 균열보수 철저
   ⑥ 콘크리트에 방청제 도포
   ⑦ 콘크리트 표면에 피막제 도포
   ⑧ 단위수량 저감

5. 동결융해의 원인 및 대책

1) 원인
   - 동절기 양생대책 없이 콘크리트 타설 및 양생의 경우
   - 콘크리트 타설 후 초기에 저온에 노출된 경우
   - 대기에 노출된 부분이 동결 및 융해를 반복하는 경우

2) 대책
   - 조강 시멘트 사용
   - AE제 사용
   - W/B비 가능한 낮게
   - 골재, 물 Pre-heating
   - Agitator 보온
   - 초기 동해발생 방지
   - 보온/가열 양생
   - 거푸집 존치기간 연장

6. 탄산화 원인 및 대책

1) 원인
   - 탄산가스에 의한 콘크리트 탄산화
   - 산성비

- 산성토양
- 화재

2) 대책

- 고알칼리성 시멘트 사용
- 중성화 지연제 사용
- W/B비 가능한 낮게
- 공기량 낮게
- 충분한 피복 두께
- 밀실하게 타설
- 발생된 균열 신속 보수

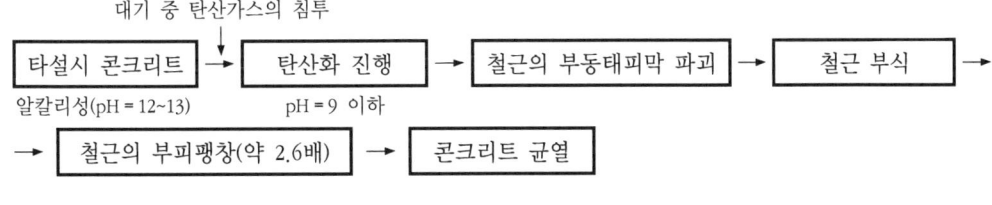

[탄산화 Mechanism]

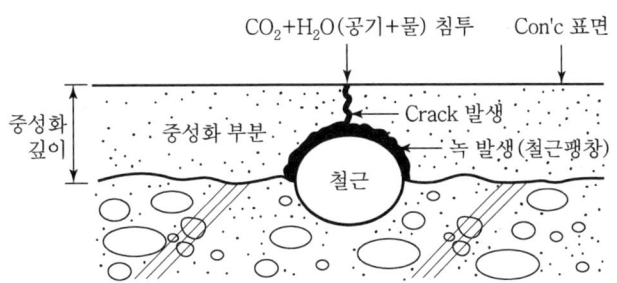

[탄산화에 의한 철근 부식]

7. 알칼리 골재반응 원인 및 대책

1) 원인

- 반응성 골재 사용 시(화산암, 규산암, 석영, 백운석 등)
- 시멘트에 수산화 알칼리성분 존재
- 습기가 많은 곳

2) 대책
- 반응성 골재 사용 금지
- 저알칼리성 시멘트 사용
- 밀실한 콘크리트 타설
- 콘크리트 표면 방수성 도료 도장

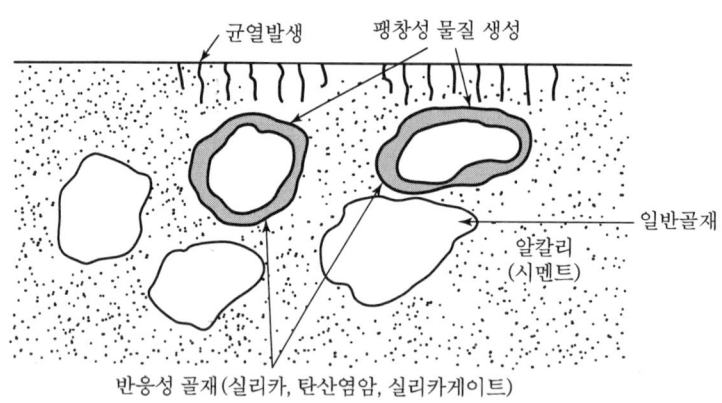

[알칼리 골재반응]

8. 염해 원인 및 대책

1) 원인
- 해사 사용
- 해안가 구조물 축조 시
- 콘크리트 피복두께 얇음

2) 대책
- 해수, 산성수 사용 금지
- 해사 사용 시 세척 후 염분량 허용한도 내
- 골재 염하물 함유량 상시 측정
- 알루미나 시멘트 사용
- 방청제, 제염제 사용
- 피복두께 두껍게
- 콘크리트 표면 도장

- 철근에 에폭시 코팅
- 철근 전기방식 설비

04 콘크리트 폭열

1. 폭열 메커니즘

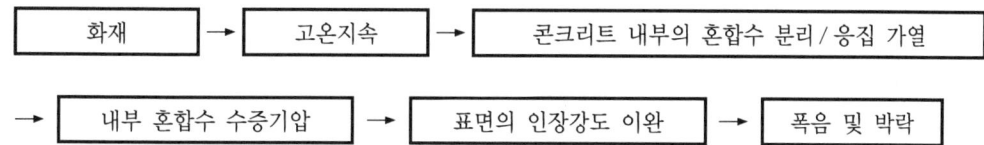

2. 폭열발생 원인

1) 콘크리트 내부 수증기의 배출 곤란
2) 수증기압 상승
3) 콘크리트 인장강도 저하
4) 내화성 약한 골재
5) 함수율 큰 콘크리트

3. 폭열이 콘크리트에 미치는 문제점

1) 콘크리트 피복 박리
2) 구조물 수명 단축
3) 박리물 비산
4) 철근 노출로 내력저하

4. 폭열 방지대책

1) 내열성이 큰 Polypropylene 섬유 혼합
2) 내화성이 큰 골재 사용(안산암, 화산암)
3) 내화피복(뿜칠, 회반죽)
4) 내화도료

5) 메탈리스 사용
6) 방화구획
7) 방화설비
8) 석고보드 부착

5. 파손 깊이

1) 콘크리트 구조물

화재 지속시간	Con'c 온도	Con'c 파손깊이
80분 후	800℃	0~5mm
90분 후	900℃	15~25mm
180분 후	1,100℃	30~50mm

2) 강 구조물

구분	강재 온도	파손 상태
냉간 가공강재	500℃	강도상실
일반 강재	800℃	강도상실

6. 폭열피해 보수·보강 대책

등급	피해 정도	보수보강 공법
I	마감재 부분 탈락	부분보수
II	Con'c 박기, 철근 일부 노출(검은색)	박리제거 및 모르타르 충진
III	Con'c 박락, 철근 노출 심함(핑크색)	전면보수, 폭열 제거+보강 철근+Shotcrete 타설
IV	구조물 변형, 철근 붕괴(엷은 황색)	전면교체, 신설철근+신설 Con'c 타설

PART **04**

철골공사

1장 철골공사

CHAPTER 01 철골공사

01 철골공사 절차

1. 철골공사 절차

   1) 사전준비

   ① 설계도서 검토
   ② 철골 공작도 검토
   ③ 철골 설치계획 검토
   ④ 철골 자립 안전성 검토

   2) 공장 가공 제작

   ① 공장 가공 제작
   ② 가조립 및 본조립

   3) 철골 운반

   ① 조립 부재 크기 / 중량
   ② 수송로

   4) 철골 앵커볼트 매입 및 기초상부 마무리

   5) 철골 반입

   6) 철골 세우기

   7) 철골 접합

   8) 검사

   9) 녹막이 칠

   10) 내화피복 또는 철근콘크리트 작업

2. 사전 준비단계

1) 설계도 및 공작도 확인사항
① 부재의 형상 및 치수
② 접합부의 위치
③ 브래킷의 내민 치수
④ 건물높이
⑤ 철골의 건립 형식
⑥ 가설 설비
  • 건립기계 종류
  • 건립기계 대수
⑦ 이음부 시공 난이도
⑧ 철골계단의 안전작업 이용
⑨ 철골 공작도에 포함해야 할 사항

2) 철골 공작도에 포함해야 할 사항
① 비계받이 및 브래킷
② 기둥 승하강용 Trap
③ 구명줄 설치 고리
④ Wire 걸이용 고리
⑤ 난간 설치용 부재
⑥ 안전대 설치용 고리
⑦ 방망 설치용 부재
⑧ 비계 연결용 부재
⑨ 방호선반 설치용 부재
⑩ 양중기 설치용 부재

3) 철골 내력(자립도)의 안전성 확보대상 건물
① 높이 20m 이상의 구조물
② 구조물의 폭과 높이의 비율이 1 : 4 이상인 구조물
③ 단면구조에 현저한 차이가 있는 구조물
④ 연면적당 철골량이 50kg/cm² 이하인 구조물
⑤ 기둥이 Tie Plate형인 구조물
⑥ 이음부가 현장 용접인 구조물

3. 공장 가공제작

1) 공장 제작의 원칙
① 현장 건립 순서대로
② 동일·동종의 부재의 경우 연속 가공
③ 장착물, 중량물은 운반능력에 따라 분할
④ 가공 완료한 부재는 반출 용이토록 적치
⑤ 접합부의 샘플링 검사 실시

2) 공장 제작순서
① 원척도 작성
② 본뜨기 : 얇은 강판으로 본뜨기
③ 변형 바로잡기
④ 금메김 : 볼트구멍, 절단위치
⑤ 절단 및 가공
⑥ 구멍 뚫기
⑦ 가조립 : 볼트 또는 핀
⑧ 본조립
⑨ 검사
⑩ 녹막이칠
⑪ 운반

4. 철골운반

1) 운반 시 검토사항
① 운반로의 도로폭
② 중량제한
③ 높이제한
④ 교통통제

2) 운반 시 유의사항
① 운반 중 변형 방지
② 현장 설치 순으로
③ 훼손된 부분은 1회 도장
④ 포장 시 내용물 명기

⑤ 현장 진입도로 고려
⑥ 양중 고려

5. 철골 앵커볼트 매입 및 기초상부 마무리

1) 앵커볼트 매입 공법
① 고정매입
② 가동매입
③ 나중매입

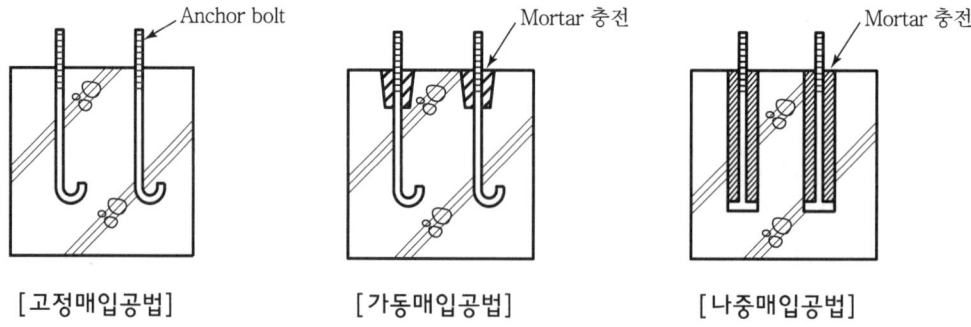

[고정매입공법] [가동매입공법] [나중매입공법]

2) 앵커볼트 매입 시 주의사항
① 매립 후 수정하지 않도록 설치
② 견고하게 고정 후 이동되지 않도록 콘크리트 타설
③ 매립 정밀도 범위
  • 기둥중심은 기준선에서 5mm 이내 오차

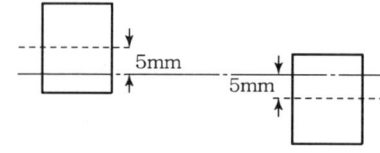

  • 인접기둥 간 중심거리 오차는 3mm 이하

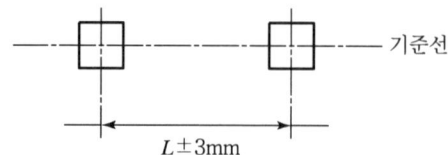

- 볼트는 기둥중심에서 2mm 이내 오차

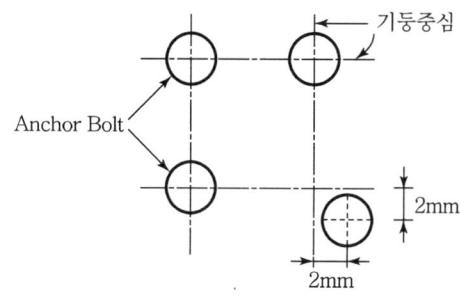

- Base Plate 하단높이 오차는 3mm 이내

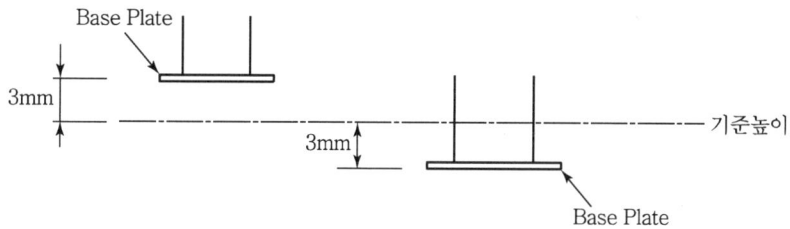

3) 기초상부 마무리

① 전면 마무리법
② 중심바름법
③ +자바름법
④ 나중채워넣기

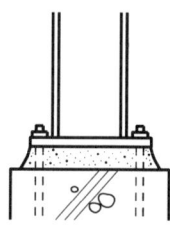 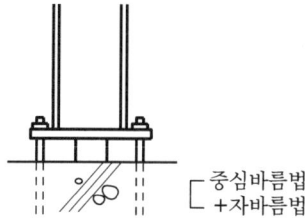 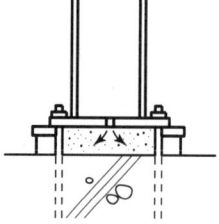

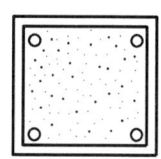　　　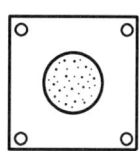　　　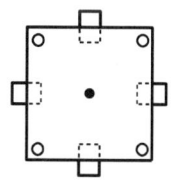

[전면바름 마무리법]　　[중심바름법과 +자바름법]　　[나중채워넣기법]

6. 철골반입 시 준수사항

1) 철골 적재장소 선정
2) 안정성 있는 받침대 사용
3) 건립순서 고려
4) 부재 하차 시 도괴 대비
5) 인양 시 부재 도괴 대비
6) 인양 시 수평이동 시 준수사항
   ① 전선 등 장해물 접촉 여부
   ② 유도 Rope로 끌지 말 것
   ③ 인양부재 하부 출입금지 조치
   ④ 하역 지점에서 흔들림 없도록 정지
7) 적치 시 주의사항
   ① 너무 높게 쌓지 말 것 : 적치부재 하단폭의 1/3 이하
   ② 체인이나 버팀대로 고정

7. 철골 세우기

1) 철골 세우기
   ① 순서 : 기둥 → 보 → 가새
   ② 변형 바로잡기
   ③ 가조립

2) 철골 세우기 작업 시 주의사항
   ① 사전준비
   ② 안전장치 확인
   ③ 덧댐철판 확인
   ④ 무게중심 잡기
   ⑤ Rope 각도 준수
   ⑥ 신호체계
   ⑦ 회전 시 주의
   ⑧ Wire Rope 안전율 확인
   ⑨ 고임재 사용

3) 철골건립 공법의 분류
   ① Lift Up 공법
      - 구조체 지상조립 후 이동식 크레인, 유압잭으로 건립
      - 체육관, 공장, 전시관
   ② Stage 공법
      - Pipe Truss와 같이 용접구조물을 하부에 Stage를 짜서 건립
      - Stage 가설비 고가
   ③ Stage 조출공법
      - Stage를 일부만 설치하고 하부에 Rail을 깔아 이동하면서 건립
      - Stage 공법보다 공사기간 긺
   ④ 현장조립공법
      - 양중위치 가까운 곳에서 조립 후 건립
      - 현장 조립장소 필요
   ⑤ 병렬공법(병풍식 건립공법)
      - 한쪽 면에서 일정 부분씩 계단식으로 최상층까지 건립
      - 이동식 크레인으로 건립 시
   ⑥ 지주공법
      - 부재의 길이, 중량 제한으로 접합부에 지주를 세워 건립
      - 지주 위 작업으로 효율 저하
   ⑦ 겹쌓기공법(수평쌓기 공법)
      - 하부에서 1개층씩 조립완료 후 상부층으로 건립
      - 타 작업도 어느 정도 병행 가능

8. 철골 접합

1) 접합방법 선정 시 고려사항
   ① 시공성
   ② 강도
   ③ 저공해성
   ④ 경제성
   ⑤ 안전성

2) 접합방법의 종류

① 리벳접합(Rivet)

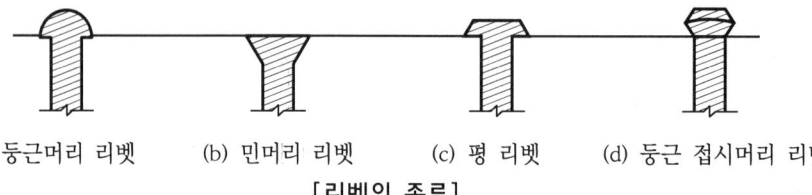

(a) 둥근머리 리벳   (b) 민머리 리벳   (c) 평 리벳   (d) 둥근 접시머리 리벳

[리벳의 종류]

② 볼트접합(Bolt)
③ 고력볼트접합(High Tension Bolt)
  ㉠ 고력접합의 분류
    • 마찰접합
    • 인장접합
    • 지압접합

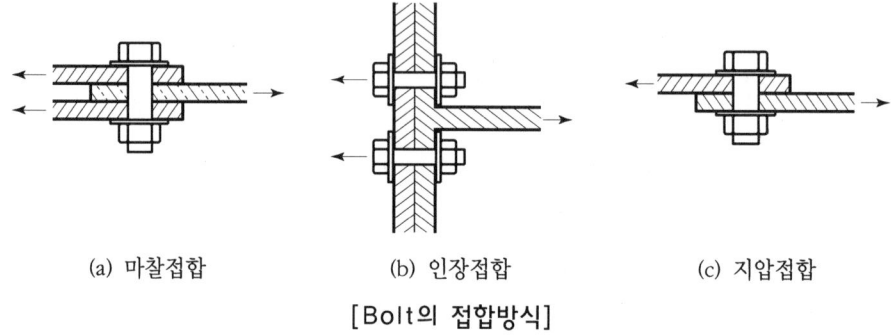

(a) 마찰접합   (b) 인장접합   (c) 지압접합

[Bolt의 접합방식]

  ㉡ 고력접합의 특징
    • 강성이 큼
    • 작업용이
    • 소음진동이 적음
    • 조이기 검사 필요
    • 숙련공 필요
    • 고가

④ 용접접합
  ㉠ 이음형식에 의한 분류
    • 맞댐용접

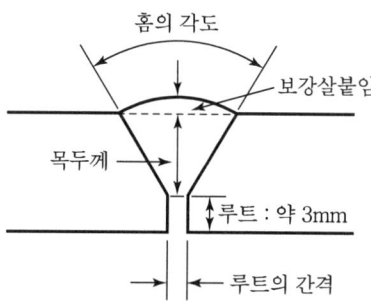

    • 모살용접

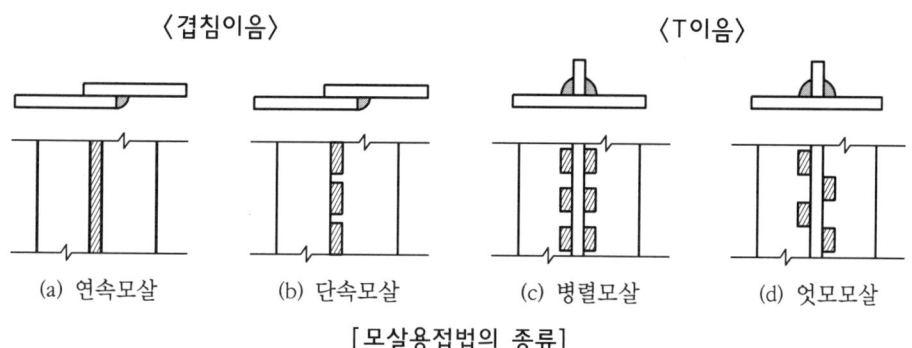

[모살용접법의 종류]

    • 용접 목두께

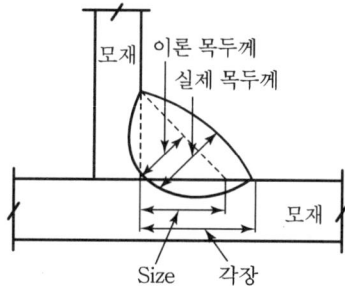

[Fillet 용접부에서 실제 목두께와 이론 목두께]

  ㉡ 용접방법에 의한 분류
    • 피복 아크용접(SMAW, Shelded Metal Arc Welding)
    • 서브머지드 아크용접(SAW, Submerged Arc Welding)

- 가스실드 아크용접(GSAW, Gas Shield Arc Welding)
- 일렉트로 슬래그용접(ESW, Electro Slag Welding)
- 스터드용접(SW, Stud Welding)

ⓒ 용접의 특징
- 응력전달이 확실
- 강재 절약
- 소음, 진동 없음
- 검사 어려움
- 변형 우려
- 숙련공 필요

ⓔ 용접접합 시 안전대책
- 화재감시자 배치
- 작업장 주변에 가연물질, 인화물질 제거
- 작업대, 난간 등 확인
- 보안경, 가죽장갑 등 개인보호구 지급
- 누전차단기 설치
- 교류아크 용접기에는 전격방지기 설치
- 석면포 사용 불꽃 비산 방지
- 작업종료 후 주변 화기 여부 확인

9. 검사종류

① 육안검사
② 토크렌치검사
③ 비파괴검사

10. 녹막이 칠에서 제외되는 부분

① 콘크리트에 매입되는 부분
② 부재 접합에 의한 밀착면
③ 용접부의 양측 10mm 이내
④ 고력볼트의 마찰면

11. 내화피복

1) 내화피복의 목적
① 화재열로부터의 보호
② 화재 시 철골구조의 변형 방지
③ 내화성능의 확보
④ 인명과 재산보호

2) 내화피복공법의 종류
① 습식 내화피복공법
- 타설공법
- 미장공법
- 뿜칠공법
- 조적공법

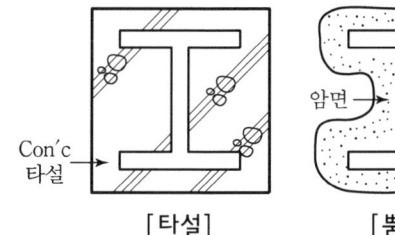
[타설]

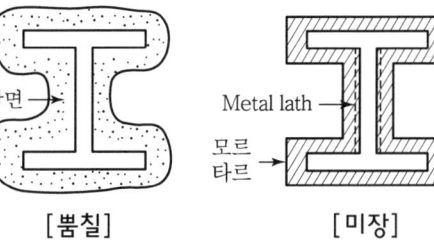
[뿜칠] [미장]

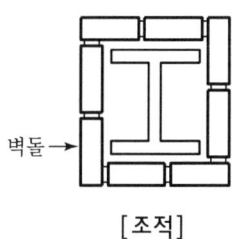
[조적]

② 건식 내화피복공법(성형판 붙임 공법)

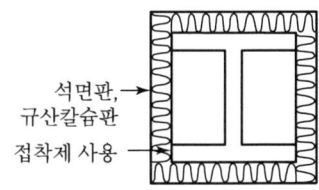

③ 합성 내화피복공법

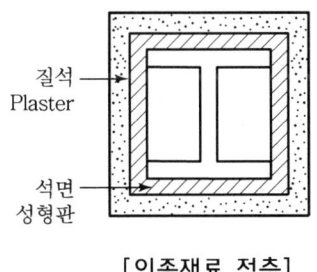
[이종재료 적층]

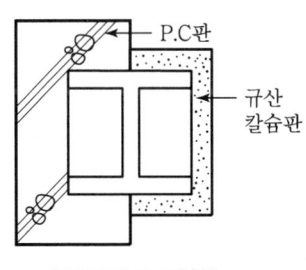
[이질재료 접합]

④ 복합 내화피복공법

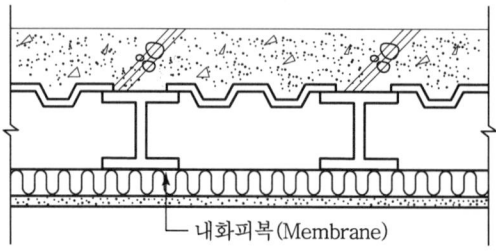
내화피복(Membrane)

3) 뿜칠공법 시 유의사항

① 두께 및 밀도 검사
② 타설공사 중 중량에 유의
③ 분진주의
④ 낙하손실 주의
⑤ 바닥오염 주의
⑥ 내화시간 부합 Check
- 12층 이상 : 3시간 이상
- 5~11층 : 2시간 이상
- 4층 이하 : 1시간 이상

02 철골공사 시 안전대책

1. 가설설비

   1) 비계발판

      ① 성능검사
      ② 가설재 조립기준 준수

   2) 재료 적치장소 및 통로 확보

      연면적 1,000m²당 1장소 50m² 이상

   3) 동력설비 확인

      용접기대수, 인입전력량, 동력 Cable, 배전반 등

2. 전기용접 작업 시 재해유형 및 안전대책

1) 전기용접 방법의 분류
① 저항용접
② 아크용접

2) 전기용접 시 재해유형
① 감전
② 화재
③ 중금속 및 가스 중독
④ 추락
⑤ 직업병 : 시력장해, 호흡기 질환, 신경계

3) 용접작업 시 유해인자
① 용접 흄(Fume)
② 용접 가스
③ 분진(밀폐공간에서 작업 시)
④ 아크(Arc) 광선

4) 용접작업 시 발생하는 건강장해
① 시력 장해 : 안염, 백내장, 눈의 피로
② 호흡기 질환 : 폐기능 이상, 만성 기관지염
③ 발암 : 폐암, 피부암, 기관지암
④ 신경계 질환 : 납, 망간, 마그네슘 등 중금속에 의한 감각 이상
⑤ 위장계 장해 : 중금속 흡수에 의한 위염, 위질환
⑥ 피부질환 : 니켈, 아연 등 중금속에 의한 피부염, 화상

5) 재해원인
① 접지 미실시
② 비규격 전선 사용
③ 개인 보호구 미착용
④ 자동전격 방지장치 불량
⑤ 자세불량
⑥ 환기 미실시

6) 안전대책

① 화재감시자 배치
② 용접장소 주변 가연성 물질 제거
③ 접지확인
④ 누전차단기 확인
⑤ 자동전격 방지장치 확인
⑥ 용접봉 홀더상태 확인
⑦ 밀폐된 장소 시 환기대책
⑧ 용접아크 광선 차폐
⑨ 용접 흄(Fume) 흡입 방지 조치
⑩ 안전시설 설치(추락, 낙하, 비래, 화재)
⑪ 개인 보호구 착용 : 차광안경, 보안면, 가죽장갑, 앞치마, 보호의, 방독마스크
⑫ 이상기후 시 작업중단

3. 용접결함 원인 및 방지대책

1) 용접결함 종류

① Crack : 용접금속과 모재에 발생된 균열, 대표적인 용접결함
② Blow Hole : 용접금속부에 길쭉하게 방출가스로 발생된 기포
③ Slag 감싸돌기 : 용접금속부에 Slag 혼입
④ Crater : 용접금속부에 항아리 모양의 패임현상
⑤ Under Cut : 용접금속과 모재 접합부의 모재가 패임
⑥ Pit : 용접금속에 작은 구멍 생김
⑦ 용입불량 : 용입 부족
⑧ Fish Eye : 용접부에 둥근 은색 반점 생김
⑨ Over Lap : 용접금속이 모재에 겹침
⑩ Over Hung : 상향용접 시 용접금속이 아래로 흘러내림
⑪ Throat : 용접 목두께 부족

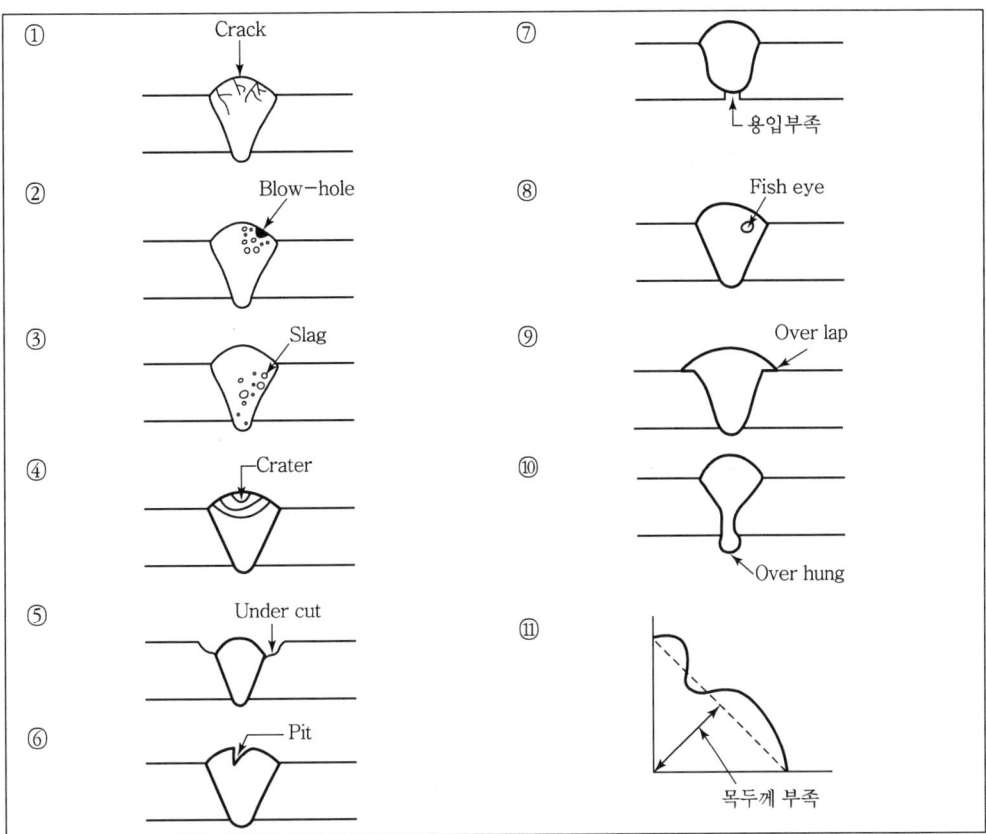

2) 용접 검사방법의 분류

① 용접 착수 전
  ㉠ 트임새 모양
  ㉡ 구속법
  ㉢ 모아대기법
  ㉣ 자세의 적부

② 용접 작업 중
  ㉠ 용접봉
  ㉡ 운봉
  ㉢ 전류

③ 용접 완료 후
  ㉠ 외관검사
  ㉡ 절단검사

ⓒ 비파괴검사
- 방사선 투과법(RT, Radiographic Test)
- 초음파 탐사법(UT, Ultrasonic Test)
- 자기분말 탐상법(MT, Magnetic Particle Test)
- 침투 탐상법(PT, Penetration Test, Liquid Penetrant Test)
- 와류 탐상법(ET, Eddy Current Test)

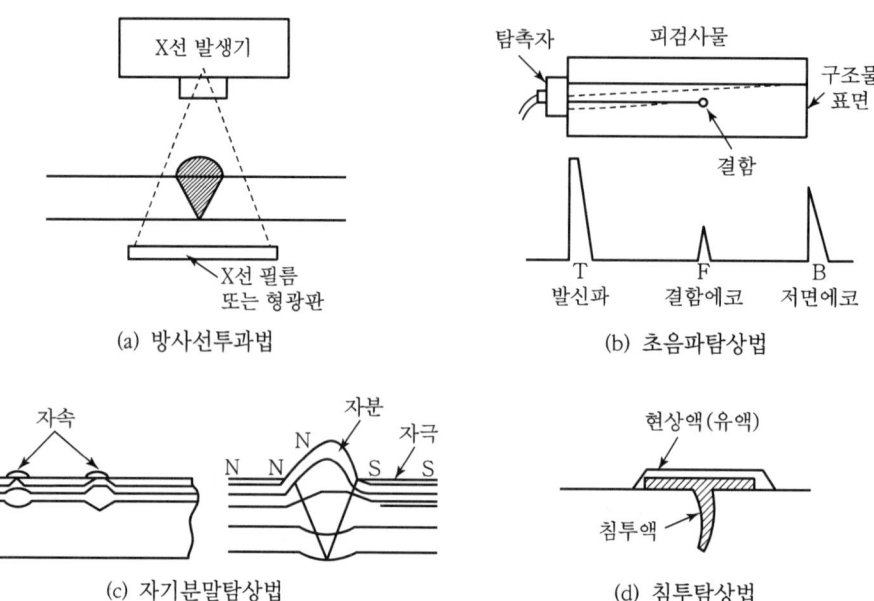

[강구조물 비파괴검사]

3) 용접결함의 발생원인

① 모재의 열팽창
② 모재의 소성 변형
③ 냉각과정의 수축
④ 모재의 영향 : 용접 재료불량, 개선부 불량
⑤ 용접시공의 영향 : 용접속도 부적절, 기능 부족
⑥ 잔류응력 영향
⑦ 용접순서 및 방법 오류
⑧ 작업환경의 영향
- 예열 미실시
- 적정전류 미사용

4) 용접결함 방지대책

   ① 적정한 용접봉 선택
   ② 적정한 용접방법 선정
   ③ 숙련된 용접공 투입
   ④ 작업환경의 개선
   ⑤ 적정한 전류흐름 유지
   ⑥ 적정한 용접속도 유지
   ⑦ 용접 접속부의 정밀도 확보
   ⑧ 용접면의 청소
      • 예열을 충분히 할 것
      • 돌림 용접으로 할 것
      • 수축력 제거(냉각법)
      • 대칭용접 및 역변형법 용접 시행
   ⑨ Over Welding 금지
   ⑩ Back Step 및 End Tap 정밀하게

4. 철골구조 조립 시 안전대책

1) 철골건립 준비 시 준수사항

   ① 작업장 정비
   ② 수목 제거 또는 이식
   ③ 인접 지장물에 대한 방호 조치
   ④ 기계기구 정비 및 보수
   ⑤ 장비배치 확인
   ⑥ 앵커 및 기초상부 확인

2) 철골 조립 시 안전대책

   ① 가조립 볼트 조임 완료 시까지 Wire Rope 유지
   ② 기둥 세우기는 보와 연결하여 한 칸씩
   ③ 분할핀은 사전에 철골에 연결
   ④ 분할핀, 볼트, 공구류는 철골보 위에 방치하지 말 것
   ⑤ 공구류는 달기로프, 달포대로 운반

⑥ 핀 타입 시 하부에 근로자 출입금지
⑦ 철골 각 층으로 통하는 통로 및 승강설비 완비
⑧ 철골 각 층마다 수평망 설치
- 가공전선에 접촉되지 않도록
- 건립 중에는 Wire Rope, Turn Buckle 등으로 고정

3) 철골공사 재해방지 설비
① 추락방지 설비
- 표준안전 난간대
- 방망
- 비계
- 안전대 부착설비
- 방호울
- 수평통로
- 개구부 방호
② 비래, 낙하방지 설비
- 낙하물 방지망
- 낙하물 방호선반
- 수직보호망(방호시트)
- 울타리
- 투하설비
③ 기타 재해방지 설비
- 승강설비
- 수전설비
- 조명설비
- 불연설비

5. 고력볼트 접합 시 유의사항

1) 고력볼트의 조임 순서
① 1차 조임 : 조립 즉시, 중앙부에서 단부로
② 금매김 철저 : 1차 조임 후 즉시
③ 본조립 : 토크렌치 사용

2) 검사와 조임 시 유의사항

   ① 외관검사
   ② 틈새 처리
   ③ 기기의 정밀도 확인
   ④ 접합부 건조상태 확인
   ⑤ 접합면 녹 제거
   ⑥ 구멍오차 확인
   ⑦ 조임순서 준수
   ⑧ 나사선 3개 이상 보이도록
   ⑨ 마찰면 확인
   ⑩ 재사용 볼트 사용금지

6. 철골공사 중 작업 중지 악천후 조건

1) 철골작업 중지 악천후 기준

   ① 강풍 : 풍속 10m/sec 이상
   ② 강우 : 1mm 이상/시간
   ③ 강설 : 1cm 이상/시간

2) 풍속별 철골작업 범위

   ① 풍속 0~7m/sec : 모든 작업 가능
   ② 풍속 8~9m/sec : 외부용접, 도장작업 중지
   ③ 풍속 10~13m/sec : 작업 중지
   ④ 풍속 14m/sec 이상 : 작업자 하강 대피
   ⑤ 순간풍속 10m/sec : 양중기 설치·해체 금지
   ⑥ 순간풍속 15m/sec : 양중기 작업 금지

PART 05

해체공사

1장 해체공사

CHAPTER 01 해체공사

01 해체공사 분류

1. 구조물 해체의 필요성

1) 수명 한계 도달
2) 구조 및 기능상 수명 한계 도달
3) 주거환경 개선
4) 도시정비
5) 재개발, 재건축, 리모델링
6) 도로확장, 우회 도로공사
7) 선박 통로 개설
8) 내구연한 경과

2. 기존 구조물의 해체방법 분류

1) 기존 구조물 부재의 해체
2) 파괴가 쉬운 곳부터 파쇄
3) 구조물의 국부적 해체
4) 구조물 전체 해체

3. 해체공법의 분류

1) 기계에 의한 해체공법

① 철 해머공법(Steel Ball 공법, 타격공법)
② 소형 브레이커공법(Hand Breaker)
③ 대형 브레이커공법(Giant Breaker)
④ 절단공법(절단톱, 절단줄)

2) 전도공법

3) 유압력에 의한 해체공법
   ① 유압잭공법
   ② 압쇄공법

4) 팽창압공법

5) 화약의 폭발력에 의한 해체공법
   ① 발파공법
   ② 폭파공법

6) Water Jet 공법

7) 레이저공법

4. 해체공법 선정 시 고려사항

1) 해체 대상물의 구조
2) 해체 대상물의 부재단면 및 높이
3) 부지 내 작업용 공지
4) 부지 주변의 도로상황 및 환경
5) 해체공법의 경제성, 작업성, 안정성, 저공해성 등

02 해체공사

1. 해체공사 시 사전 조사사항

1) 구조물조사
   - 구조의 특성, 치수, 층수, 건물높이
   - 부재별 치수, 배근상태
   - 해체 시 전도우려 내·외장재
   - 설비기구, 배관상태

- 비산각도, 낙하반경
- 진동, 소음, 분진 예상치 및 대책공법
- 해체물의 집적 및 운반방법

[구조물조사]

2) 인접지역 상황조사

- 부지 내 공지 유무, 해체용 기계설비의 위치, 발생재 처리장소
- 해체공사 전 철거, 이설, 보호가 필요한 장애물
- 지하매설물의 종류 및 위험성
- 인접건물 동수 및 거주자
- 도로상황 및 가공전선 유무
- 교통량 및 통행인
- 진동, 소음 발생 영향권 조사

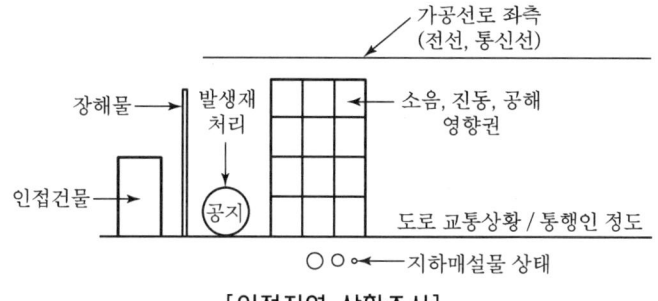

[인접지역 상황조사]

2. 해체작업 순서 F/C

1) 주변상황 파악 : 건물, 도로, 지장물 등
2) 해체공법 결정
3) 관청신고
4) 가설막 설치

5) 사전 철거작업 실시
6) 본 해체공사 실시
7) 해체물 파쇄 및 운반

3. 발파식 해체공법

1) 발파식 해체공법이 필요한 경우
① 재래식 공법으로 해체 불가 및 난공사일 경우
② 구조물이 기울었거나, 균열이 심한 경우
③ 구조물 주변에 심각한 영향을 미칠 우려가 있는 경우
④ 특수 구조물인 경우

2) 발파식 해체공법의 장단점
① 장점
- 해체 불가능 구조물 해체 가능
- 공기단축
- 소음, 진동, 분진 발생이 순간적임
- 주변시설물에 피해 적음

② 단점
- 공사비 과다
- 인허가 복잡
- 1회에 실패 시 후속처리 곤란

3) 공사수행 Flow Chart
① 공사내용 파악
② 해체구조물 분석
③ 주변상황 및 환경영향 조사
④ 시험발파
⑤ 발파설계 및 시방서 확정
⑥ 사전 취약화 작업
⑦ 발파 : 천공, 장약
⑧ 잔류폭약 유무조사 및 주변 피해조사
⑨ 잔재물 처리 : 파쇄 및 운반

4. 절단톱 공법

1) 공법의 특징

① 장점
- 작업성 양호
- 해체물 운반 용이
- 진동, 분진 없음
- 가설시설이 적어도 됨
- 공정계획 작성 용이

② 단점
- 2차 파쇄가 필요
- 절단 시 소음 발생
- 접합부 절단 어려움
- 전력 공급 필요

2) 절단톱 사용 시 주의사항
- 작업환경 정리정돈
- 전기시설 및 급수, 배수설비 확인
- 회전날 접촉방지 커버 부착
- 회전날 조임상태 확인
- 절단 시 회전날 냉각수 점검
- 절단기 정비 및 윤활유 주유

03 해체공사 시 안전대책

1. 해체공사 시 재해유형과 안전대책

1) 재해유형
- 추락 : 비계 설치 해체, 개구부
- 낙하·비래 : 해체물 낙하, 비래
- 감전 : 해체 기계·기구의 전선

- 충돌·협착 : 해체장비
- 붕괴, 도괴
- 지하매설물 파손

2) 안전대책
- 관계자 외 출입금지 조치
- 악천후 시 작업중지
- 사용기계·기구 인양 시 그물포대 사용
- 외벽, 기둥 전도 낙하위치 검토
- 해체건물 외곽 방호용 비계 설치
- 방진벽, 살수시설 설치
- 대피소 설치
- 안전교육 실시
- 안전시설 설치
- 보호구 착용

2. 해체작업에 따른 공해방지대책

1) 해체작업에 따른 공해
- 소음, 진동
- 비산분진
- 지반침하
- 수질오염
- 불안감
- 교통장해

2) 안전대책(안전시설)
- 소음진동 최소화공법 선정
- 분진 차단막 설치
- 낙하물 방호선반 설치
- 살수설비 설치
- 연락설비
- 방진, 방음막 설치
- 가설울타리 설치
- 환기설비 설치
- 지반침하 가능성 고려

PART 06

교량 / 터널 / 댐공사

- **1장** 교량공사
- **2장** 터널공사
- **3장** 댐공사

CHAPTER 01 교량공사

···01 교량분류 및 구조도

1. 교량의 분류

1) 시특법상 분류

① 1종 교량
② 2종 교량
③ 3종 교량

2) RC교

① Slab교
② 중공 Slab교
③ T형 교
④ Rahmen교(라멘교)

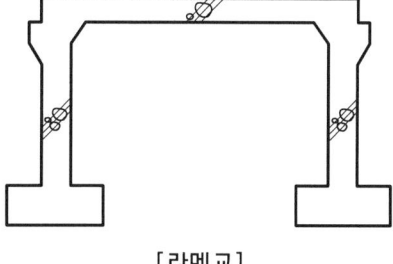

[라멘교]

3) PC교

① I형 PC교

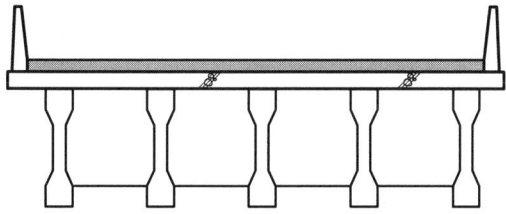

② Box Girder교

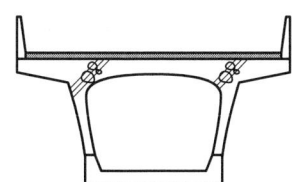

③ π형 라멘교

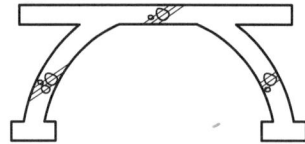

④ 사장교
⑤ Arch교

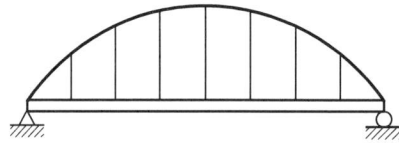

⑥ 엑스트라 도즈드교(Extra Dozed)

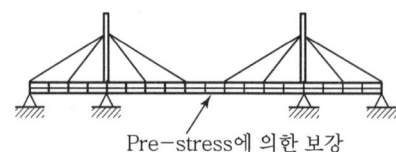

4) 강교

① I형 Plate Girder교
② Box Girder교

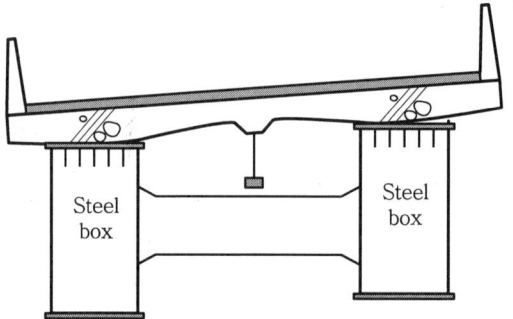

③ Truss교

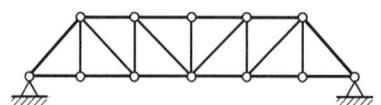

④ 사장교

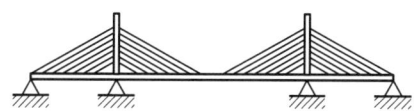

⑤ Arch교
⑥ 현수교

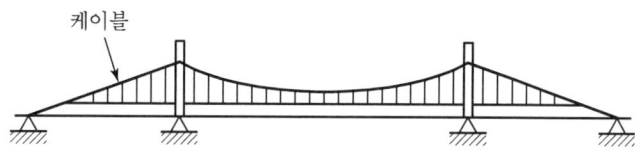

2. 교량구조도

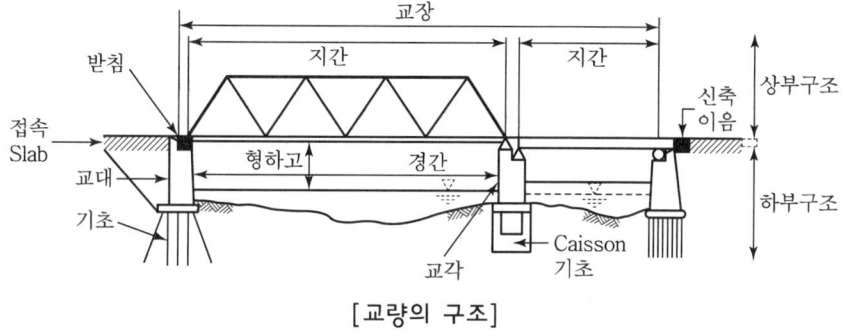

[교량의 구조]

3. 교량의 하중전달 메커니즘

1) 하중
활하중, 사하중, 부력(양압력), 표준트럭하중(DB), 차선하중(DL)

2) 상부구조
차량 하중이 접하는 곳, 받침 위의 구조

3) 교좌장치
받침(Shoe), 신축이음장치

4) 하부구조
교대(Abutment), 교각(Pier), 경간

5) 기초지반

　　말뚝, 기초, Caisson

02 교량 가설공사

1. 가설공법 종류

1) 현장타설공법
① F.S.M 공법(동바리공법, Full Staging Method)
② I.L.M 공법(압출공법, Incremental Launching Method)
③ M.S.S 공법(이동식 지보공법, Movable Scaffolding System)
④ F.C.M 공법(외팔보공법, Free Cantilever Method, Dywidag 공법)

2) Precast 공법
① P.G.M 공법(Precast Girder Method)
② P.S.M 공법(Precast Segment Method)

2. 가설공법 선정 시 고려사항

1) 안전성
2) 상부구조 형식
3) 경제성
4) 시공성
5) 지형, 지질
6) 교량구조 형식
7) 하부공간 이용 가능성
8) 건설공해(소음, 진동, 비산, 인접 건물 등)
9) 환경 영향

3. 가설공사

1) FSM 공법

① 교각과 교각(교대) 사이 구간에 동바리를 설치하고 상부를 타설하는 공법
② 가설 높이가 낮을 때 경제적
③ 소규모 교량에 적합한 공법

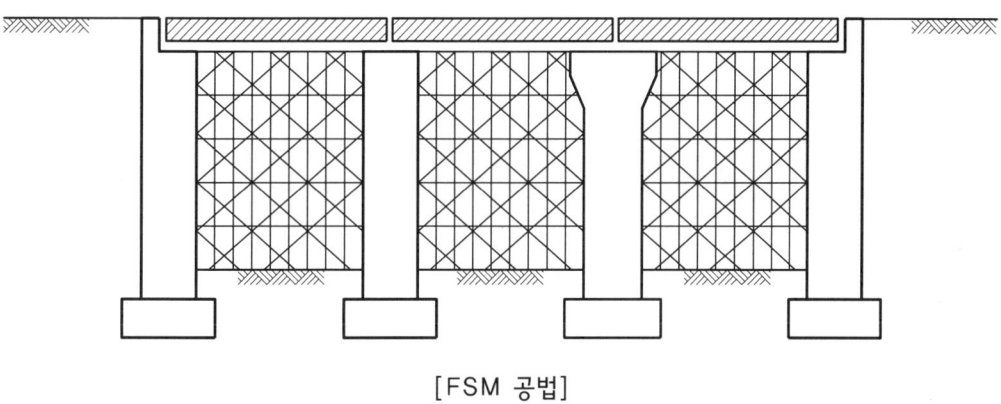

[FSM 공법]

2) ILM 공법

① 교대 후방에 위치한 제작장에서 일정한 길이의 상부 부재를 제작하여 압출장비로 밀어내는 공법
② 제작장의 설치로 전천후 시공 가능
③ 교각의 높이가 높을 때 경제적

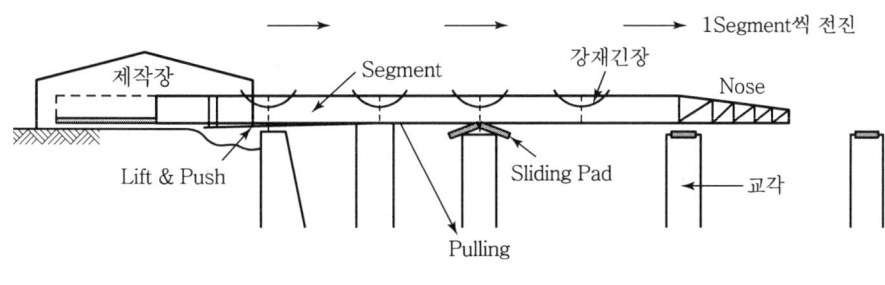

[ILM 공법]

3) MSS 공법

① 상부구조 시공 시 거푸집이 부착된 지보재를 사용해 한 경간씩 이동하며 가설하는 공법
② 경간이 많은 교량의 시공 시 경제적
③ 상부 이동식(Hanger Type)과 하부 이동식(Support Type)이 있음

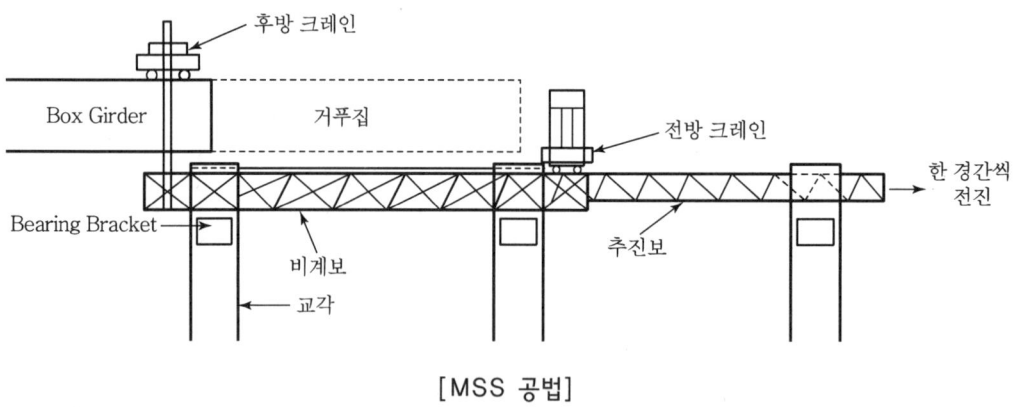

[MSS 공법]

4) FCM 공법

① 교각 시공 후 교각 상부의 Form Traveller를 사용해 교각을 중심으로 좌우대칭을 유지하며 전진 가설해 나가는 공법
② 경간이 길수록 경제적
③ Form Traveller 2개조 이상 필요

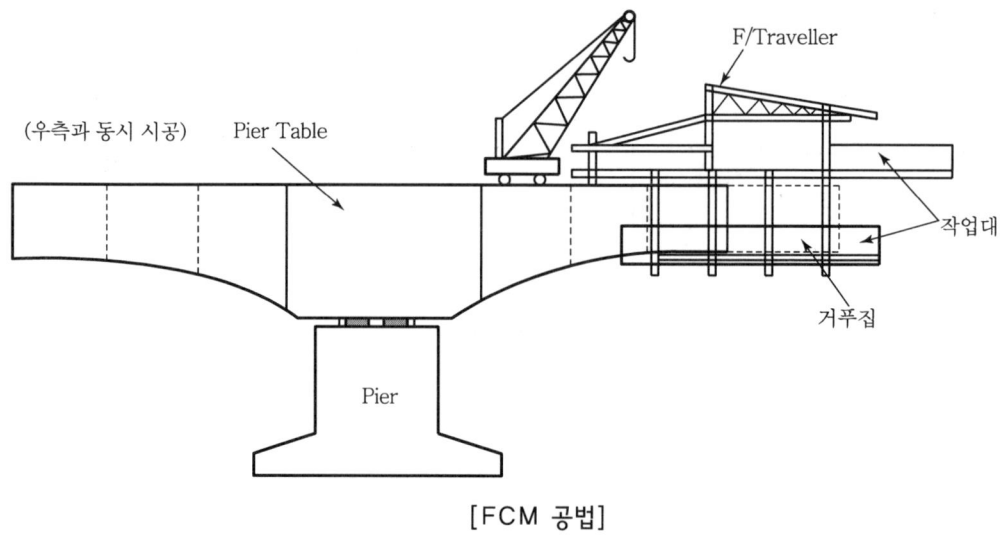

[FCM 공법]

5) PGM 공법

① 상부구조를 제작장에서 경간 길이로 제작한 후 현장으로 운반하여 가설 Crane으로 설치하는 공법
② Girder의 운반에 있어 주의가 필요하나 현장작업이 저감됨
③ 시공속도가 빠르고 소규모 교량에 적합함

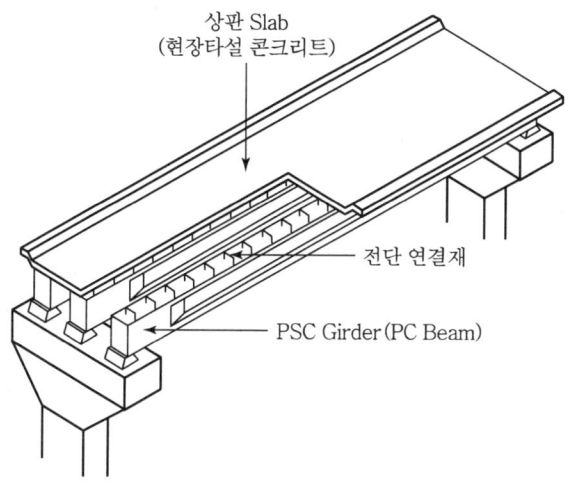

[PGM 공법]

⟨Girder교의 분류⟩

구분	PSC(Prestressed Concrete)	Steel
I형 Girder교	⟨Precast Girder교⟩	⟨Steel Plate Girder교⟩
Box형 Girder교	⟨PSC Box Girder교⟩	⟨Steel Box Girder교⟩

6) PSM 공법
① Segment인 Box Girder를 제작한 후 Crane 장비를 사용하여 상부구조를 가설하는 공법
② Segment의 운반에 주의를 요함
③ Segment의 접합부 시공 시 정밀성 요구됨

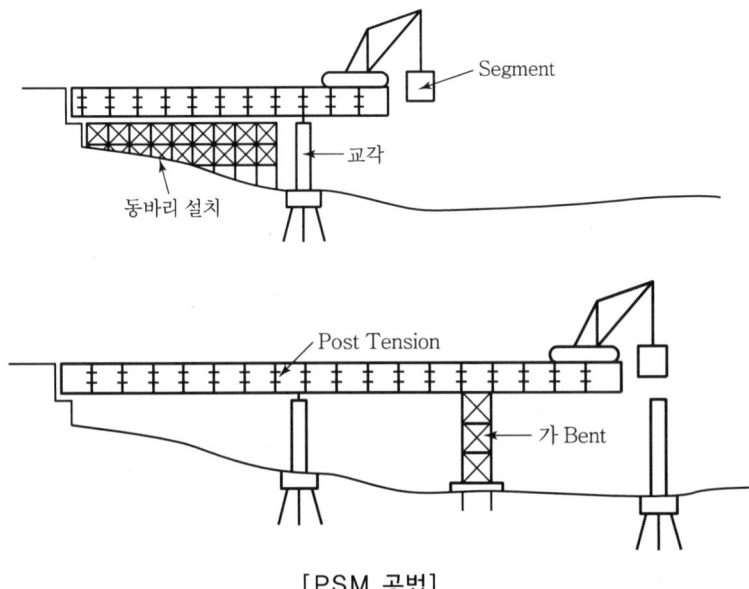

[PSM 공법]

4. 가설공법별 특징 비교

구분	FSM	ILM	MSS	FCM	Precast Girder 공법	PSM
시공 방법	교각과 교각 사이에 동바리를 설치하여 상부구조를 제작하는 공법	교대 후방에 위치한 제작장에서 일정길이, 상부부재를 제작하여 전방으로 밀어내는 공법	교각 위에서 상부구조를 제작하는 거푸집, 비계를 교각 위에서 다음 경간으로 이동시키는 공법	교각 상부에서 이동식 작업차를 사용해 좌우로 상부구조를 가설해 나가는 공법	제작장에서 경간 길이에 해당하는 Girder를 제작해 현장으로 운반 가설하는 공법	Segment인 Box Girder를 제작장에서 제작 후 현장으로 운반하여 가설방법을 사용, 상부구조를 완성시키는 공법
최적 경간장	50m 이하 소규모	30~60m 19 Span 이하	40~70m 20 Span 이상	90~160m 장경간	20~40m 소규모	30~120m 대규모
하부 구조	동바리 형식	하부조건에 지장이 없음	하부조건에 지장이 없음	하부조건에 지장이 없음	가설방법에 따라 지장 발생	가설방법에 따라 지장 발생
시공 속도	동바리 작업으로 가장 느림	7~14일/Seg.	14~21일/Span	80~90일/Span (1 Span=100m)	경간 길이별 시공속도가 빠름	Long Line Segment 시공 시 경간단위
경제성	교각 높이가 낮을 때 경제적임	교각 높이가 높을 때 경제적임	다경간 시공 시 경제적임	Span(경간)이 길 때 경제적임	현장작업 저감	운반비, Seg 접합비 등으로 공사비 증가
안전성	동바리, 거푸집의 조립 해체 시 안전사고 위험 높음	하부조건과는 무관, 압출 시 유의	작업이 가시설 내부에서 이루어지므로 비교적 안전	Cantilever에 의한 부Moment 발생에 대한 대책 필요	거더의 운반에 있어 주의를 요함	Segment 운반 및 취급 등에 있어 주의를 요함

03 교량공사 시 재해유형 및 안전대책

1. **시공순서**

    1) 가설공사

        ① 거푸집
        ② 보강재
        ③ 동바리

    2) 재료

        ① 정확한 계량
        ② 양질재료
        ③ 공학적 안정

    3) 배합

        ① 비빔   ② 혼합

    4) 시공

        ① 운반   ② 타설
        ③ 다짐   ④ 이음
        ⑤ 양생

    5) 강재긴장

        ① 소요강도   ② 긴장순서
        ③ 긴장장비   ④ 기록관리

2. **재해유형**

    1) 추락 : 교각, 상부 구조물 작업 시
    2) 낙하·비래 : 비계 위 자재 적치, 상하 동시작업
    3) 감전 : 인접 지상 전선에 건설기계 감전, 비계 Pipe와 전선의 접촉
    4) 충돌, 협착 : 굴삭기, 크레인 등 장비에 의한 협착
    5) 붕괴 : 거푸집·동바리 붕괴, 지반침하
    6) 전도 : 크레인, 파일 항타기 전도

3. 콘크리트 타설 순서 준수

1) 수직방향 타설

바닥 슬래브 → Web → Deck Slab 순서로

2) 수평방향 타설

① 중앙에서 좌우 대칭되도록
② 중앙 (+)M → 양쪽 (+)M → 중앙 (−)M → 양쪽 (−)M 순서로

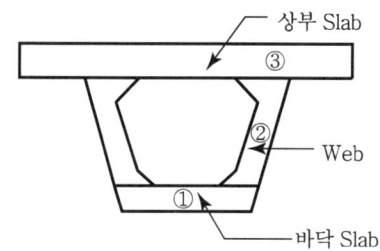 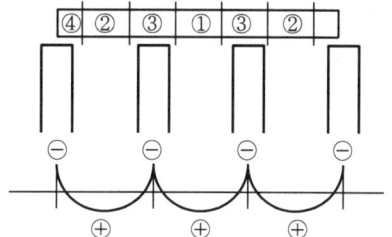

4. 시공 시 유의사항

1) 콘크리트 타설 시

① 재료분리 발생 방지, 타설높이 1.5m 이하 유지
② 거푸집 변형, 밀림 방지
③ 다짐 시 진동봉 콘크리트 표면 아래로 50cm 이하
④ 밀실하게 타설

2) 시공이음

① 수평 시공이음은 모멘트가 작은 지점에
② 이음면 레이턴스 제거
③ 이음개소 최소화
④ Cold Joint 방지
⑤ 방수 필요한 곳은 지수판 설치

3) 양생 시

① 초기 양생관리 철저
② 한중에는 증기 및 전기 양생
③ 서중에는 Pre−cooling, Pipe Cooling 양생

5. 안전대책

1) 관리감독자 선임
2) 작업자 외 출입금지
3) 악천후 시 작업중지
4) 고소작업 시 방호조치
5) 낙하·비래 방지조치
6) 감전사고 예방조치
7) 중장비에 의한 협착, 충돌 방지
8) 거푸집, 동바리 붕괴 방지
9) 중장비 전도 방지 조치
10) 상하 동시 작업 금지
11) 작업통로 확보 및 정리정돈

04 교량의 안정성 평가 및 보수보강

1. 교량의 안정성 평가 목적

1) 노후 교량의 안정성 평가
2) 기존 교량의 수명 연장
3) 기존 교량의 유지관리

2. 안정성 평가순서

1) 외관조사
2) 정적 및 동적 재하시험
3) 결과분석
4) 내하력 평가
5) 종합평가
6) 대책수립 및 조치

3. 안정성 평가방법

1) 외관조사

　① 상부구조
　　• 도로 표면 패임 및 균열
　　• 난간대, 경계석, 배수구, 배수 Pipe
　② 장치
　　• 신축이음장치 작동, 파손
　　• 교좌장치 작동, 파손
　③ 하부구조
　　• 기초 유실
　　• 교대 및 교각의 균열
　　• 기초의 침하
　　• 강 구조일 경우 부식상태

2) 정적 및 동적 재하시험 분석

　① 정적 재하시험
　　• 처짐 및 전단 변형이 최대지점에 차량으로 정적 재하
　　• 변형률 및 처짐량 측정
　② 동적 재하시험
　　• 정적 재하시험 위치에서 차량속도를 시간당 15km 증가
　　• 변형률 및 처짐량 측정

3) 내하력 평가

　① DB 하중(표준트럭하중)
　　2축차륜 견인차에 1축차륜 세미트레일러를 연결한 표준트럭하중으로 교량 위를 이동하는 활하중
　　1등교(DB-24 : 43.2ton), 2등교(DB-18 : 32.4ton)
　② 내하력 평가방법
　　• 기본내하력 : 교량이 담당할 수 있는 활하중의 크기(DB 하중)
　　• 공용내하력 : 기본내하력에 보정계수를 적용하여 실제 적용할 수 있는 하중

4) 종합평가

　① 정상 상태 : 대상 교량의 필요 자료를 Data화
　② 비정상 상태 : 대상 교량에 대한 보수, 보강 및 재시공 여부 결정

5) 대책수립(조치)

　① 운행정지, 속도제한 등의 사용제한
　② 교량의 보수, 보강 조치
　③ 교량의 재시공

4. 보수공법

1) 포장

　① Patching 공법 : 균열부 파취 후 가열아스팔트 혼합물 주입
　② Sealing 공법 : 균열부에 Tar를 채워 보수하는 공법
　③ 절삭(Milling) 공법 : 소성 변형 발생부 기계로 절삭하여 평탄성 및 미끄럼 저항성 향상
　④ 표면처리공법 : 포장 표면에 균열·변형·마모 발생 시 2.5cm 이하 실링층 형성
　⑤ 덧씌우기 : 표면 절삭 후 그 위에 5~10cm 포장하는 공법
　⑥ 재포장공법 : 덧씌우기가 곤란할 정도로 파손이 심각하여 기존 포장을 제거 후 재포장

2) 콘크리트 슬래브

　① 주입공법 : 균열 내부까지 에폭시 수지 등을 주입하는 공법
　② 충전공법 : 균열폭이 작아 주입이 곤란한 경우 10mm 정도 V-cut 후 에폭시 수지를 충전하는 공법

3) 강교

　① 용접
　② 고장력 볼트

5. 보강공법

1) 콘크리트 슬래브

① 종형 증설공법 : 기존 바닥판의 거더 사이에 1~2개의 거더 추가 설치
② 강판 접착공법 : 바닥판의 인장 측에 강판을 접착하여 인장력 증가
③ FRP 접착공법 : 바닥판의 인장 측에 FRP를 접착하여 인장력 증가
④ Mortar 뿜칠공법 : 바닥판에 철근을 설치하고 모르타르 뿜어 붙임
⑤ 강재 상판교체공법 : 기존 콘크리트 상판을 강상판으로 교체

2) 강교

① 보강판 부착공법 : 단면 부족부에 강판을 부착
② 부재 교환공법 : 변형과 파손된 부재 교체

6. 교량 유지관리 수행방식

1) 예방 유지관리 방식(일상점검)
2) 사후 유지관리 방식(정밀안전진단)

7. 교량 유지관리 단계

1) 모니터링 단계
2) 일상점검 단계
3) 정밀안전점검 단계
4) 조치 단계

05 강교 가설공사

1. 강교 가설공법 분류

1) 지지방법에 의한 분류

① 동바리공법(FSM)
② 압출공법(ILM)

③ 가설 Truss 공법(MSS)
④ 캔틸레버 공법(FCM)

2) 부재 거치방법에 의한 분류

① Crane 공법
② Cable 공법

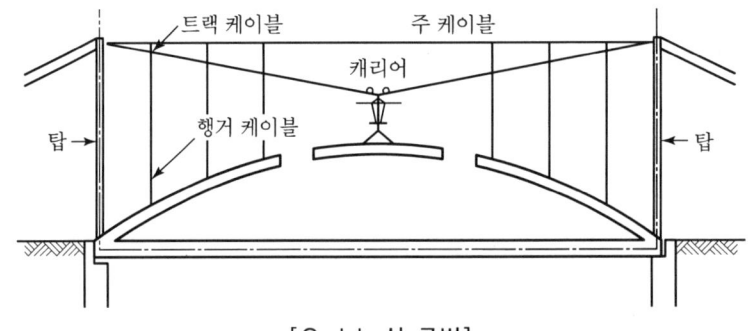

[Cable식 공법]

③ Lift up Barge 공법

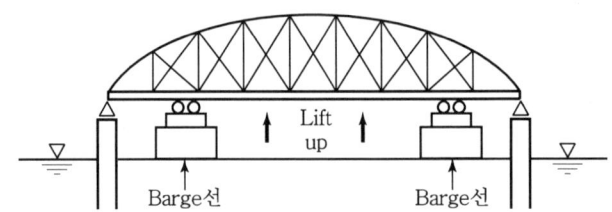

④ Pontoon Crane 공법

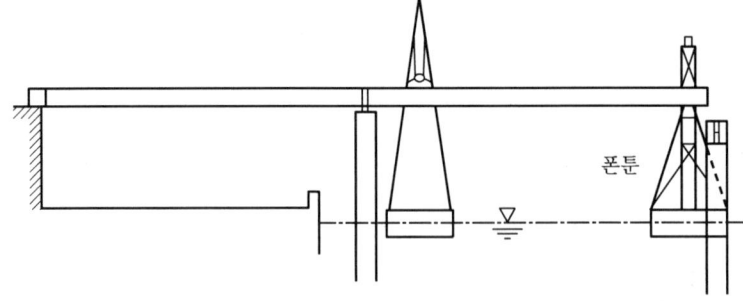

2. 강교 가설공사 시공순서

1) 공장제작
   ① 제작공장 선정
   ② 설계도서 검토
   ③ Shop Drawing 작성
   ④ 시공계획서 작성
   ⑤ 공급원 승인
   ⑥ 1차도장

2) 운반
   ① 도로 및 교량 통과 인허가
   ② 운반로 결정(위치, 거리, 시간)
   ③ 제한사항 검토(중량, 부피)

3) 검사
   ① 육안검사 및 X-Ray검사
   ② 변형 및 파손 여부 확인

4) 조립
   ① 지상조립
   ② 공중조립

5) 교좌장치 설치
   ① 가설 Shoe 설치
   ② 영구 Shoe 안치

6) 가설공사
   ① 가설공법에 따라 거치
   ② Girder, Bracing, Wing 등 부속설비 조립

7) 도장
   ① 2차도장
   ② 시험(도막두께 검사 및 부착력)

8) 슬래브 공사
   ① 슬래브 콘크리트 타설
   ② 방수
   ③ 포장
   ④ 차선도색
   ⑤ 교통개방

3. 가설공법 도해

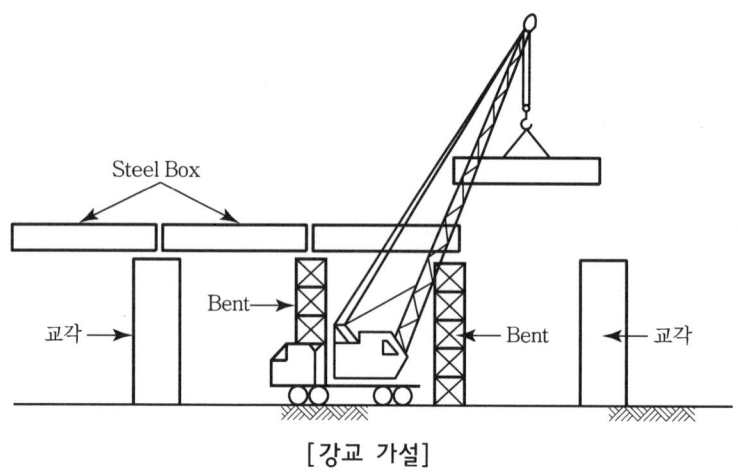

[강교 가설]

4. 교량 연결부의 구비조건

1) 응력전달이 양호할 것
2) 편심발생이 없을 것
3) 응력집중이 발생되지 않을 것
4) 잔류응력이 없을 것

5. 연결방법의 종류(철골공사 참조)

1) Bolt 연결

2) Revet 연결

3) 고장력 Bolt 연결

4) 용접
   ① 맞댐용접
   ② 모살용접

6. 용접결함의 원인 및 방지대책(철골공사 참조)
   1) 용접결함의 종류
      ① Crack
      ② Blow Hole
      ③ Slag 감싸돌기
      ④ Crater
      ⑤ Under Cut
      ⑥ Pit
      ⑦ 용입 불량
      ⑧ Fish Eye
      ⑨ Over Lap
      ⑩ Over Hung
      ⑪ Throat
   2) 용접 검사방법 분류
      ① 용접 착수 전
         ㉠ 트임새 모양
         ㉡ 구속법
         ㉢ 모아 대기법
         ㉣ 자세의 적부
      ② 용접 작업 중
         ㉠ 용접봉
         ㉡ 운봉
         ㉢ 전류
      ③ 용접 완료 후
         ㉠ 외관검사
         ㉡ 절단검사

ⓒ 비파괴검사
- 방사선 투과법
- 초음파 탐사법
- 자기분말 탐상법
- 침투 탐상법

3) 용접결함 원인
① 모재의 열팽창
② 모재의 소성 변형
③ 냉각과정의 수축
④ 모재의 영향
⑤ 용접시공의 영향
⑥ 잔류응력 최소화할 것
⑦ 용접순서 및 방법 오류
⑧ 작업 환경의 영향

4) 용접결함 방지대책
① 적정한 용접봉 선택
② 적정한 용접방법 선택
③ 숙련된 용접공 투입
④ 작업환경의 개선
⑤ 적정한 전류흐름 유지
⑥ 적정한 용접속도 유지
⑦ 용접 접속부의 정밀도 확보
⑧ 용접면의 청소
⑨ 예열을 충분히 할 것
⑩ 돌림 용접으로 할 것
⑪ 용접부 수축력을 제거(냉각법)
⑫ 대칭용접 및 역변형법 용접 시행
⑬ Over Welding 금지
⑭ Back Step 및 End Tap 정밀하게

··· 06 교량받침(교좌장치, Shoe)

1. 교량받침 선정 시 고려사항

1) 상부 구조의 형식
2) 지간거리
3) 지점반력
4) 내구성
5) 시공성
6) 경제성
7) 신축량 및 회전방향

2. 교량받침의 종류

1) 고정받침

특징	① 이동이 제한됨　② 회전 가능　③ 교량 고정단에 설치　④ 충격흡수장치 필요

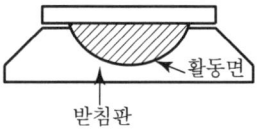  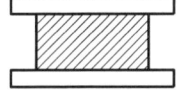 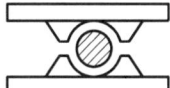 

(a) Pot Bearing　(b) 선 받침　(c) 고무판 받침　(d) Pin 받침　(e) Pivot 받침

[고정받침의 종류]

2) 가동받침

특징	① 이동 제한장치 설치　② 교량규모에 따라 이동량 산정　③ 2방향 또는 4방향 이동형식　④ 이동 저항력이 클 경우 받침 파손 우려

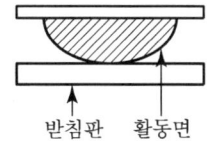 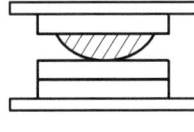 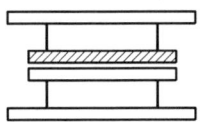 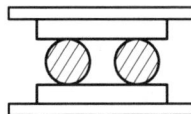 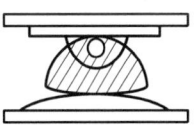

(a) Pot Bearing　(b) 선 받침　(c) 고무판 받침　(d) Roller 받침　(e) Rocker 받침

[가동받침의 종류]

3. 교량받침의 배치

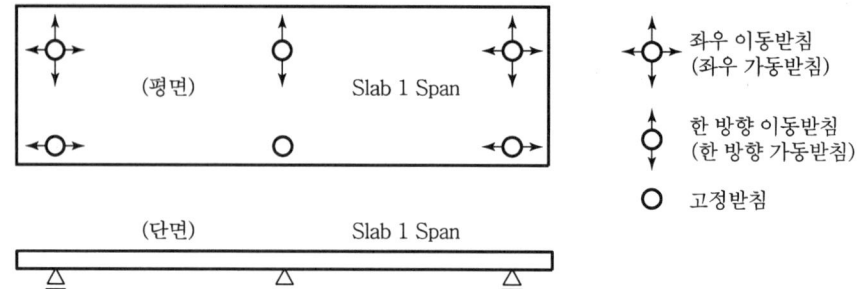

4. 교량받침의 파손원인

1) 고정받침

　① 앵커볼트 파손
　② 고정핀 파손
　③ 구조물과 받침 접합부 균열 및 파손
　④ 회전장치 마모

2) 가동받침

　① 신축량 잘못 산정
　② Roller 파손
　③ 교좌장치 마모
　④ 교좌장치 과소설계

5. 교량받침 파손 방지대책

1) 교좌장치의 적정한 배치
2) 받침 고정은 정확히
3) 방식, 방청 도장 시 너무 두껍지 않도록
4) 받침에 물이 고이지 않도록
5) 이동제한장치 설치
6) 앵커볼트 매입 시 무수축 콘크리트 타설 준수
7) 받침콘크리트 압축강도 24MPa 이상 유지

07 교량기초부 세굴 발생원인 및 방지대책

1. 세굴형태

1) 장기적 하상 변동에 의한 세굴
2) 유수단면의 축소에 따른 세굴
3) 인접부 구조물 설치에 따른 와류에 의한 세굴

2. 기초세굴의 원인

1) 만곡부 설치
2) 하천 물흐름 방향의 검토 부실
3) 도로 확장 시 기존 기초교각 및 방향 검토 부실
4) 보의 위치를 고려하지 않고 교량 설치
5) 하상 정비, 골재채취 등의 여건 검토 부실
6) 사석보호공 등의 미설치

3. 세굴 방지대책

1) 사석 보호공
2) 수로 정비
3) 하상 유지공 설치
4) 교량하류 측에 낙차공 설치

CHAPTER 02 터널공사

01 터널공법 분류

1. 터널공법 선정 시 고려사항

1) 안정성
2) 시공성
3) 지형 및 지질
4) 교통장해 유발 정도
5) 터널의 길이
6) 주변환경에 미칠 영향 정도
7) 경제성
8) 주변 여건

2. 터널공법의 분류

1) MESSER 공법 : 광산 등에 적용되는 공법
2) NATM(New Austrian Tennelling Method) : 암반구간 적용 시 유리한 공법
3) TBM(Tunnel Boring Machine) : 암반구간 적용 시 유리한 공법
4) Shield 공법(Shield Driving Method) : 토사구간 적용 시 유리한 공법
5) 개착식 공법(Open Cut Method) : 도심지 지하철 정거장 공사 시 적용하는 공법
6) 침매공법(Immersed Method) : 하저구간에 시공하는 공법

3. 터널의 시특법상 분류

1) 1종
2) 2종
3) 3종

4. 터널공법의 특징

1) NATM(New Austrian Tunnelling Method)

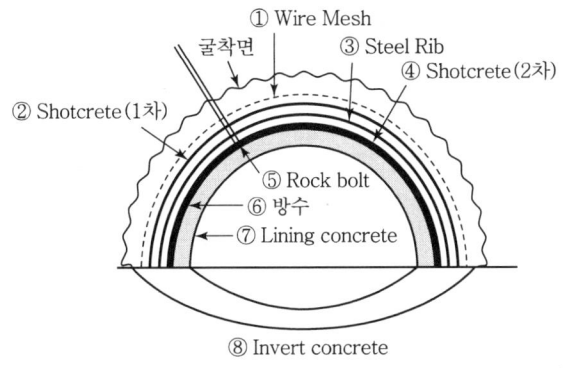

[NATM 공법]

특징	① 터널 자체가 주 지보재 역할 ② 지보공으로 Shotcrete, Rock Bolt, Steel Rib 시공 ③ 지보공이 영구 구조물이 됨 ④ 연약지반에서 극경암까지 적용 가능 ⑤ 지반변형이 비교적 적음 ⑥ 계측을 통한 시공 안정성 확보 가능 ⑦ 비교적 경제적

2) TBM(Tunnel Boring Machine)

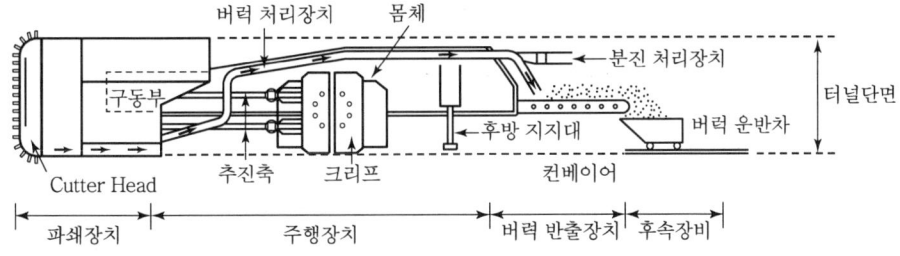

[TBM 공법]

특징	① 작업속도가 빠르다.　　　　　② 소음, 진동이 적다. ③ 지보공이 없음　　　　　　　④ 원형단면으로 구조적 안정 ⑤ 장비구입비 등 초기 투자비 큼　⑥ 장비 제작 및 반입, 조립 기간 소요됨 ⑦ 지반변화에 대한 적용 범위가 제한됨　⑧ 기계장치 전문가 필요 ⑨ 공사 중 장비 고장 시 공기지연　⑩ 심한 곡선부 시공 곤란

3) Shield 공법(Shield Driving Method)

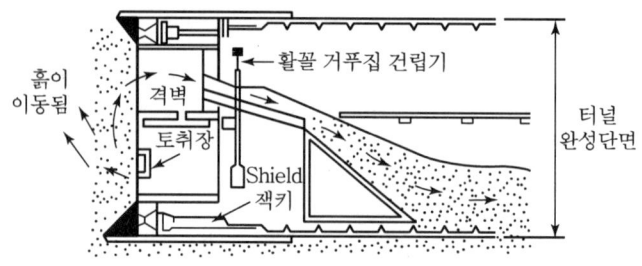

[Shield 공법]

특징	① 토사 및 연약지반에 적용 ② 매몰 위험이 없는 안전한 공법 ③ 품질관리 용이 ④ 토피가 얕은 터널은 시공 곤란 ⑤ 심한 곡선부 시공 불가

4) 개착식 공법(Open Cut Method)

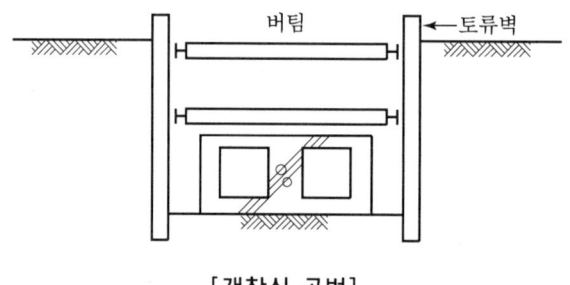

[개착식 공법]

특징	① 경제적인 공법 ② 공정속도가 빠름 ③ 시공관리 용이 ④ 건설공해 많음 ⑤ 주변 지반침하 큼 ⑥ 지하매설물 방호조치 필요 ⑦ 붕괴 위험도 높음 ⑧ 안전사고 위험 많음 ⑨ 개착구간 통행제한

5) 침매공법(Immersed Method)

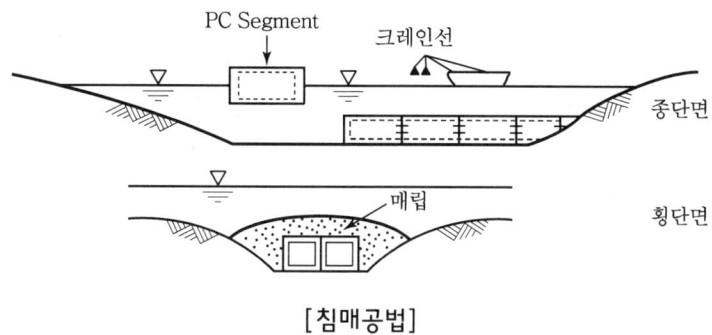

[침매공법]

특징	① 단면형상이 자유로움 ② 수심이 다소 깊은 곳에 시공 가능 ③ 연약지반에 시공 가능 ④ 육상제작에 따라 품질관리 용이함 ⑤ 공기 단축 가능

6) 잠함공법(Cassion Method)

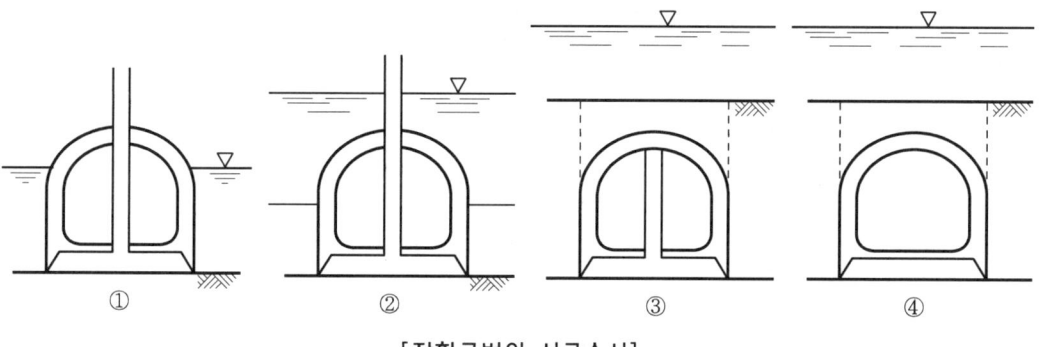

[잠함공법의 시공순서]

특징	① 구형 단면 ② 수심이 얕은 곳에 적합 ③ 토사지반에 유리 ④ 완전한 수밀 관리에 한계가 있음 ⑤ Caisson이 기울어지기 쉬움

7) Pipe Roof 공법

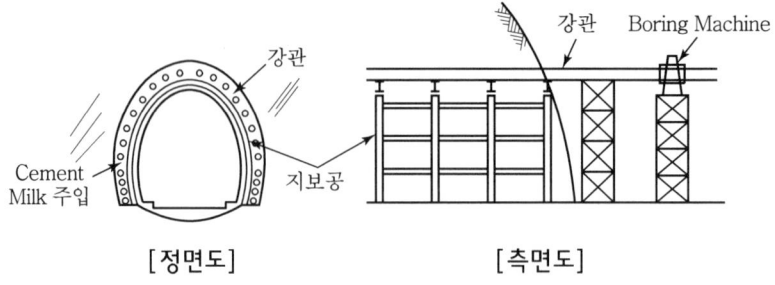

[정면도]　　　　　　[측면도]

특징	① 터널굴착의 보조공법 ② 저진동, 저소음 공법 ③ 터널연장이 긴 경우 정밀도가 저하됨 ④ 자갈층, 전석층 시 시공 곤란 ⑤ 굴진속도 느림 ⑥ 안정성 불리

02 NATM 공법

1. NATM 공법의 특징

1) 터널 자체가 터널의 주 지보재 역할
2) Shotcrete, Rock Bolt, Steel Rib 등의 보조공법 시공으로 안전성 확보
3) 지보공이 영구 구조물임
4) 연약지반에서 극경암까지 적용 가능
5) 지반변형이 비교적 적음
6) 계측을 통한 시공 안정성 확보 가능
7) 경제적인 공법
8) 단면 형상의 조정 용이
9) 발파진동으로 주변에 영향 발생

2. NATM의 시공순서

1) 지반조사

2) 갱구부 설치

3) 발파

4) 굴착

5) 지보공 작업
   ① 1차 Shotcrete 타설
   ② Wire Mesh 설치
   ③ Steel Rib 설치
   ④ 2차 Shotcrete 타설
   ⑤ Rock Bolt 설치

6) 방수

7) Lining Concrete 타설

8) Invert Concrete 타설

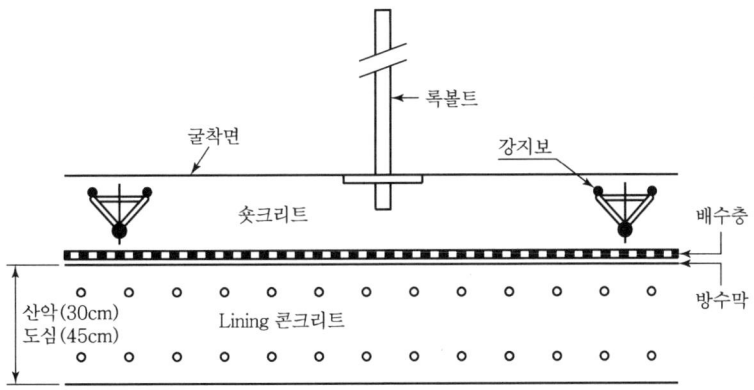

[단면상세도]

3. 갱구부 설치

1) 갱구부 위치

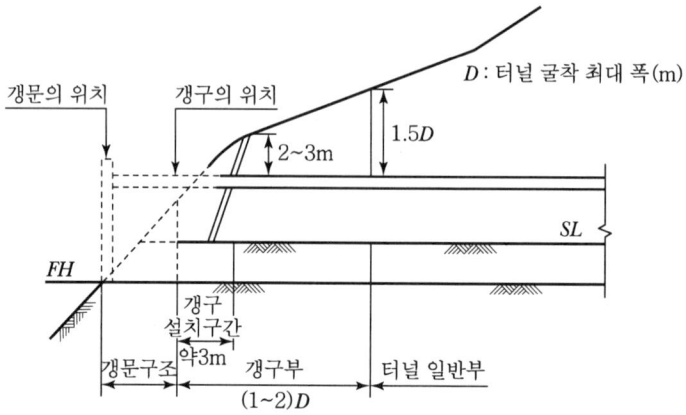

2) 갱구부 기능

① 지표수 차단
② 갱구부 사면보강
③ 지반이완 방지
④ 이상응력 발생 시 보강

3) 갱구부 변형 발생 원인

① 지표수 유입
② 지반침하
③ 편토압작용에 의한 변형
④ 갱구부 지반활동
⑤ 지반 부등침하
⑥ 갱구부 전도
⑦ 갱구부 사면 붕괴

4) 안전대책

① Soil Nailing 시공
② 연약지반 개량(치환, 압밀, 탈수)
③ 기초확대
④ 강지보공 설치

⑤ Invert Strut 설치
⑥ 사면보호공(Shotcrete, 편책, Rock Bolt)
⑦ Invert Con'c 시공
⑧ 배면공극 충전

4. 발파

1) 발파작업 순서

① 천공
② 장약 삽입 및 밀봉
③ 배선
④ 발파
⑤ 미발파공 및 잔류장약 확인

2) 굴착공법 분류

① 전단면 굴착 : 지반상태 양호 시
② 분할 굴착 : 지반상태 보통 시
- Long Bench Cut : 막장 자립 양호
- Short Bench Cut : 막장 자립 비교적 양호
- 다단 Bench Cut : 막장 자립 불량
③ 선진 도갱굴착 : 지반상태 불량 시
- 측벽도갱
- Ring Cut
- Silot 중벽분할

[중벽분할]

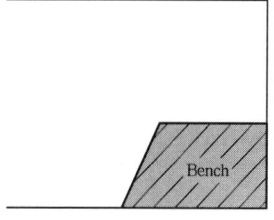

[Bench cut]

3) 제어발파

　① Line Drilling
　② Pre-splitting
　③ Cushion Blasting
　④ Smooth Blasting

4) 발파작업 시 안전대책

　① 발파 책임자의 작업지휘
　② 굴착 경계면에는 시방에 규정된 폭약 사용
　③ 지질 및 암질에 맞는 화약량 검토
　④ 발파 근로자 대피 및 비산석 방지 매트 확인 후 발파 조치
　⑤ 발파 시 안전거리 확보 불가 시 임시 대피장소 설치
　⑥ 화약류 장전 전 동력선은 최소 30m 이격시킴
　⑦ 발화용 점화회선은 동력선으로부터 분리시킴
　⑧ 발파 전 도화선 도통시험 및 발화기 작동상태 점검
　⑨ 발파 후 조치사항
　　• 발파 30분 후 접근
　　• 환풍기, 송풍기 등을 이용한 환기
　　• 굴착면 붕락 가능성 및 뜬 돌 제거
　　• 신규 추가 용수 유무 확인
　　• 불발화약 점검 및 잔류화약 처리

5. 굴착

1) 굴착방법

　① 인력굴착
　② 기계굴착
　　• Ripper 굴착
　　• TBM 굴착
　　• Diamond Wire Saw 굴착
　　• Braker 굴착
　　• 유압 Jack 굴착
　③ 발파굴착

2) 굴착기계

　① 전단면 : TBM, Shield, 점보드릴
　② 부분단면 : Shovel계 굴착기계

6. 지보공

1) Wire Mesh

　① Shotcrete 타설 시 부착력 증가
　② Shotcrete의 휨응력에 대한 인장재 역할
　③ Shotcrete의 강도 및 자립성 유지
　④ Shotcrete의 시공이음부 보강 및 균열 방지

2) Steel Rib

　① Shotcrete 경화 시까지 지보효과
　② 경화 후 Shotcrete와 함께 지지효과 증진
　③ 터널의 형상 유지

3) Shotcrete

　① 기능
　　• 지반의 이완 방지
　　• 응력의 집중 방지
　　• 굴착면의 붕괴 방지
　　• 낙반방지
　　• 아치형 축력으로 지반의 하중부담
　　• 부착력에 의한 안정성 확보
　② 건식공법
　　• 시멘트와 골재 등을 비빔 후 압축공기로 노즐에서 물과 교반시켜 뿜어 붙임
　　• 리바운드 양이 많음
　　• 재료 손실 많음
　　• 분진 발생
　③ 습식공법
　　• 물을 포함한 전 재료를 믹서로 비빔 후 노즐로 보내 뿜어 붙이는 공법
　　• 노즐 막힘 시 청소 어려움

- 분진 발생 적음
④ 리바운드 발생원인
  - 물·시멘트비 과다
  - 굵은 골재 최대치수 과다
  - 타설면 용수
  - 분사각도 부적절
  - 타설거리 부적절
⑤ 시공 시 유의사항
  - 타설면과 노즐은 직각 유지
  - 타설면과의 거리는 1m 유지
  - 용수발생 지점에는 배수 Pipe, 필터 등을 설치하여 배수 처리
  - 철망은 이동, 탈락되지 않도록 견고하게 고정
  - 저온, 건조 등 급격한 온도변화가 없도록 주의
⑥ 안전대책
  - 굴착 즉시 시공
  - 장비 작업반경 내 근로자 접근금지
  - 믹서 재료 투입구부 개구부 방호조치
  - 가능한 습식공법 적용
  - 분진 밀폐식 기계 사용
  - 방진마스크 및 보안경 지급

4) Rock Bolt
① 굴착에 의해 이완된 지반을 견고한 지반에 결합
② 낙반 방지
③ 터널 주변 암반의 안전성 향상

7. 용수 대책

1) 용수의 영향
① Shotcrete 부착 불량
② Rock Bolt 정착 불량
③ 지반의 연약화로 인한 지보공의 침하
④ 막장 붕괴

2) 용수 대책 공법
   ① 배수공법
   - 수발갱
   - Deep Well 공법
   - 수발공
   - Well Point 공법

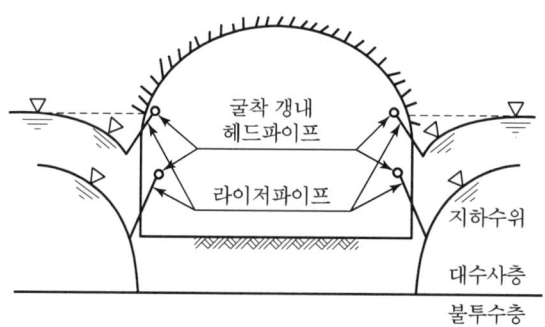

[Well Point 공법에 의한 배수]

   ② 지수공법
   - 주입공법
   - 압기공법
   - 동결공법

8. 터널계측

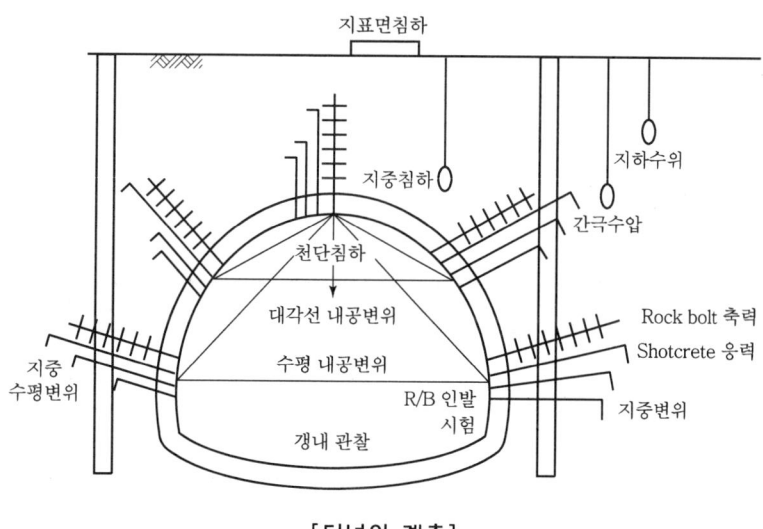

[터널의 계측]

1) 일상계측(A계측)

① 터널 내 관찰
② 내공변위
③ 지표침하
④ 천단침하
⑤ Rock Bolt 인발시험

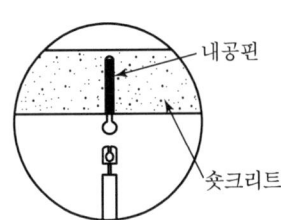 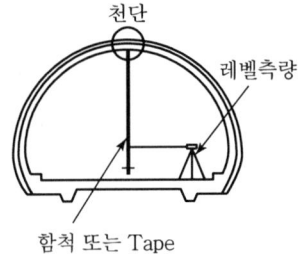

[천단침하 측정]

2) 대표계측(B계측)

① 지중변위
② 지중침하
③ 지중수평변위
④ 지하수위
⑤ Rock Bolt 축력 시험

9. 환경 대책

1) 조도 기준

① 조명시설 설치
② 작업면 조도기준

위치	조도기준
막장구간	70Lux 이상
터널 중간구간	50Lux 이상
터널 입·출구 수직구	30Lux 이상

③ 조명시설 점검 및 유지관리

2) 환기 대책

　① 환기설비 설치 : 산소농도 18% 이상 유지
　② 발파 후 환기
　③ 터널 내 투입금지 내연기관 : 환기가스 처리장치가 없는 디젤기관
　④ 터널 내 기온 : 37℃ 이하 유지
　⑤ 환기계획수립 : 흡기식, 배기식, 흡기+배기식
　⑥ 환기설비 정기점검

3) 분진 대책

　① 발생원 : 천공, Shotcrete 타설, 발파, 굴착, 버력처리 공종
　② 천공 작업 시 대책
　　• 습식드릴 사용
　　• 발생분진은 습식으로 제거
　③ Shotcrete 타설 시
　　• 습식공법 적용
　　• 분진 밀폐식 기계 사용

4) 소음 대책

　① 발생원 : 천공, 브레이커 작업
　② 저소음 장비 사용
　③ 저소음 공법 적용
　④ 귀마개 귀덮개 등 방음 보호구 착용
　⑤ 소음방지 보호구 착용 시 차음효과
　　㉠ 강렬한 소음작업
　　　• 90데시벨 이상의 소음이 1일 8시간 이상 발생하는 작업
　　　• 95데시벨 이상의 소음이 1일 4시간 이상 발생하는 작업
　　　• 100데시벨 이상의 소음이 1일 2시간 이상 발생하는 작업
　　　• 105데시벨 이상의 소음이 1일 1시간 이상 발생하는 작업
　　　• 110데시벨 이상의 소음이 1일 30분 이상 발생하는 작업
　　　• 115데시벨 이상의 소음이 1일 15분 이상 발생하는 작업

ⓒ 충격소음작업
- 120데시벨을 초과하는 소음이 1일 1만 회 이상 발생하는 작업
- 130데시벨을 초과하는 소음이 1일 1천 회 이상 발생하는 작업
- 140데시벨을 초과하는 소음이 1일 1백 회 이상 발생하는 작업

ⓒ 안전관리 기준
소음노출 평가, 소음노출 기준 초과에 따른 공학적 대책, 청력보호구의 지급과 착용, 소음의 유해성과 예방에 관한 교육, 정기적 청력검사, 기록·관리 사항 등이 포함된 소음성 난청을 예방·관리하기 위한 종합적인 계획을 수립해 적용한다.

5) 진동 대책

① 발생원 : 천공, 발파, 브레이커, 덤프 작업
② 진동이 발생하는 기계·장비·설비 대체
③ 작업시간 제한
④ 방진용 장갑 등 방진보호구 착용

6) 방재 대책

① 소화시설 설치
② 대피시설 설치
③ 구조시설 설치
④ 통신시설 설치

03 터널공사의 재해유형과 안전대책

1. 재해유형

1) 추락

① 수직구 이동을 위한 리프트 이용 시
② 천공, 장약 장전 시
③ 강재 지보공 설치 시
④ Rock Bolt 작업 시
⑤ Shotcrete 작업 시

2) 낙석, 낙반
   ① 천공 시
   ② 발파 시
   ③ 굴착 시
   ④ 굴착 후 방치 시

3) 발파사고
   ① 근로자 미대피 시
   ② 장비 운전원 미대피 시

4) 폭발사고
   잔류화약 미확인 시

5) 유독가스 질식
   ① 발파 후 유독가스
   ② 디젤기관 가스
   ③ 지반 유출 유독가스

6) 용수에 의한 붕괴

7) 누전에 의한 감전

8) 장비에 의한 협착, 충돌

9) 지상부 지반붕괴

10) 지상건물 및 도로 침하, 균열

11) 지하수 고갈

12) 지상 도로의 자동차 사고

2. 안전대책

1) 추락재해 방지
   ① 사다리의 작업대 변칙 사용금지
   ② 고소작업 시 구명줄 착용

2) 낙반, 낙석

　　① 지반 상태 점검
　　② 용수 여부 확인
　　③ 부식 정리 후 작업

3) 발파, 폭파 작업 시

　　① 근로자/장비 운전원 대피
　　② 잔류 화약, 장약 확인

4) 유독가스

　　발파 후 환기작업

5) 용수에 의한 붕괴

　　① 수발공 시공
　　② 수발갱 시공

6) 누전에 의한 감전

　　① 전선은 가공 조치
　　② 판넬부 물 침투방지 조치
　　③ 누전 감지기 설치

7) 장비에 의한 협착, 충돌

　　① 후진 시 경보음 작동
　　② 후방 감시 카메라 설치

8) 지상부지반, 건물, 도로침하

　　① 계측기 설치 및 계측
　　② 다량의 용수 발생 시 주변 지반 점검

3. 시공 시 유의사항

1) 계측

　　① 초기치 관리
　　② 주기적인 계측 및 분석
　　③ 계측결과의 Feed Back

2) 1회 굴착에서 라이닝까지 단계별 시공기준 준수

3) 막장면 거동상태 관찰

4) 지보재는 굴착면과 밀착

5) 설계발파 이상 진행 금지

6) 발파 후 지질상태 확인

7) 용수 시 주변지역 관찰 철저

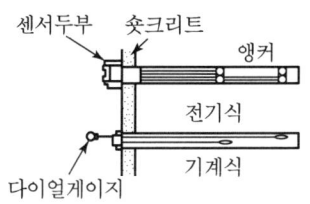
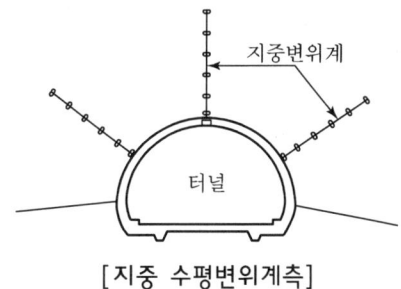

[지중 수평변위계측]

04 TBM 공법

1. 적용성

1) 터널연장 4~5km일 때 가장 경제적
2) 원형단면
3) 연암~경암구간 시공
4) 팽창성 지질 및 파쇄대가 많은 지질 적용 불가
5) 용수가 많은 지형 곤란
6) 곡선이 급한 구간 적용 불가

2. 굴착방식

1) 절삭식

① Button Cutter의 회전력에 의한 굴착

② 암반 압축강도 300~500kg/cm²에 적용

2) 압쇄식

① Disk Cutter의 회전력과 압축력에 의한 굴착

② 압축강도 1,000kg/cm²에 적용

3. TBM 장비 구성

1) 본체 : 파쇄장치

- Cutter Head
- Cutter Head Jack
- Kelly : Inner, Outer

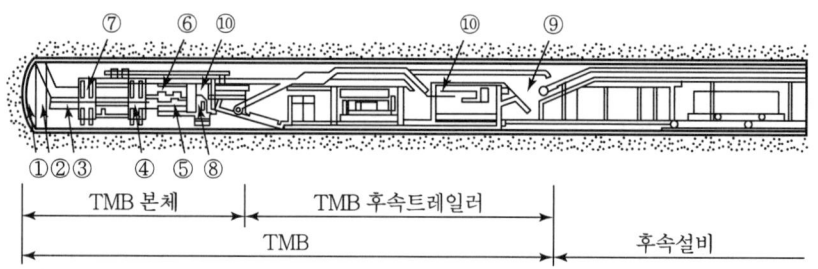

① 커터헤드 ② 커터헤드 자켓 ③ 이너켈리 ④ 아우터켈리
⑤ 추진 실린더 ⑥ 커터헤드 드라이브 ⑦ 클램핑 패드 ⑧ 후방 지지장치
⑨ 벨트 컨베이어 ⑩ 집진기

[TBM의 구성]

4. 시공순서

1) 작업구 굴착
2) TBM 장비 설치
3) TBM 굴착
4) 버력반출
5) 지보공 설치
6) 콘크리트 라이닝 시공

5. 시공 시 주의사항

1) 단층 파쇄대 통과 시 약액 주입으로 지반 고결 후 굴착
2) 용수 많을 경우 수발공, 수발갱 설치
3) 추진 반력 부족 시 약액을 주입하여 지반개량
4) 굴착 후 지보공 즉시 설치로 장비 보호
5) 굴착기계 숙련기술자 확보
6) 장비 주문제작에 의한 반입 및 조립 투입 일정 관리
7) 굴착 후 장비 반출 또는 Back Fill 계획 수립

05 Shield 공법(Shield Driving Method)

1. 적용성

1) 하천, 해저터널
2) 연약지반, 지하수, 용수 통과 지층
3) 붕괴 위험성이 큰 지반
4) 지중 매설물이 많은 지반
5) N치 0~연암층까지 시공가능

2. 주요구성

1) Cutter Head : 굴착 회전 및 막장지지
2) Girder부 : 실드잭을 이용하여 추진
3) Tail부 : 복공 부재 조립 및 굴착토사 배출

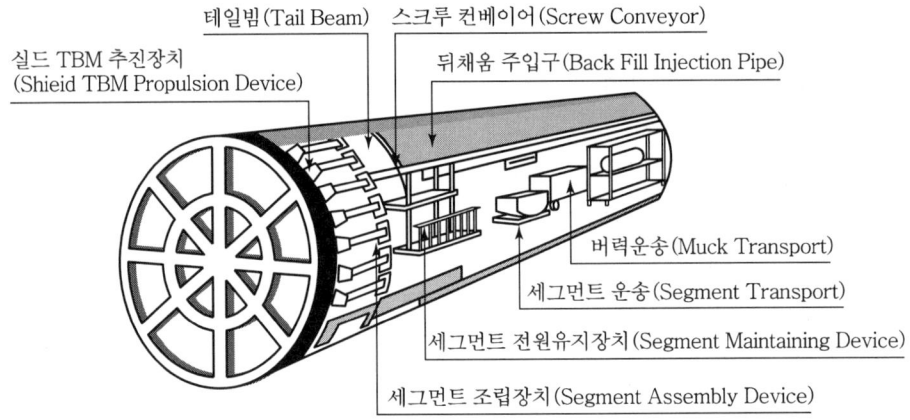

[Shield 구성]

3. 굴착방식

1) 기계굴착 : 전면 동시 굴착
2) 반기계굴착 : 유압 셔블로 막장 일부 굴착

4. 시공순서

1) Shaft 굴착
2) 1차 Lining Concrete
3) Jack 작업으로 전진
4) Segment 조립
5) 2차 Lining Concrete → 반복 시행

5. 시공 시 유의사항

1) 용수대책 강구 : 압기, 지하수위 저하, 약액 주입
2) 갱구부 교통장해
3) 갱구부 소음대책 강구

4) 지반 침하대책
   - 뒤채움 즉시 실시
   - 뒤채움재 경화 시까지 가압 지속
   - 굴착에 의한 개방 면적 최소화

5) 산소결핍 대책

6) 굴착 연약토의 고화 처리 후 반출

7) 공기압 가압 시 잠함병 대책 강구

8) 물이나 토사의 Shield 내 유입 방지

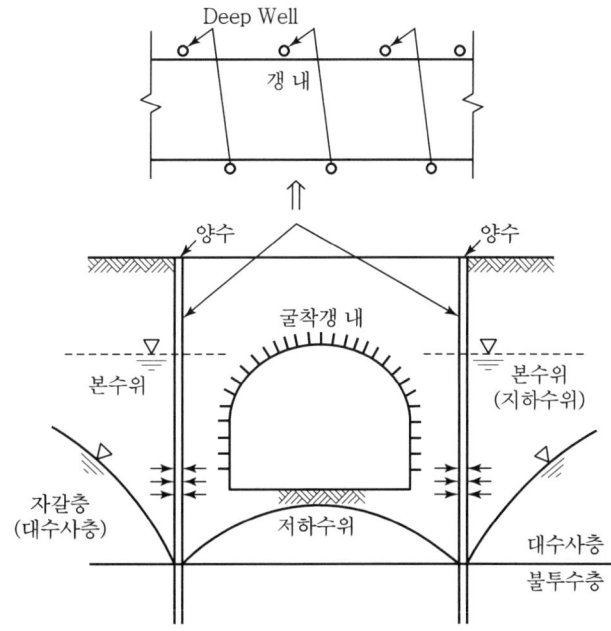

[터널 내 지하수위 저하]

CHAPTER 03 댐공사

01 댐의 분류

1. 콘크리트 댐

1) 중력식 댐(Gravity Dam)
2) 중공식 댐(Hollow Dam)
3) 아치 댐(Arch Dam)
4) 부벽식 댐(Buttress Dam)
5) 롤러다짐 콘크리트 댐(Roller Compacted Con'c Dam)

2. FILL 댐

1) Rock Fill 댐
   ① 표면 차수벽형
   ② 내부 차수벽형
   ③ 중앙 차수벽형

2) Earth 댐
   ① 균일형
   ② 심벽형(Core형)
   ③ Zone형

3. 댐의 단면

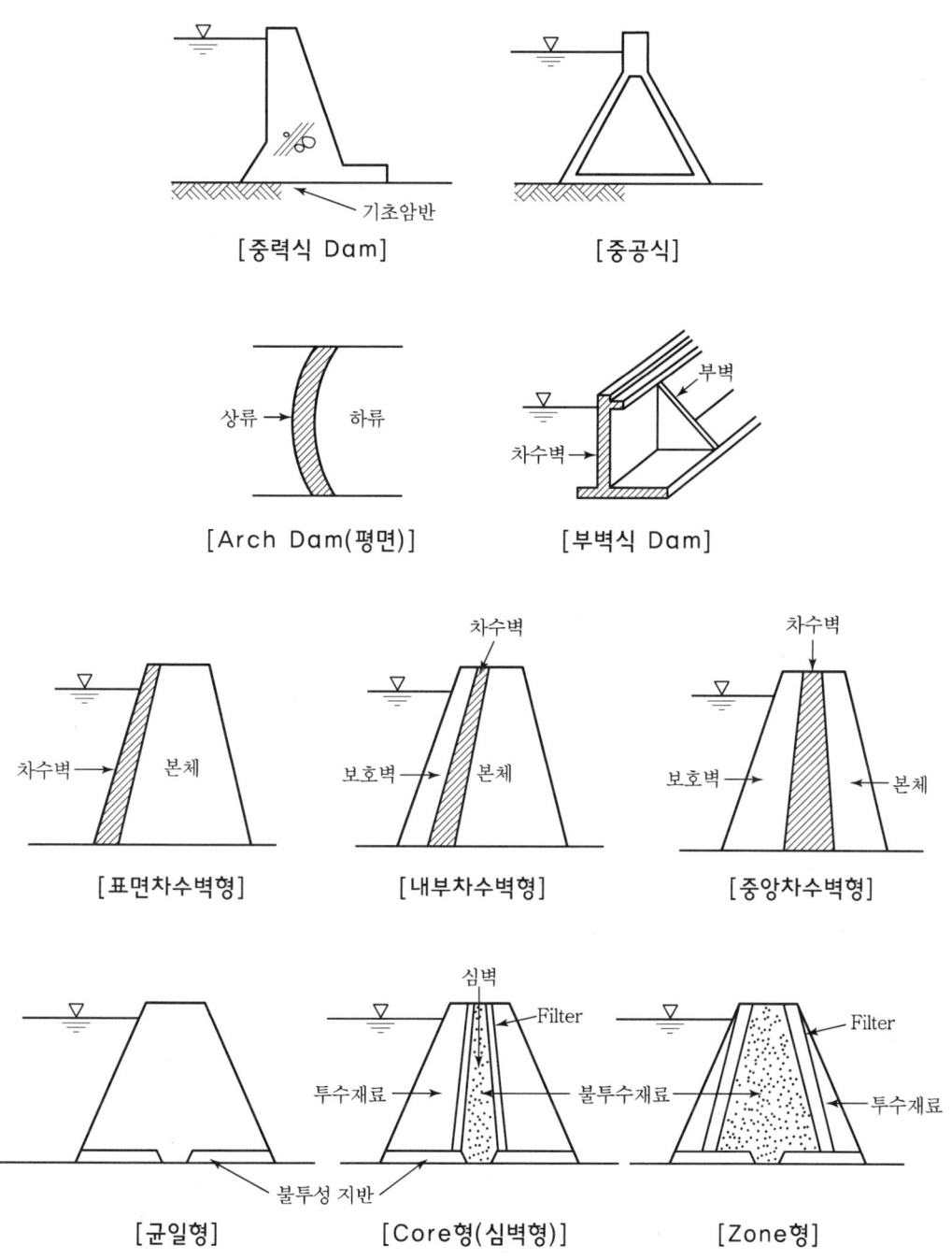

··· 02 댐의 시공

1. 가설비

1) 가물막이
2) 가배수로
3) 제 내 가배수로
4) 조명 및 환기설비
5) 공사용 도로 작업
6) 동력·통신·급수·하수시설 공사
7) 가설건물 축조
8) 자재야적장 확보

2. 유수 전환방식

1) 유수 전환방식 선정 시 고려사항

   ① 처리 유량
   ② 지형, 지질 상태
   ③ 댐 형식 결정
   ④ 댐 시공방법
   ⑤ 댐 공사기간 산정
   ⑥ 홍수에 의한 월류 피해 예측
   ⑦ 경제성

2) 체절 평면도

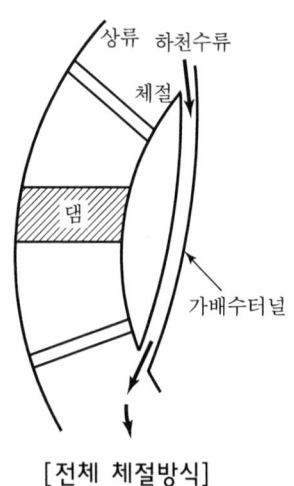
[전체 체절방식]

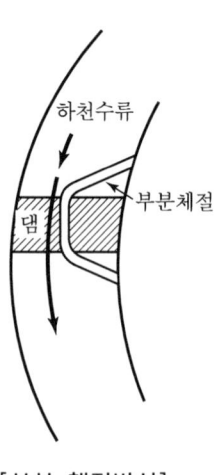
[부분 체절방식]

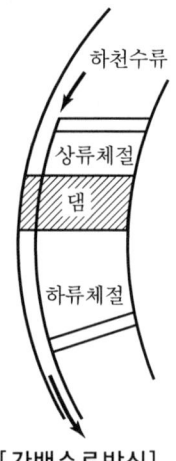
[가배수로방식]

3) 특징비교

구분	전체 체절방식	부분 체절방식	가배수로방식
공사기간	길다.	짧다.	짧다.
공사비	고가	저렴	가장 저렴
처리유량	적은 곳	많은 곳	비교적 적은 곳
하상폭원	좁은 곳	넓은 곳	넓은 곳

3. 기초처리

1) 기초처리 목적

   ① 내하력 증대
   - 충분한 지지력 확보
   - 댐 활동 파괴 방지
   - 지반의 취약부 보강
   - 지반변형 억제

   ② 수밀성 증대
   - 기초부 누수 억제
   - Piping 방지
   - 양압력 경감

2) 시공순서

   ① 지반조사
   ② 굴착 : 표토 제거
   ③ 기초 암반조사 : Lugeon Test(수압시험, 투수량 분포도 작성)
   ④ 기초 처리공법 결정
   ⑤ 기초처리(Grouting)
   - Consolidation Grouting : 지반개량
   - Curtain Grouting : 차수 목적
   - Contact Grouting : 댐 본체와 기존 지반 접속부 차수
   - Rim Grouting : 댐 본체 양안 지반 보강
   ⑥ 결과 확인
   ⑦ 댐 축조

3) 댐 Grouting 구분

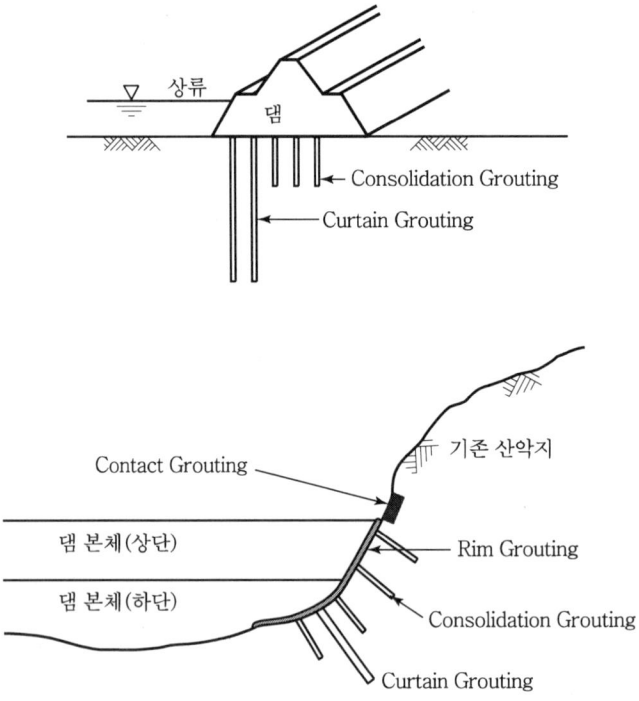

4) 특징비교

구분	Consolidation Grouting	Curtain Grouting
목적	연약지반 개량	차수
시공방법	전면적 시공	댐축방향 상류 측
주입공 배치	격자형태, 2.5~5m 간격	병풍형태, 0.5~3m 간격
주입 심도	얕은 심도(5~10m)	깊은 심도(댐심도)
주입 압력	• 1차 : 저압($3\sim6kg/cm^2$) • 2차 : 고압($6\sim12kg/cm^2$)	정압($5\sim15kg/cm^2$)
개량 목표	• 중력식 : 5~10 Lugeon • Arch : 2~5 Lugeon	• Con'c 댐 : 1~2 Lugeon • Fill 댐 : 2~5 Lugeon

4. 중력식 댐 시공

1) 댐에 작용하는 하중
① 댐 자중　　　　② 정수압
③ 동수압　　　　④ 풍하중, 온도하중
⑤ 양압력　　　　⑥ 파압
⑦ 빙압　　　　　⑧ 토사압
⑨ 지진력

2) 댐 콘크리트의 구비 조건
① 내구성
② 수밀성
③ 소요 강도
④ 단위중량이 클 것
⑤ 용적 변화가 적을 것
⑥ 발열량이 적을 것
⑦ 적정 Workability

3) 시공순서
재료준비 → 배합 → 콘크리트 생산 → 운반 → 타설 → 이음 → 양생

4) 시공 시 유의사항
① 재료 및 배합
- 골재는 50~150mm
- 단위수량 적게
- 설계기준강도 : 120~180kg/cm^2
- 슬럼프 5cm 이하
- W/C 60% 이내

② 생산
- 시공 장소에 근접한 곳에 위치
- 폐기 콘크리트 처리설비

③ 운반
- 콘크리트 치기장비 : Cable Crane, Jib Crane

- 운반선로의 높이는 댐 계획고보다 높게
- 운반선로는 복선

④ 타설
- Block별 타설 : 15×40m 크기 분할
- Layer별 타설 : 전단면 동시 타설
- Lift 높이 : 1.5m 이내
- Lift 간 타설 간격 : 1주일
- 재료분리 없도록
- 다짐 : 대형 고주파 다짐기, 무한궤도형 다짐기

⑤ 이음
- 수평이음 : 1.5m 표준
- 세로수축이음 : 15~20m(댐축방향)
- 가로이음 : 10~15m

⑥ 양생
- 일반시멘트 : 14일, 고로/실리카 시멘트 : 21일
- Pipe Cooling
- 타설 완료 후 즉시 레이턴스 제거

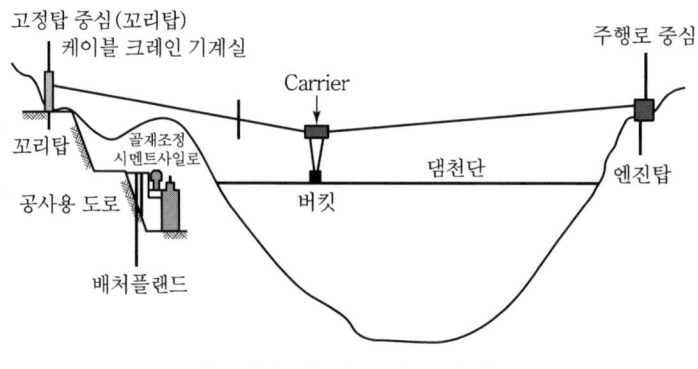

[중력식 댐 시공 시 가시설]

5) 콘크리트 온도관리 방안

① Piping Cooling
② Pre-cooling
③ 자연 열 발산
④ 발열량 저감

03 누수 원인 및 대책

1. 누수 원인

1) 댐 기초처리 불량
2) 파쇄대 처리 불량
3) 부적정 재료 시공
4) 댐체 다짐 불량
5) 댐 단면 부족
6) 투수성이 큰 지반
7) Core Zone의 시공 불량
8) 댐체의 구멍 및 균열
9) 투수층 시공 불량

2. 누수 방지대책

1) 댐 시공 단계

   ① 적합한 재료 선정
   ② 다짐 철저
   ③ 댐 기초처리 철저
   ④ 단층 및 연약 암반처리 철저
   ⑤ 기초지반조사 철저
   ⑥ 차수벽 시공 철저
   ⑦ Core Zone 시공 철저

2) 누수 발생 시

   ① 제방폭 확대
   ② 압성토공법 적용
   ③ 불투수성 Blanket 설치
   ④ 비탈면 피복공 시공
   ⑤ Grouting 보강
   ⑥ 배수구 설치

04 댐의 붕괴원인 및 대책

1. 붕괴원인

1) 누수
2) 여수로 관리부실로 인한 월류 발생
3) 기초처리 결함
4) Piping 현상
5) 댐체의 시공불량
6) Core Zone 시공불량
7) Fillter층 시공불량

2. 안전대책

1) 댐 저수용량의 정확한 산정
2) 기초처리기준 준수
3) Piping 발생 방지
   ① Curtain Grouting
   ② Sheet Pile
   ③ Blanket 설치
   ④ 제방폭 확대
4) 댐체 시공기준 준수
5) Core Zone 시공기준 준수
6) 지형, 지반을 고려한 공법 선정기준
   ① Concrete 댐 : 견고한 기초지반, 협곡
   ② Fill 댐 : 기초지반 불량, 넓은 부지, 계곡, 재료 구득의 용이함

PART 07

항만 / 하천공사

- **1장** 항만공사
- **2장** 하천공사

CHAPTER 01 항만공사

···01 항만구조물 분류

1. 방파제

1) 경사제
   ① 사석식
   ② Block식

2) 직립제
   ① Caisson식
   ② Block식
   ③ Cellular Block식
   ④ Concrete 단괴식

3) 혼성식
   ① Caisson식
   ② Block식
   ③ Cellular Block식
   ④ Concrete 단괴식

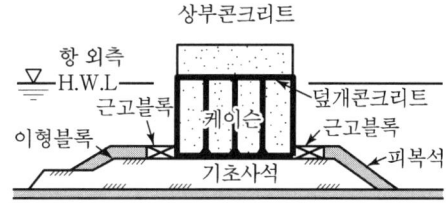
(a) 케이슨식 혼성제

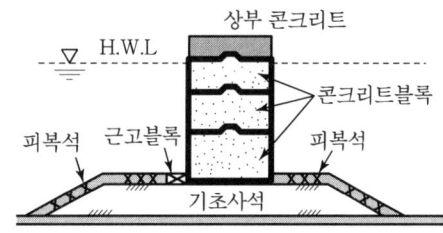
(b) 콘크리트 블록식 혼성제

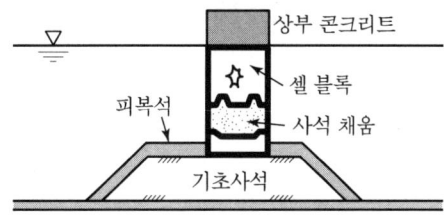
(c) 셀 블록식 혼성제

2. 계류시설

1) 중력식
   ① Caisson식
   ② Block식
   ③ L형 Block식
   ④ Cell Block식

2) 널말뚝식

　　① 보통 널말뚝식
　　② 자립 널말뚝식
　　③ 경사 널말뚝식
　　④ 이중 널말뚝식

3) Cell식

4) 잔교식

5) 부잔교식

6) Dolphin식

7) 계선부표

3. 방사제

4. 해안제방(방조제)

5. 갑문시설 / 수문 / 도류제

··· 02 방파제

1. 설치목적

1) 파랑의 방지
2) 파랑, 조수에 의한 토사이동 방지
3) 해안 토사의 바다로 유출 방지
4) 바다로부터 토사 유입 방지

2. 설계 시 고려사항

1) 파랑 높이
2) 수심 및 간조, 만조 시 수위
3) 지반상태
4) 항 내의 정온 정도
5) 바람 세기
6) 주변 지형 및 환경에의 영향

3. 공법 선정 시 고려사항

1) 방파제 배치조건
2) 주변 지형조건
3) 시공조건
4) 경제성
5) 공사기간
6) 공사재료의 조달성
7) 이용도
8) 유지관리성
9) 친환경성

4. 공법별 특징

1) 경사제 방파제의 특징

    ① 연약지반에 적합함
    ② 시공법이 간단함
    ③ 유지보수 용이
    ④ 수심이 얕고 파가 크지 않은 곳에 적합함
    ⑤ 수심이 높은 곳, 파고가 큰 곳은 사석이 많이 소요
    ⑥ 제체 투과 파랑에 의한 항 내 교란 발생

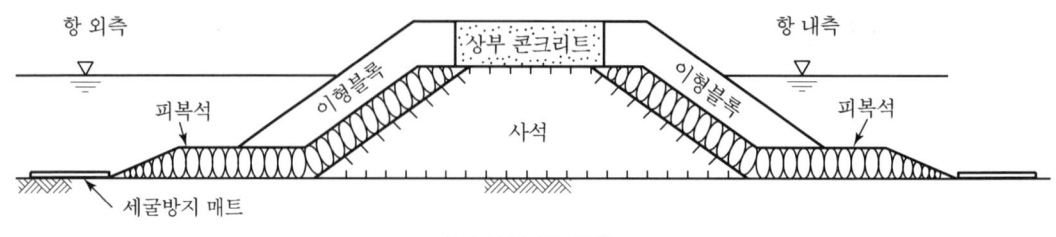

[사석식 경사제]

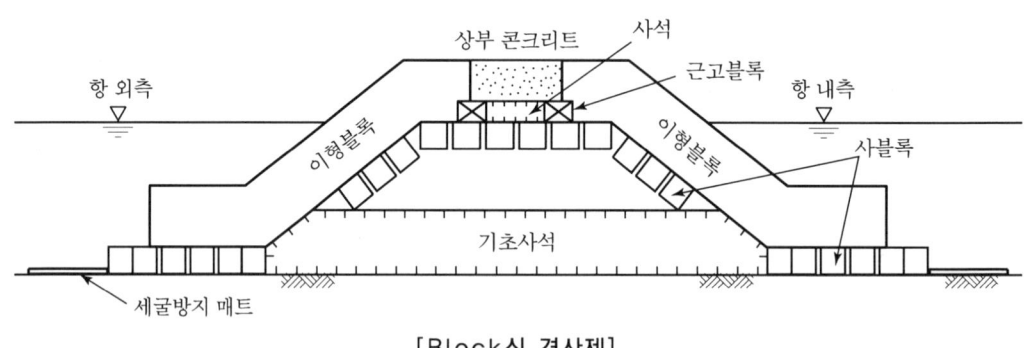

[Block식 경사제]

2) 직립제 방파제의 특징
   ① 사석재 소요가 적음
   ② 파력에 강함
   ③ 유지보수비 저렴
   ④ 방파제 내측을 계류시설로 사용 가능
   ⑤ 연약지반에 부적합
   ⑥ Caisson의 경우 제작, 설치에 많은 시설 장비 소요
   ⑦ 수심이 깊은 곳에서는 공사비 불리
   ⑧ 반사파가 많이 발생
   ⑨ 기초 세굴의 우려 있음

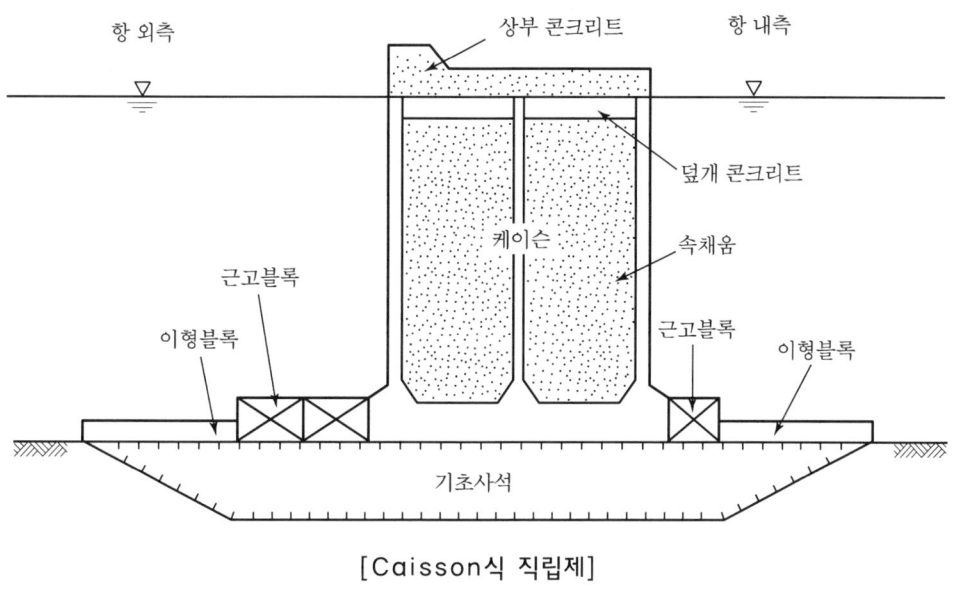

[Caisson식 직립제]

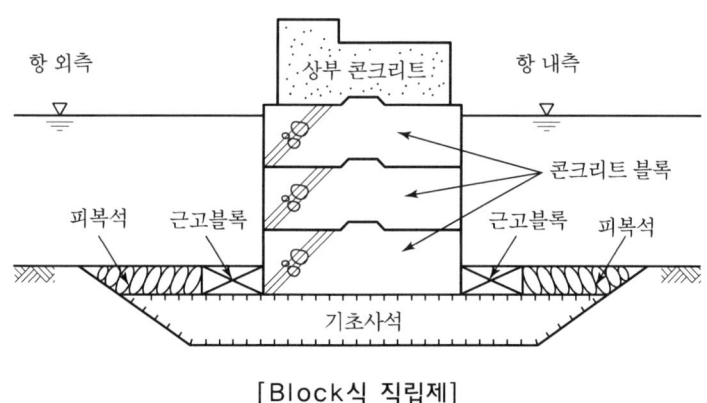

[Block식 직립제]

3) 혼성식 방파제의 특징

① 연약지반에 적합
② 수심이 깊은 곳에 적합
③ 사석제의 단점인 사석 파괴를 상부 직립부에서 방지

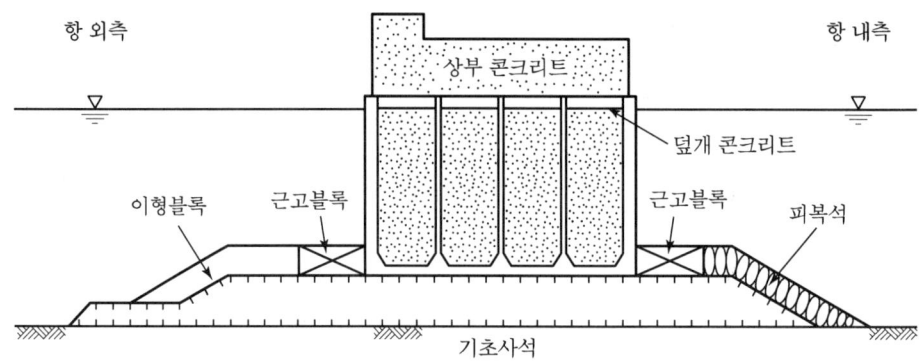

[Caisson식 혼성제]

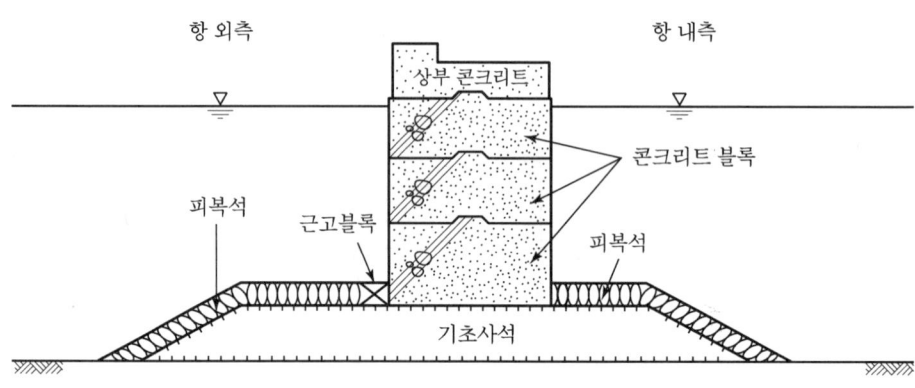

[Block식 혼성제]

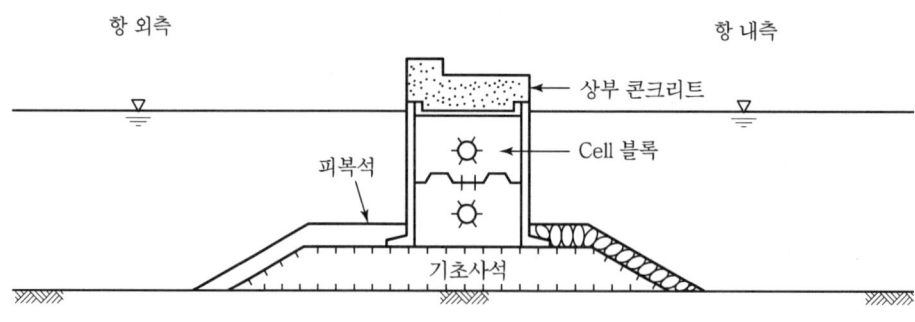

[Cellular Block식 혼성제]

5. 혼성 방파제의 시공

1) 시공 구조도

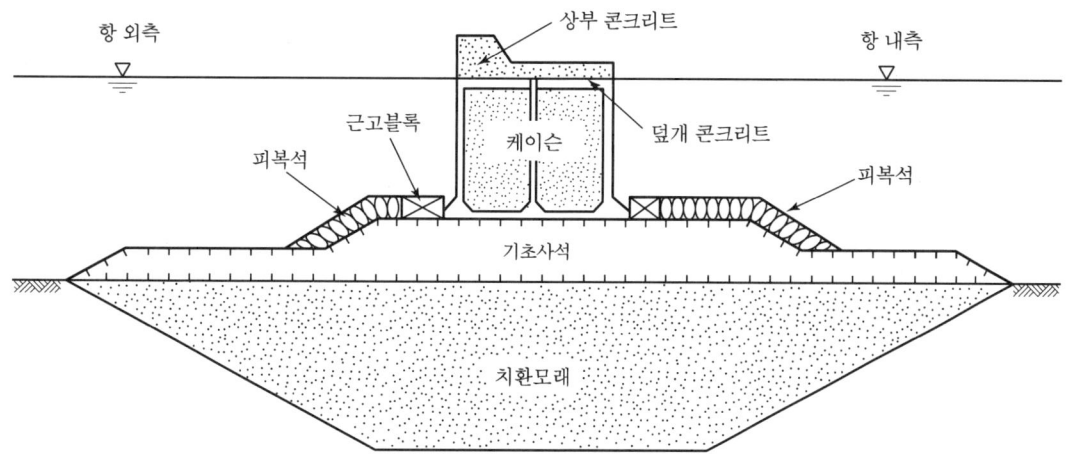

[Caisson식 혼성제(연약지반)]

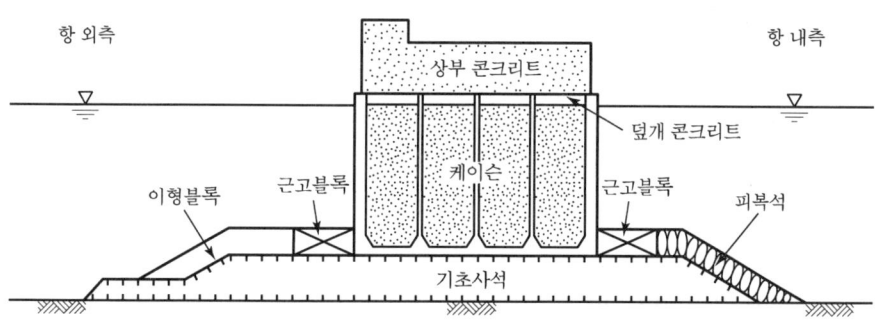

[Caisson식 혼성제(사질지반)]

2) 시공순서 Flow Chart

① 기초공
- 지반개량
- 기초사석공
- 세굴방지공
- 근고 Block공
- 사면피복

② 본체공(Caisson)
- 제작장 부설
- Caisson 제작
- 진수
- 운반
- 가거치
- 부상
- 거치
- 속채움

③ 상부공
- 하층
- 상층

3) 기초시공 시 유의사항

① 기초사석 투하 목적
- 기초지반 정리
- 지지력 확보
- 지반개량
- 상부 구조물 개량
- 침하방지

② 기초 시공 시 유의사항
- 사석하부 기초지반처리 철저
- 사석부 마루는 가능한 높지 않게
- 사석두께는 1.5m 이상
- 사석부 어깨폭은 5m 이상
- 활동에 대한 검토
- 원호활동 방지
- 침하검토
- 주변환경 고려
- 항 내 교란이 없도록
- 사석 투입 시 표류방지
- 생태계 파괴 방지

··· 03 계류시설

1. 공법별 특징

1) 중력식 계류시설의 특징

① Caisson식
- 육상에서 제작한 Caisson을 해상으로 운반 설치
- 강력한 토압에 버팀
- 구조체의 품질확보 가능
- 속채움재 저렴
- Caisson 제작 설비비가 고가
- 충분한 수심 필요

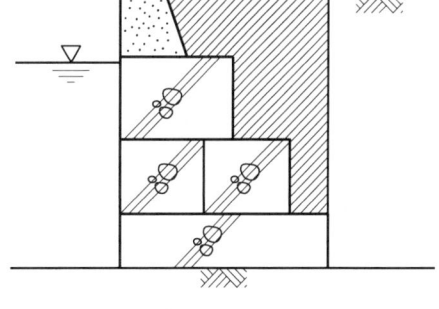
[Caisson식]

② Block식
- 대형 콘크리트 블록을 쌓아서 시공
- 강력한 토압에 버팀
- 지반이 연약한 곳은 침하로 불리
- 콘크리트 블록 품질확보 가능
- 설치 시 대형 크레인 필요

[Block식]

③ L형 블록식(L-Shaped Block Type)
- 육상에서 L형 블록을 만들어서 블록 저판상에 흙 또는 조립토를 채워 채움토의 중량으로 버팀
- 흙 또는 조립석 활용
- 수심이 얕은 경우에 경제적임
- 지반이 연약한 곳은 침하로 불리

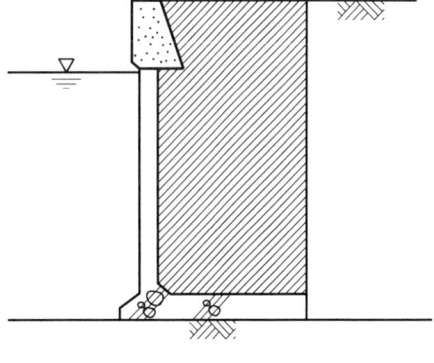
[L형 Block식]

④ Cell Block식(Cell Block Type)
- 철근콘크리트로 제작한 상자형 내부에 속채움하여 버팀
- 흙 또는 조립석 활용
- 수심이 얕은 경우에 경제적임
- 지반이 연약한 곳은 침하로 불리

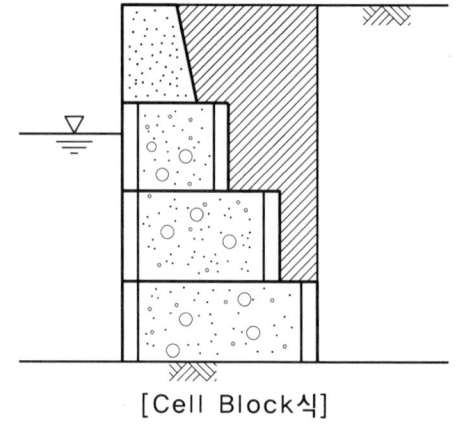
[Cell Block식]

2) 널말뚝식 계류시설의 특징

① 보통 널말뚝식
- 전면에 널말뚝을 박은 후 후면에 설치한 버팀공에 연결
- 버팀공과 널말뚝의 근입부의 저항력에 의해 버팀

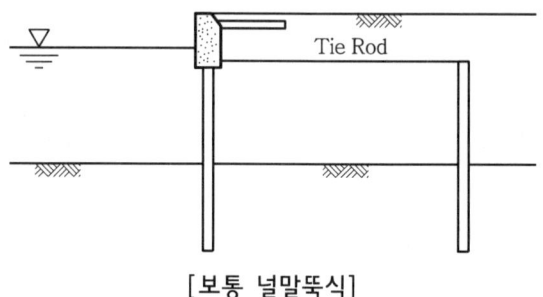
[보통 널말뚝식]

② 자립 널말뚝식
- 널말뚝 후면에 버팀공이 없음
- 널말뚝 근입부의 저항력에 의해 버팀

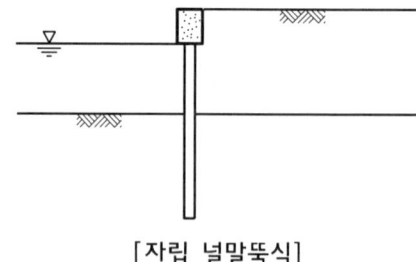
[자립 널말뚝식]

③ 경사 널말뚝식
- 널말뚝과 일체로 경사지게 박은 말뚝의 저항에 의해 버팀

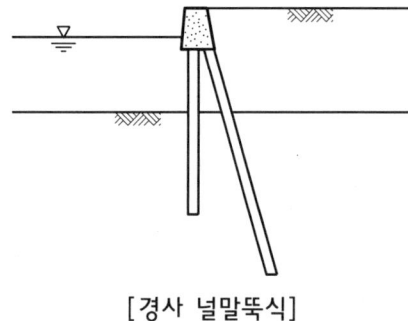

[경사 널말뚝식]

④ 이중 널말뚝식
- 널말뚝을 이중으로 박아 그 두부를 Tie Rod 또는 Wire로 연결하여 버팀
- 양쪽을 계선안으로 사용 가능

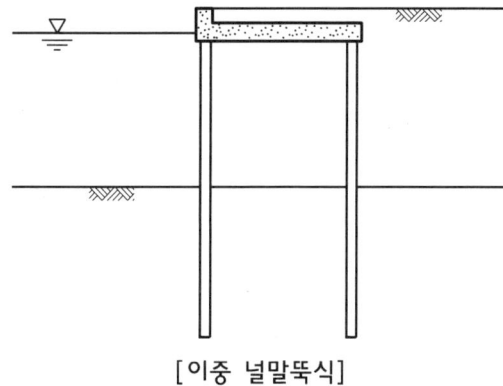

[이중 널말뚝식]

3) Cell식 계류시설의 특징

① 직선형 널말뚝을 원 또는 기타 형태로 폐합시켜, 속채움으로 흙 또는 조립석으로 채움
② 비교적 큰 토압에 저항
③ 수심이 깊은 곳에 유리

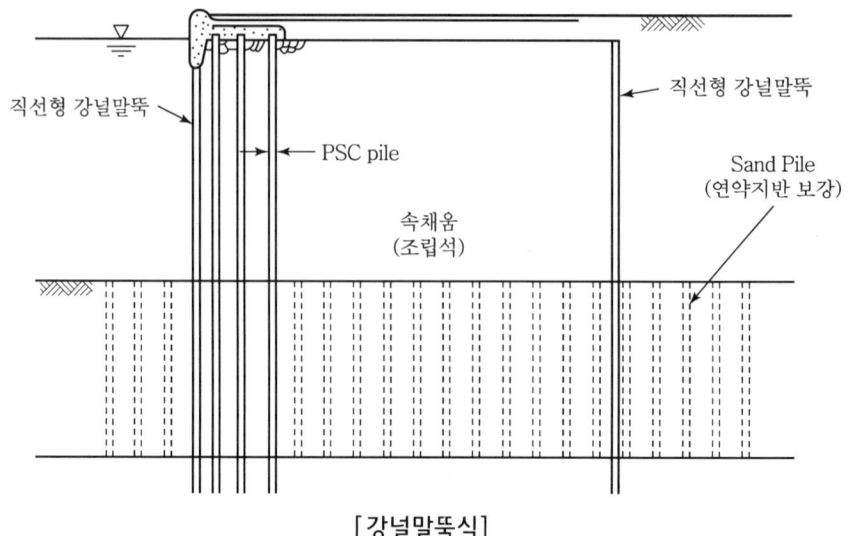

[강널말뚝식]

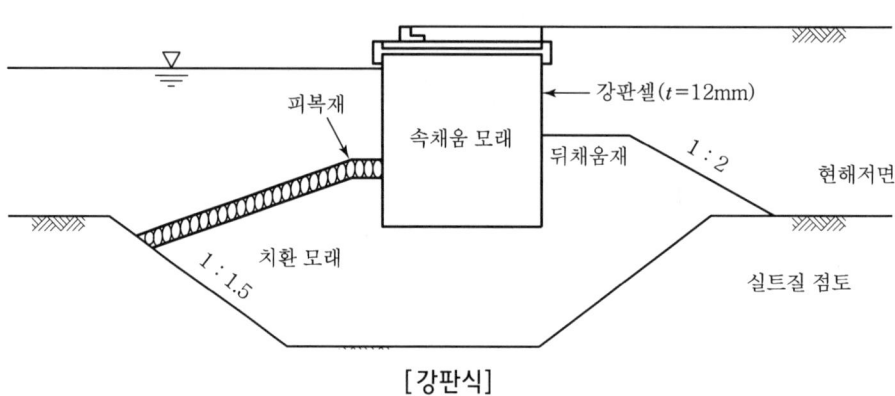

[강판식]

4) 잔교식 계류시설의 특징

① 잔교의 종류
- 횡잔교 : 해안선에 나란하게 축조, 토압을 받음
- 돌제식 : 해안선에 직각으로 축조, 토압을 받지 않음

② 지반이 약한 곳에서도 적합

③ 기존 호안이 있는 곳은 횡잔교가 유리

④ 토류사면과 잔교를 조합한 구조로 공사비 고가

⑤ 수평력에 대한 저항력이 약함

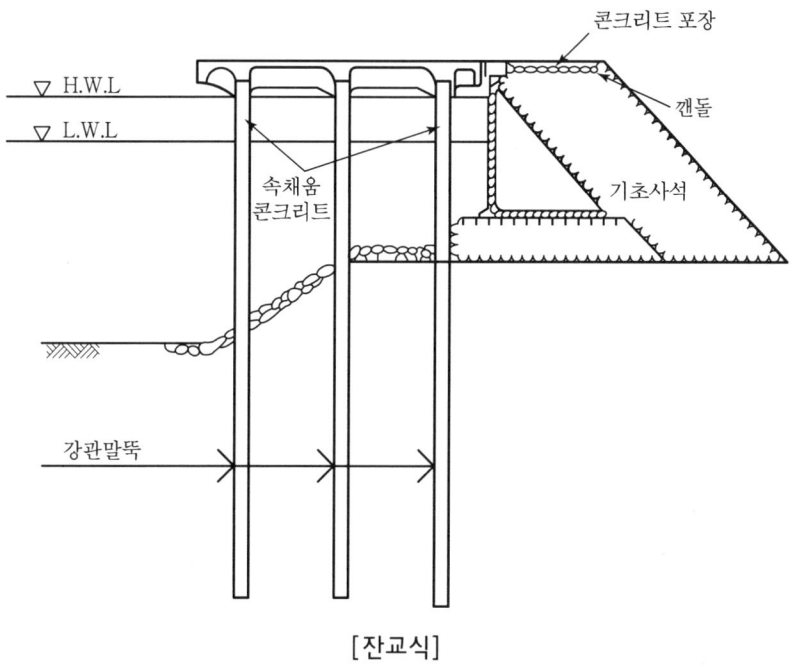

[잔교식]

5) 부잔교식 계류시설의 특징

① Pontoon(부함)을 물에 띄워서 계선안으로 사용하는 것으로 조차가 클 경우에 적용
② 철제와 철근 콘크리트제가 있음
③ 육지와의 사이에는 가동교에 의해 연결

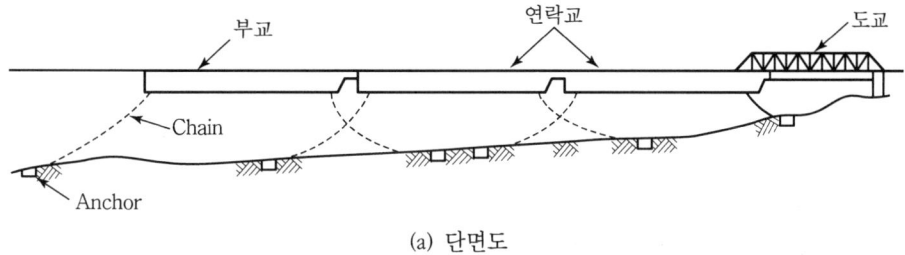

(a) 단면도

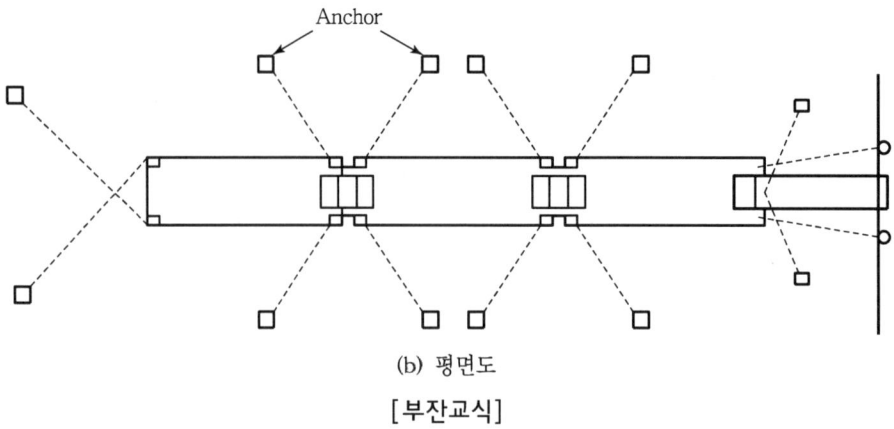

(b) 평면도
[부잔교식]

6) Dolphin식 계류시설의 특징
    ① 해안에서 떨어진 바다 가운데에 말뚝 또는 주상 구조물을 만들어 계선안으로 사용
    ② 종류에는 말뚝식과 Caisson식이 있음
    ③ 구조가 간단
    ④ 공사비가 저렴
    ⑤ 선박의 충격에 저항할 수 있는 구조로 설계

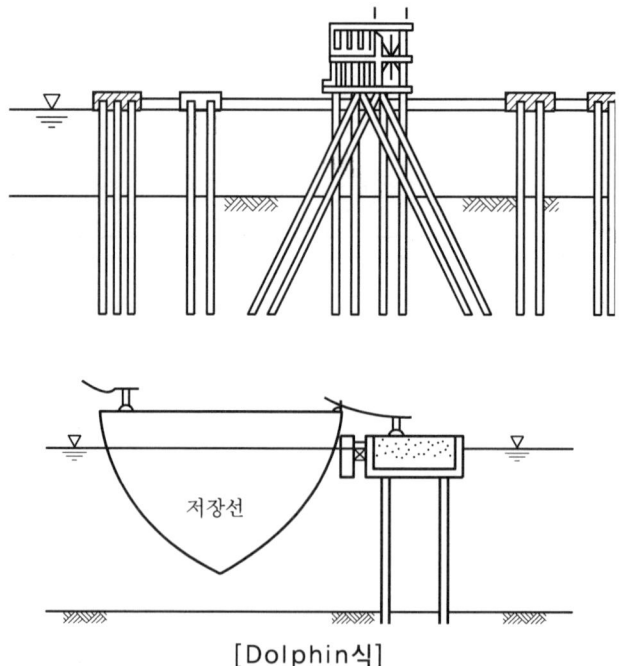

[Dolphin식]

7) 계선부표식(Mooring Buoy) 계류시설의 특징

① 주로 박지 내에 설치
② 해저에 Anchor 또는 추(Sinker)를 만들어 줄을 연결하고 부표를 띄워서 선박을 계류시킴
③ 종류에는 침추식, 묘쇄식, 침추묘쇄식이 있음
④ 침추묘쇄식이 가장 많이 이용

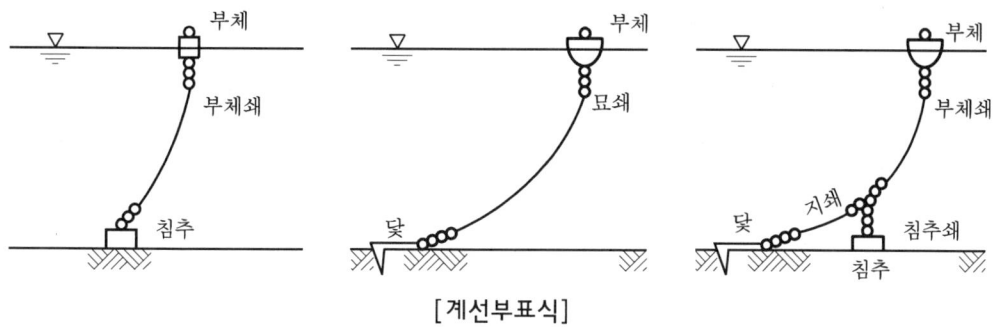

[계선부표식]

2. 계류시설 시공 시 안전대책

1) 중력식 계류시설 시공 시

① 하상굴착 오차 준수
- 저면 : 0.3m
- 사면 내측 : 0.3m
- 사면 외측 : 0.2m
② 기초사석 투입 시 요철 없고 수평으로 고르기 충분히
③ 가능한 사석 거치 이음눈은 가능한 작게
④ 뒤채움재는 양질 재료로 시공

2) 널말뚝식 계류시설 시공 시

① 널말뚝 타입 중 경사, 두부압축, 근입부족, 근입 과잉 시 중지할 것
② 띠장재는 타입말뚝 실측 후 현장에 맞도록 가공하여 시공
③ Tie Rod의 시공은 최대한 신속히
④ 뒤다짐공은 토압을 줄일 수 있는 재료 사용
⑤ 뒤채움은 뒤다짐재료 투입 완료 후 층별로 시공
⑥ 전면준설의 경우 규정 수심 이상 굴착 금지

3) Cell식 계류시설 시공 시 유의사항

　① Cell 널말뚝의 타입은 1개소만 끝까지 타입하지 말고, 전체를 비슷한 깊이로 타입
　② 속채움은 양질의 재료를 사용하여 충분히 다짐
　③ 상부공 지지함은 속채움 다짐 후 시행

4) 잔교식 계류시설 시공 시 유의사항

　① 사면 피복석은 파랑에 이탈되지 않도록 시공 철저
　② 항타 시 근입 부족, 항타 불량, 각도 불량이 없도록 시공
　③ 강관 말뚝 방청처리가 벗겨지지 않도록 시공

5) 부잔교식(Pontoon) 계류시설 시공 시 유의사항

　① Pontoon은 내구성, 수밀성, 내충격성을 고려하여 형식 선정
　② Pontoon의 규격은 화물 및 여객에 충분한 넓이와 안정성 확보
　③ Pontoon의 안정성은 만재 하중 시 Pontoon 높이의 10% 침수 이내일 것

04 기초사석공

1. 해중 기초의 종류

1) 사석기초 공법
2) 말뚝기초 공법
3) 심층혼합기초 공법
4) MAT 공법 : Geo-textile, 철근망
5) 침상 공법

2. 기초공의 종류

1) 기초 터파기
2) 기초사석 투하
3) 기초석 고르기

3. 기초 터파기

1) 목적
   - 소요 지지력 확보
   - 수심 확보

2) 기초굴착 장비 선정 시 고려사항
   - 토질, 토량
   - 공사기간
   - 투기장 위치

3) 굴착장비
   - Pump 준설선
   - Grab 준설선
   - Bucket 준설선
   - Dipper 준설선

4) 굴착 시 유의사항
   - 해양오염 방지
   - 오탁방지망 설치
   - 굴착 계획고 준수 여부
   - 상류에서 하류로 굴착

4. 기초사석 투하

1) 투하방법
   - 해상투하 : Barge선이나 토운선 이용
   - 육상투하 : 육상에 접한 쪽부터 투하

2) 투하 시 고려사항
   - 조석간만, 조류, 파랑 고려
   - 지질상태 고려

3) 기초사석의 투하목적
- 세굴 방지
- 상부구조의 하중분배 및 전달
- 상부구조 거치 시 지반의 안정

4) 사석 투하 시 유의사항
- 투하구역 표시 점검
- 투하량 확인
- 편투하 금지
- 투하 시 유실 방지
- 부유물 확산 방지

5. 사석 고르기

1) 사석 고르기 작업 시 고려사항

　수심, 탁도, 유속, 파랑

2) 문제점
- 공기가 길다.
- 작업능률 저조
- 안전사고 빈발

3) 기초사석 여유고
- 상부공 거치 후 20~40cm 침하
- 침하량 고려 여성고

4) 사석 투입량 결정방법
- Barge선량 검수
- 수중 음향측정기 측정
- 측심대 사용

5) 시공 시 유의사항
- 기초 고르기 : 바닥 균등, 평탄 포설
- 속 고르기 : 계획경사로 고르기

- 피복석 고르기 : 주변 피복석과 서로 맞물리게 시공
- 피복석 고르기 마루높이 허용오차 : ±30cm

6. 기초 사석공 시공 시 유의사항

1) 연약지반 보강대책 강구
2) 천단부 침하고려 : 20~40cm
3) 사석 천단부 평탄성 고려 잠수부에 의한 마감
4) 사석 천단부 1m 정도 잔자갈 또는 작은 사석 채움
5) 기상 악화 시 시공중단
6) 사석 투하 확인은 잠수부가 직접 함

05 가물막이공(가체절)

1. 가물막이 공법 선정 시 고려사항

1) 지수성
2) 수압, 토압에 대한 안정성
3) 가물막이 내에서의 작업성
4) 철거의 용이성
5) 소음, 진동 없는 공법
6) 경제성
7) 시공성

2. 가물막이 공법 분류

1) 중력식

① 댐식
② Box식
③ Caisson식
④ Cellular Block식
⑤ Corrugated Cell식

2) Sheet Pile식

① 자립식 ② Ring Beam식
③ 한 겹 Sheet Pile식 ④ 두 겹 Sheet Pile식
⑤ Cell식

3. 공법별 특징

1) 댐식

① 토사 제방 축조 형식
② 수심이 얕은(3m 이내) 단기간의 공사에 적합
③ 구조가 단순하고, 재료 구득이 쉬움
④ 넓은 부지가 필요
⑤ 공사비 저렴

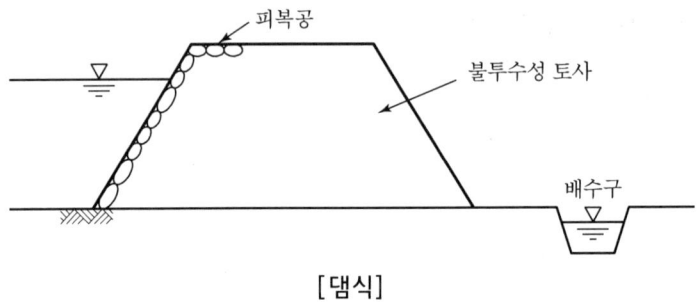

[댐식]

2) Box식

① 나무나 철제의 Box를 설치한 후 돌을 채우는 방법
② 기초가 암반인 소규모 공사에 적합
③ 지수성이 낮음
④ 보수 용이

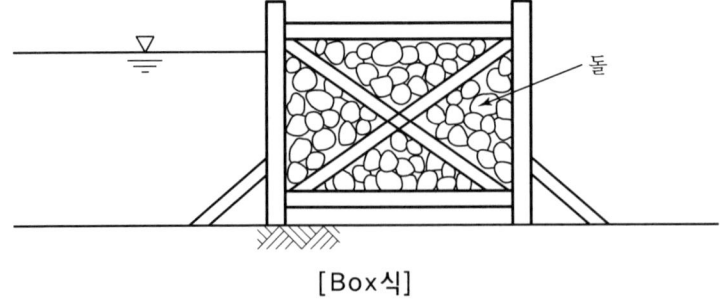

[Box식]

3) Caisson식
   ① 육상에서 제작한 Caisson을 거치한 후 속채움
   ② 수심이 깊은 경우 적용
   ③ 물막이 안전성 높음
   ④ 시공속도 빠름
   ⑤ 공가비 고가

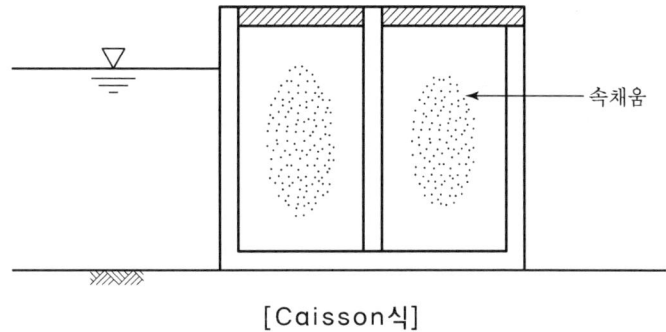

[Caisson식]

4) Cellular Block(중공 Block)식
   ① 작게 분할된 Cellular Block 사용
   ② 조류 조건이 나쁠 경우 적용
   ③ 연약지반에 적용 불가
   ④ Caisson보다 지수성 뒤짐
   ⑤ Caisson보다 공사비 저렴

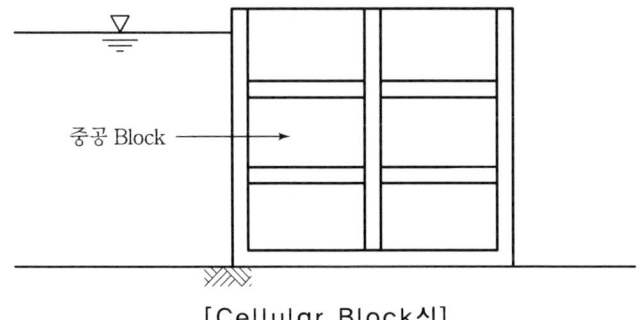

[Cellular Block식]

5) Corrugated Cell식

① 주름진 강판으로 육지에서 Cell을 제작 운반 후 토사로 속채움
② 시공이 비교적 간단
③ 안전성 좋음
④ 시공속도 빠름

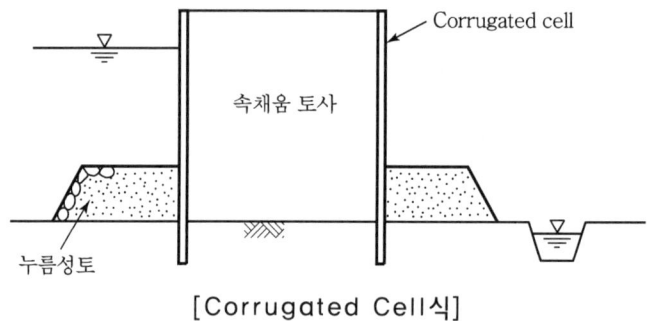

[Corrugated Cell식]

6) 자립식

① Sheet Pile 자체가 버팀 없이 수압에 저항
② 부지가 작게 소요
③ 연약지반에는 적용 불가
④ 깊은 수심에 부적합

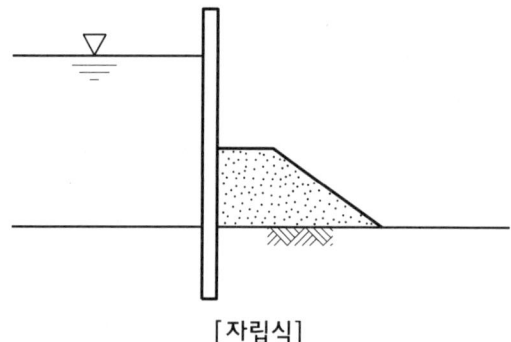

[자립식]

7) Ring Beam식

① Sheet Pile과 원형의 빔으로 저항
② 수심 5~10m의 교각기초에 주로 적용
③ 시공속도 빠름
④ 경제적임

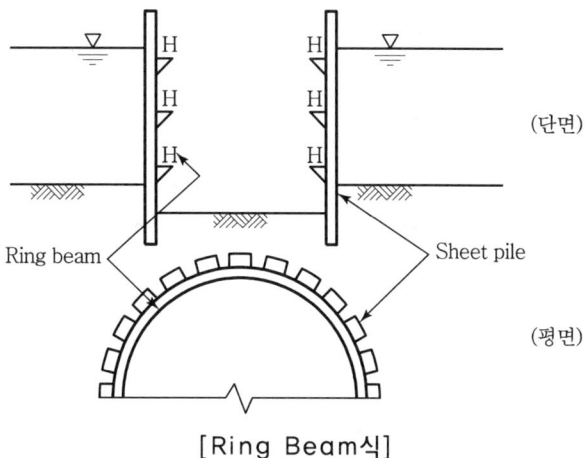

[Ring Beam식]

8) 한 겹 Sheet Pile

① Sheet Pile과 Strut에 의해 수압에 저항
② 수심 5m 정도에 유리
③ 지반이 좋고 소규모인 곳에 유리

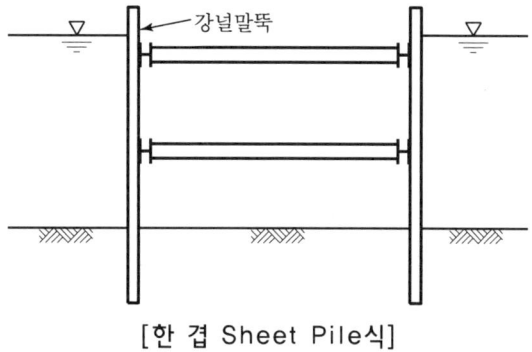

[한 겹 Sheet Pile식]

9) 두 겹 Sheet Pile

① Sheet Pile을 2열로 타입하고, Tie Rod로 연결한 후 그 사이에 모래, 자갈로 속채움하여 저항
② 수심 10m 정도에 적합
③ 대규모 물막이에 적용
④ 지수성이 양호
⑤ Heaving, Piping에 대한 안정성 양호

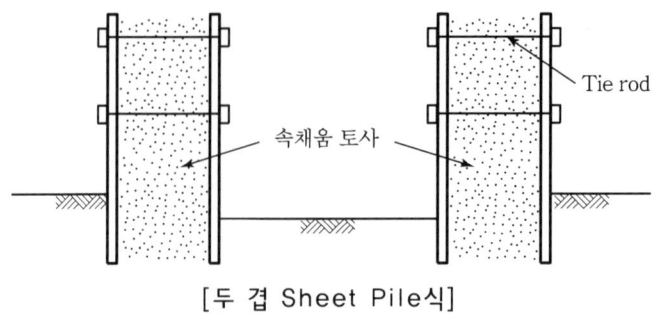

[두 겹 Sheet Pile식]

10) Cell식

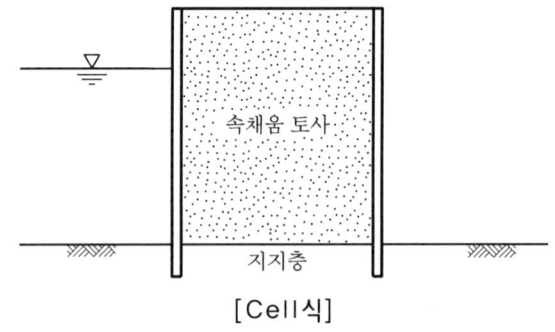

[Cell식]

4. 시공 시 유의사항(안전대책)

1) 사전조사 철저

   ① 가물막이의 기초부 지질 및 지형 상태

   ② 홍수 시 최대수위 및 유량 산정

   ③ 공사기간

2) 기초지반 처리 철저

   ① 기초암반부에 누수 없도록 처리

   ② 연약지반의 경우 침하가 없도록 처리

3) 제체시공 관리 철저

   ① 성토 다짐 관리 철저

   ② 제체 누수 없도록 시공 관리

4) 공사 가능 시기에 작업

　① 호우기간 피할 것
　② 태풍 및 홍수 시 작업 중지
　③ 호우, 홍수 시 제체 안정대책 강구 및 조치

5) 가물막이 높이 여유고 산정

　① 가배수로 유량을 고려한 물막이 높이 산정
　② 월류 시 제체 붕괴 방지대책 반영

6) 홍수 시 안전성 재검토

5. 해상작업 시 안전대책

1) 기상조건

　① 강풍 : 평균 풍속 15m/sec 이상 시 작업중지
　② 강우 : 일 강우량 10mm 이상 시 작업중지
　③ 안개 : 시계 1km 이하 시 선반운행 금지

2) 해상조건

　① 파도 : 파고 1.0m 이상 시 작업중지
　② 조류 : 조류속도 4노트 이상 시 작업중지
　③ 조위차 : 기상청 발표 조위차 관리를 통한 작업시간 결정

CHAPTER 02 하천공사

01 호안공

1. 정의

제방 또는 하안을 유수에 의한 유실과 침식에서 보호하기 위해 비탈면에 설치하는 제방 보호 구조물

2. 호안의 종류

1) 고수호안
2) 저수호안
3) 제방호안

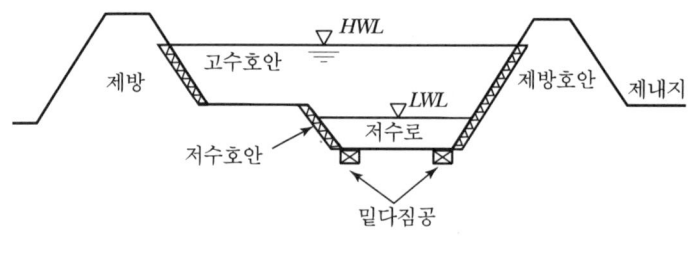

[호안 단면]

3. 호안의 구조

1) 비탈면 덮기공

① 하안 및 제체의 세굴 방지 목적
② 제체 내 물의 침투 방지 목적
③ 제방 붕괴 방지

2) 비탈 멈춤공

　① 비탈면 덮기공을 지탱함
　② 비탈면 덮기공의 침하, 활동 방지

3) 밑다짐공

　① 하안의 세굴 방지
　② 호안기초 안정

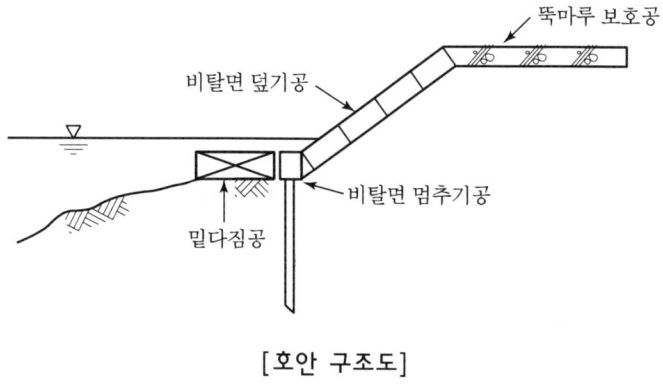

[호안 구조도]

4. 호안공법의 분류

1) 비탈면 덮기 공법

　① 돌붙임공, 돌쌓기공
　② 콘크리트 블록 붙임공, 콘크리트 블록 쌓기공
　③ 콘크리트 비탈틀공
　④ 돌망태공

2) 비탈 멈춤 공법

　① 콘크리트 기초
　② 널판 바자공
　③ 말뚝 바자공

3) 밑다짐 공법

　① 사석공
　② 침상공

③ 콘크리트 블록 침상공
④ 돌침상공

5. 호안공법의 종류별 특성

1) 돌붙임공, 돌쌓기공

① 비탈경사가 1 : 1보다 급한 경우를 돌쌓기공, 완만한 경우를 돌붙임공이라 함
② 재료로는 견치돌, 깬돌, 원석, 호박돌 사용
③ 경사가 완만한 곳은 메쌓기, 수세가 급한 곳은 찰쌓기

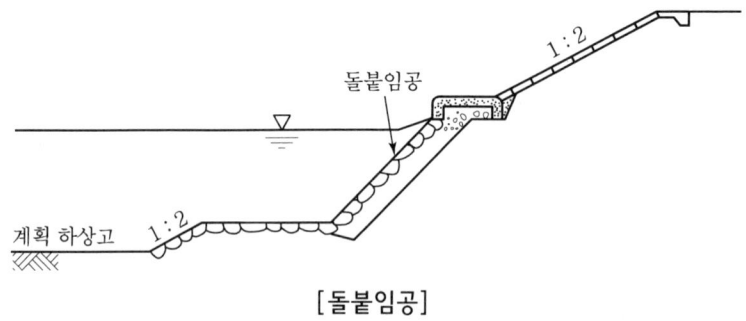

[돌붙임공]

2) 콘크리트 블록 붙임공, 콘크리트 블록 쌓기공

① 석재 조달이 용이하지 못할 경우
② 돌붙임공과 돌쌓기공에 준해 시공

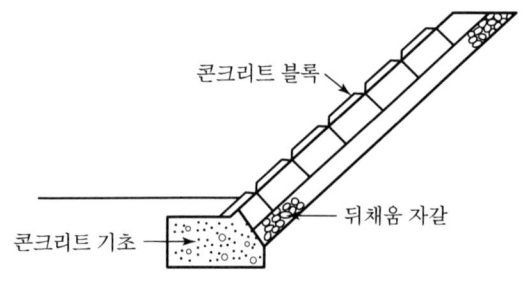

[콘크리트 블록 붙임공]

3) 콘크리트 비탈틀공

① 철근콘크리트 틀에 바닥콘크리트를 시공 후, 쇄석 채움
② 비탈이 1 : 2보다 완만한 경사일 경우

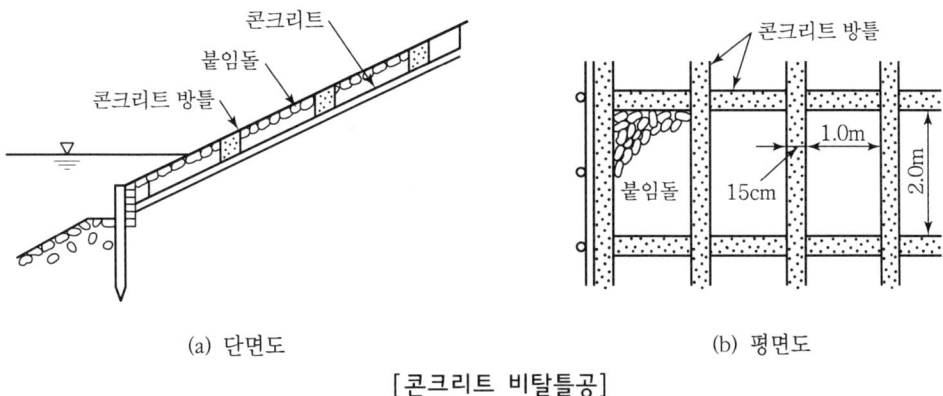

[콘크리트 비탈틀공]

4) 돌망태공(Gabion공)

① 직경 3~4mm 정도의 철선으로 망태를 짜서 속에 잔돌을 채움
② 시공성 양호
③ 내구성 부족
④ 견치돌, 호박돌을 구하기 어려운 곳에 유리

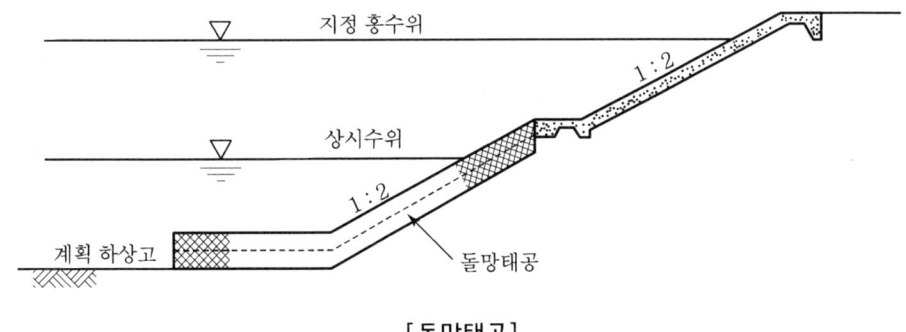

[돌망태공]

5) 콘크리트 기초

① 돌붙임공, 돌쌓기공, 콘크리트 블럭공 등의 기초에 적용

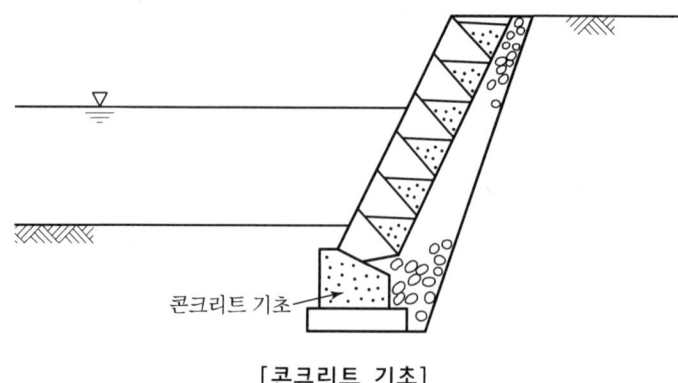

[콘크리트 기초]

6) 널판바자공

① 일정간격으로 말뚝을 박고 널판바자를 만든 후 호박돌, 자갈을 채움
② 수심이 얕은 곳에 적용
③ 완류부에 유리

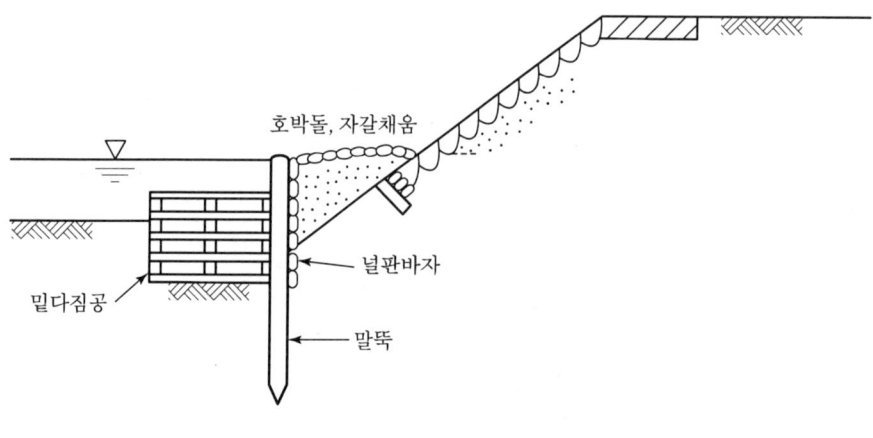

[널판바자공]

7) 말뚝바자공

① 일정한 간격으로 어미 말뚝을 박고, 배면에 통나무바자를 설치한 후 고정말뚝을 박음
② 바자공법 중 가장 견고함

8) 사석공

   ① 법면에 큰 돌을 두껍게 쌓은 후 표면을 고르기 함
   ② 가장 간단한 공법

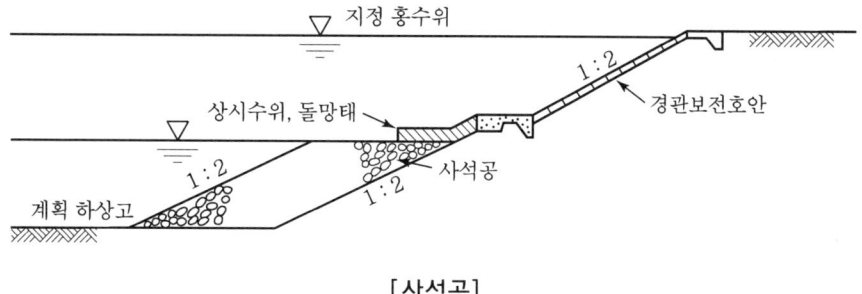

[사석공]

9) 침상공

   ① 섶침상 : 완류 하천에 적용
   ② 목공침상 : 급류 하천에 적용

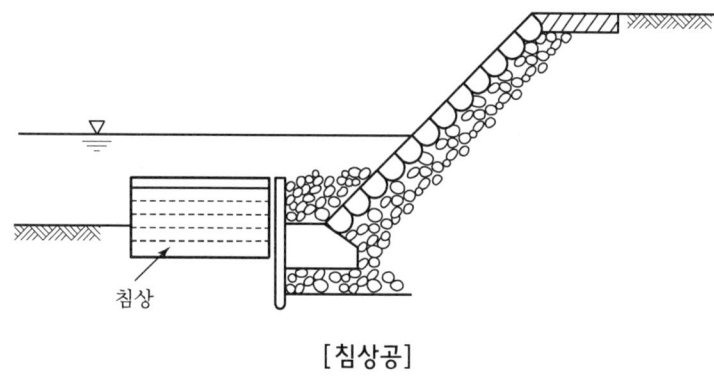

[침상공]

10) 콘크리트 블록 침상공

   ① 콘크리트 블록이 서로 맞물리게 시공
   ② 십자블록, Y블록, H블록 등이 있음

11) 돌침상공

   ① 밑다짐공으로 적용
   ② 시공 용이

6. 호안 시공 시 유의사항

1) 급류하천은 전면적인 호안 시공
2) 기초 세굴 방지에 유의
3) 뒤채움재는 입도가 양호한 재료 사용
4) 호안머리공 시공 검토
5) 밑다짐공 시공철저
6) 비탈길이 10m마다 소단 설치
7) 호안 표면이 흩어지지 않도록 시공
8) 하천구조물의 상하류 시공 철저
9) 제방호안의 높이계획 홍수위까지
10) 호안 표면은 적당한 요철 시공

7. 호안의 붕괴원인 및 대책

1) 붕괴원인
   - 기초부 세굴
   - Piping 현상
   - 사면 붕괴
   - 다짐 불량
   - 성토재료 불량
   - 뒤채움 토사유출
   - 비탈덮기 돌붙임공 시 작은 사석 사용
   - 둑마루 보호공 파괴
   - 제방 침식
   - 동물에 의한 구멍
   - 토압 수압이 큰 경우
   - 호안구조 변화 지점

2) 방지대책
   - 기초의 충분한 근입깊이 확보
   - 밑다짐공 시공 철저
   - 뒤채움 재료로 양질토 사용

- 뒤채움 다짐 철저
- 와류 예상지점 시공 철저
- 뚝마루 시공 철저

① 비탈면 안정 검토

유수속도가 빠르거나 간만의 차가 큰 감조부에서는 구배설계 시 완만한 구배 유도

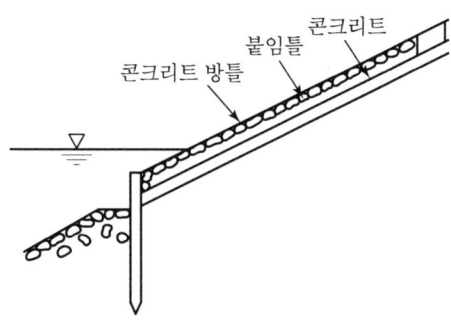

② 구조 이음눈 설치

종단방향에 10~20cm 간격으로 구조 이음눈 설치로써 비탈덮기 밑부분의 파괴가 일어나지 않도록 함

③ 완화구간 설치
- 신설한 호안과 종래의 호안 사이에 완화구간 설치
- 호안 양단부에서의 세굴과 비탈덮기 이면의 토사유출 방지

④ 호안머리 보호공 설치

호안머리 비탈공의 세굴을 방지하기 위해서 호안머리 보호공 설치

02 하천 제방

1. 제방 구조 단면

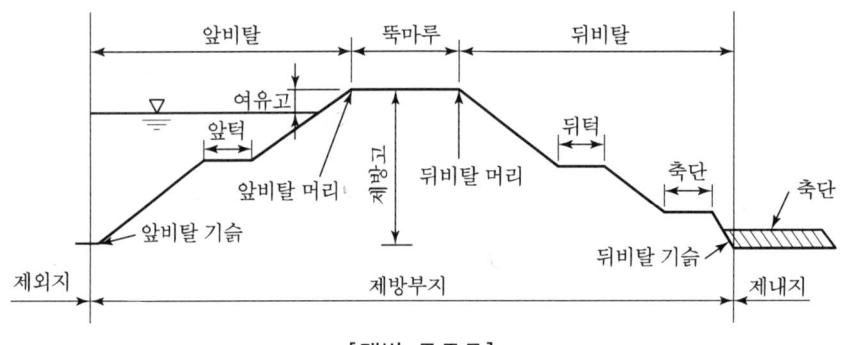

[제방 구조도]

2. 제방이 갖출 조건

1) 홍수 시 월류 방지
2) 유속에 의한 세굴 방지
3) 하천수 급강하 시 비탈면 안정
4) 연약지반에 축조 시 침하 안정
5) 누수나 Piping에 안정
6) 제방 함수비 상승 시 비탈면 붕괴 금지

3. 제방의 누수조사

1) 제체 및 기초 지반의 토질조사
2) 시료 채취 및 실내시험
3) Sounding, 투수시험, 지하수위조사
4) 모형시험

4. 제방 누수방지 공법 선정 시 고려사항

1) 경제성
2) 지수효과

3) 시공성
4) 주변의 영향

5. 제방의 누수원인

1) 제방 단면의 과소
2) 성토재료의 부적정
3) 차수벽 미시공
4) 제체의 다짐 불량
5) 제체에 구멍 발생
6) 구조물 접합부의 다짐 불량
7) 투수성이 큰 기초지반 위 시공
8) 제체 표토의 세굴
9) 불투수층 두께의 부족
10) 기초 지반침하
11) 제방고 낮아 월류 시
12) 제외 측 보호공 미시공 및 부실

6. 제방의 누수방지 대책

1) 제방단면 확대

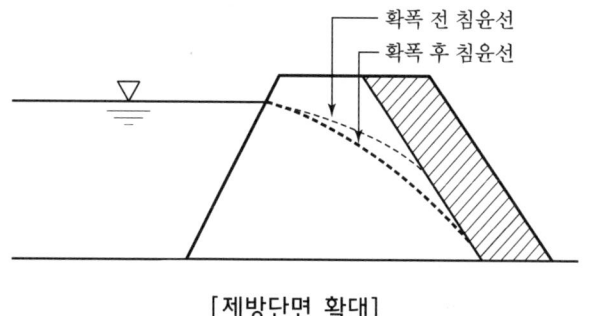

[제방단면 확대]

2) 재료 선정 시 투수성이 낮은 재료

3) 제 외측 비탈면 피복 정밀 시공

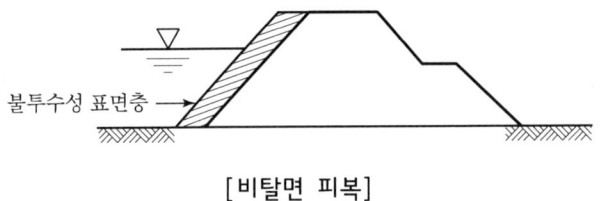

[비탈면 피복]

4) 차수벽 설치

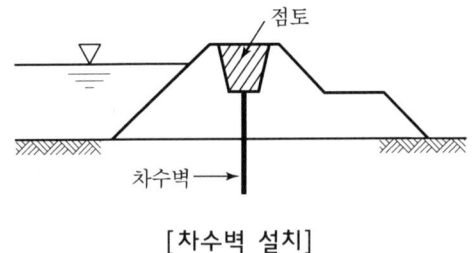

[차수벽 설치]

5) 성토 다짐관리 철저

6) 투수성 지반 시 보강 후 제체 시공

7) 제 내측 압성토

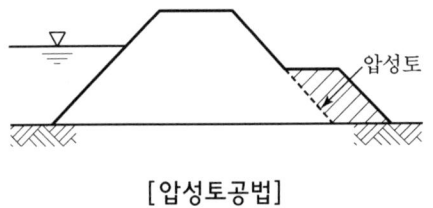

[압성토공법]

8) 제 외측에 Blank 시공

[Blanket 공법]

9) 제 내측 배수로 설치

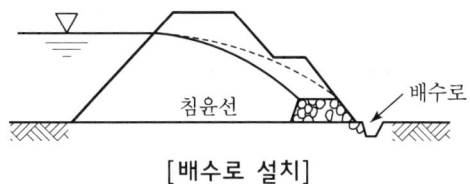

[배수로 설치]

10) 제 외측 Sheet Pile 등 지수벽 시공

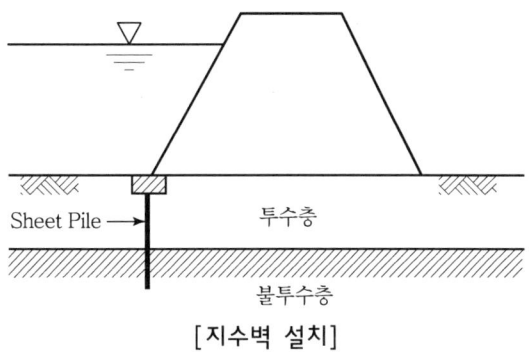

[지수벽 설치]

11) 제 내측 비탈끝 보강

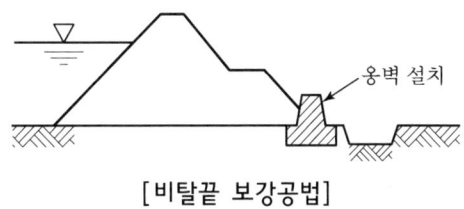

[비탈끝 보강공법]

12) 제 내측 집수정 설치

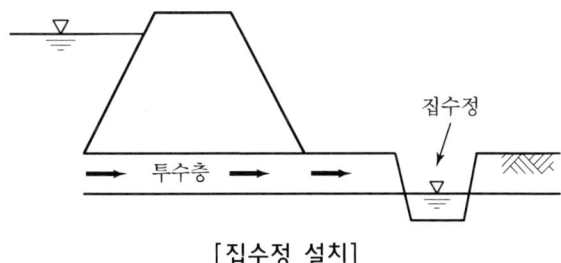

[집수정 설치]

13) 수제의 설치

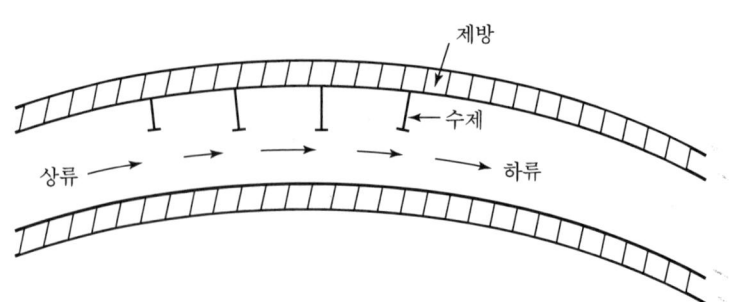

PART 08

부록

표준안전작업지침
합격답안 작성용 모식도

표준안전작업지침

01 건설공사 굴착면안전기울기 기준에 관한 기술지침 [C-104-2023]

이 지침은 산업안전보건기준에 관한 규칙(이하 "안전보건규칙"이라 한다) 제2편 제4장 제2절(굴착작업 등의 위험방지)의 규정에 의거 건설공사 굴착면의 안전기울기 기준에 관한 기술지침을 제시함을 목적으로 한다.

1. 사전 검토사항

1) 굴착공사 전에 설계도면과 비탈면 안정해석 등의 내용을 검토하여 굴착비탈면의 위치, 지반의 종류 및 특성, 함수량 정도 등의 설계조건과 현장조건을 비교 검토하여 굴착면의 안전기울기의 적정성 여부를 파악한다.

2) 굴착비탈면의 안전기울기 사전검토 시 굴착장소 및 그 주변지반에 대하여 다음 각 목을 조사하여 평가한다.
   ① 지반 형상·지질 및 지층의 상태
   ② 균열·함수·용수 및 동결의 유무 또는 상태
   ③ 지하매설물 도면 확인 및 매설물 등의 유무 또는 상태
   ④ 지반의 지하수위 상태
   ⑤ 비탈면 보호공의 설치계획

3) 굴착 시 굴착비탈면의 무너짐에 의한 재해를 방지하기 위하여 다음 각 목을 작업 전, 작업 중, 작업 이후, 우기 이후에 개별적으로 실시하여 점검하여야 한다.
   ① 비탈면 상부의 지표면 변화 확인
   ② 비탈면의 지층 변화부 상황 확인
   ③ 부석의 상황 변화 확인
   ④ 결빙과 해빙에 대한 상황의 확인
   ⑤ 각종 비탈면 보호공의 변위 및 탈락 유무

2. 일반 검토사항

1) 굴착작업 시 주변지반이 침하하는 것에 주의하고 관계자의 입회하에 굴착비탈면의 안전에 필요한 조치를 취하여야 한다.
2) 굴착공사 진행 중 사전 조사된 결과와 상이한 상태가 발생한 경우 굴착면의 안전기울기 보완을 위한 정밀조사를 실시하여야 하며, 그 결과에 따라 안전기울기를 변경해야 할 필요가 있을 때에는 안전기울기 기준이 결정될 때까지 해당 위험작업을 중지하여야 한다.
3) 굴착작업 시 지반의 지질 상태에 따라 굴착면의 기울기를 안전하게 유지하여 무너짐 위험에 대비하여야 한다.

3. 지반종류별 준수사항

1) 지반의 종류에 따라 굴착면의 안전기울기를 준수하여야 하며, 필요시 충분한 보강을 실시해야 한다.
2) 자연지반은 매우 복잡하고 불균질하며, 굴착비탈면은 굴착 후 시간이 경과함에 따라 점차 불안정해지며, 강우 등의 주변 환경 변화에 따라 비탈면 안정성이 저하되므로 이들을 고려한 안정성 검토 및 보호·보강대책이 이루어져야 한다.
3) 리핑암의 경우 비탈면 높이가 10m 이상일 경우에는 매 5.0m마다 폭 1m의 소단을 설치하도록 한다. 또한 비탈면 높이에 관계없이 흙과 암과의 경계나 투수층과 불투수층과의 경계에는 필요에 따라 소단을 설치하고, 용수발생 시 소단에 유도 배수로를 설치하여야 한다.
4) 발파암은 굴착난이도 및 암반 강도에 따라 비탈면 기울기와 소단을 적절하게 적용하여야 하며, 연암 및 보통암인 경우 비탈면 높이 10m마다 1~2m폭의 소단을 설치하고, 경암질인 경우에는 비탈면 높이 20m마다 폭 1~2m의 소단을 설치하며, 리핑암과 발파암의 경계와 암반의 특성이 급격히 변화하는 곳에도 폭 1~2m의 소단을 추가 설치한다.
5) 풍화가 빠른 암반, 균열이 많은 암반, 바둑판 모양의 균열이 있는 암반 등 붕괴위험이 있는 암반 굴착비탈면의 경우에는 반드시 이를 고려하여 안전성을 검토하여 안전기울기를 결정해야 한다.

4. 비탈면 안정해석 실시

1) 지반조건이 불명확하거나, 급격하게 변화하는 경우 굴착면의 안전기울기는 별도의 비탈면 안정해석을 통해 여유 있게 결정해야 한다.
2) 굴착면 기울기는 지반을 구성하는 지층의 종류, 상태 및 굴착 깊이 등에 따라 설계기준에 제시된 값을 표준으로 하나 붕괴 요인을 가진 굴착부는 별도로 검토하여 종합적으로 판단하여야 한다.
3) 암반 굴착의 경우 지표지질조사 및 시추조사에 의하여 파악된 절리의 방향성과 발달 상태에 따라 안정해석을 실시하여 안전기울기를 결정하여야 한다.
4) 굴착면의 기울기가 표준기울기와 다른 경우 별도의 안정해석을 통해 안전기울기를 결정하여야 한다.
5) 굴착비탈면이 다음과 같은 조건일 경우에는 지질 및 토질조건, 절리 발달상태, 비탈면 내의 지하수 유출조건 등에 대하여 지표지질조사 및 정밀조사를 실시하고 그 결과에 따라 비탈면 안정해석을 실시하여 비탈면 안전기울기를 결정하며, 필요시 안정대책을 검토하여 시공하여야 한다.
   ① 퇴적층이 두껍게 형성되어 불안정한 상태를 나타내는 구간
   ② 붕괴 이력이 있고 산사태 발생 가능성이 있는 구간
   ③ 지하수위가 높고 용수가 많은 구간
   ④ 연약지반이 분포하여 침하 등의 우려가 있는 경우
   ⑤ 시설물이 인접하여 붕괴 시 복구에 상당기간이 소요되거나 막대한 손상을 초래하는 경우
   ⑥ 기타 불안정한 요인이 있는 것으로 판단되는 구간
6) 안정해석 결과 불안정한 것으로 판단되는 비탈면에 대하여는 비탈면 기울기 완화 등 적정한 보강공법을 설계에 반영하여야 한다.

5. 안전기울기 기준

1) 산업안전보건기준에 관한 규칙 제338조(지반 등의 굴착 시 위험 방지) 제1항에 따라 사업주는 지반 등을 굴착하는 경우에는 굴착면의 기울기를 기준 이상으로 완만한 기울기를 유지하여야 한다. 다만, 비탈면의 붕괴 방지를 위하여 적절한 조치를 한 경우에는 관계전문가 자문 및 안정성검토를 득한 후 변경할 수 있다.
2) 굴착깊이, 굴착난이도 및 암반 강도 등에 따라 비탈면 기울기와 소단을 다르게 적용하며, 용수발생 시 소단에 유도 배수로를 설치하여야 한다.

3) 굴착면의 기울기가 달라서 기울기를 계산하기가 곤란한 경우에는 해당 굴착면에 대하여 붕괴의 위험이 증가하지 않도록 해당 각 부분의 기울기를 유지하여야 한다.
4) 상기 1), 2) 및 3)항은 일반적인 사항이므로 현장여건 및 보강계획 등을 고려하여 현장 지반에 적합한 굴착면 기울기를 적용하여야 한다.

6. 안전기울기 준수를 위한 유의사항

1) 준설 비탈면은 토질조건, 준설방법 등에 따라 준설공사 후 비탈면이 안정적으로 유지하기 위하여 준설 시 안전기울기를 규정할 필요가 있으며, 대단위 비탈면 형성구역에 대해서는 원호활동 검토 등을 수행하여 안전기울기를 결정하여야 한다.
2) 연암 이상 암반 굴착면의 기울기는 암반 내에 발달하는 단층 및 주요 불연속면의 기울기 및 방향을 고려하여 발생 가능한 파괴형태에 대한 안정해석을 실시하여 비탈면의 안전기울기를 결정하여야 한다. 다만, 해당 구간 불연속면 등의 암반특성을 정확히 파악할 수 없을 경우 시추조사에 의해 파악된 암반특성을 고려하여 암반 굴착면의 안전기울기를 결정할 수 있으나 반드시 시공 중 조사 및 이를 반영한 안정해석을 통해 안정성을 확인하여야 한다.
3) 각기 다른 토질이 분포하여 상이한 소단 및 기울기로 접속되는 구간에는 연결을 위한 완화구간(접합부 중심 기준 좌우 약 5m)을 둔다.
4) 비탈면 보호를 위한 배수시설 및 비탈면 보호시설 등은 별도 검토하여 반영해야 하며 시설물의 설치 여건에 따라 비탈면의 기울기를 조정할 수 있다.

02 흙막이공사(띠장 긴장 공법, Prestressed Wale Method)의 안전보건작업지침 [C - 95 - 2014]

이 지침은 산업안전보건기준에 관한 규칙(이하 "안전보건규칙"이라 한다) 제2편 제4장 제2절(굴착작업 등의 위험방지)의 규정에 따라 띠장 긴장 공법(Prestressed Wale Method) 흙막이공사 작업과정에서의 안전보건작업지침을 정함을 목적으로 한다.

1. 버팀보 공법과 현장 긴장 방식의 띠장 긴장 공법의 개념도

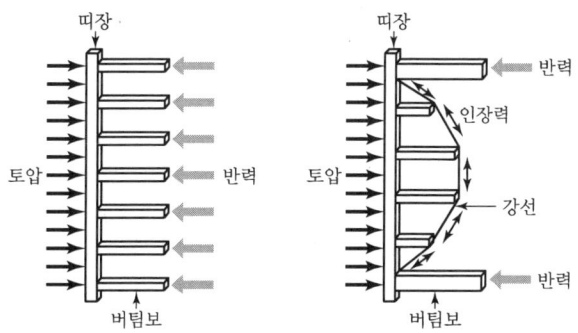

[버팀보 공법]   [현장 긴장 방식의 띠장 긴장 공법]

2. 띠장 긴장 공법의 시공흐름도

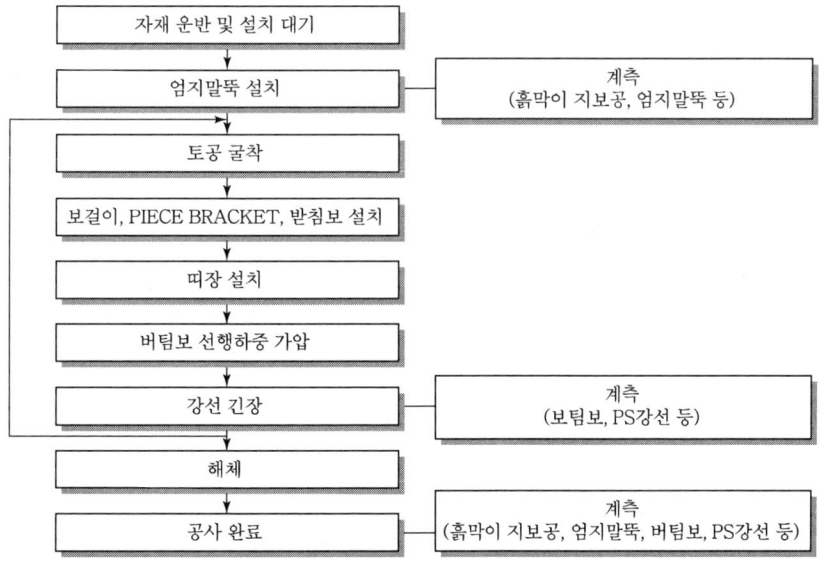

3. 띠장 긴장 공법의 일반 안전조치 사항

1) 근로자의 위험을 방지하기 위하여 사업주는 사전에 다음의 내용에 관련한 작업계획서의 작성을 하여야 하며 이에 따라 작업을 하도록 하여야 한다.
   ① 띠장의 설치 위치, 시공순서 등에 대한 띠장 긴장 공법의 제반사항
   ② 차량계 하역운반기계 작업, 차량계 건설기계 작업, 양중기 사용작업 등
   ③ 굴착면의 높이가 2m 이상 지반의 굴착작업
   ④ 중량물의 취급작업
   ⑤ PS 강선의 계측, 유지관리 및 철거에 대한 제반사항
2) 작업 시 발생할 수 있는 유해·위험요인에 대한 실태를 파악하고 이를 평가·관리·개선하기 위한 위험성평가를 수행하여야 하며, 그 결과를 고려하여 안전대책을 수립하여야 한다.
3) 시공계획서 및 작업계획서를 검토하여 떨어짐, 맞음, 끼임, 넘어짐 등의 재해위험이 있는 장소에는 경고표지판, 낙하물방지망, 추락방지망 등 안전시설물을 설치하여야 한다.
4) 작업자의 작업통로 및 작업공간 확보를 위해 필요한 개소에 작업발판, 안전난간 등을 설치하여야 한다.
5) 근로자의 안전을 위하여 보호구의 착용상태 감시, 악천후 시에는 작업의 중지, 관계 근로자 이외의 자의 출입통제 등이 이루어져야 하며, 무너짐의 위험이 있다고 판단된 경우에는 즉시 근로자를 안전한 장소로 대피시켜야 한다.
6) 띠장 긴장 공법의 적용은 현장 상황에 맞게 작성된 설계도에 따라 시공해야 하며 시공 중 발생하는 제반 설계변경 요인에 대해서는 검토서를 제출하여 책임기술자 및 관리감독자의 승인을 받아야 한다.
7) 띠장 긴장 공법 흙막이 공사 시 PS 강선 설치 및 긴장과 관련하여 다음의 안전작업절차를 준수하여 관련 재해가 발생하지 않도록 하여야 한다.
   ① 긴장 작업 전 긴장장치 후방에는 인장력의 최대반력에 견딜 수 있는 방호철판을 설치하여야 한다.
   ② 긴장 작업 전 프리스트레스 도입에 따른 띠장의 갑작스런 한쪽으로 치우침, 비틀림, 넘어짐 등에 대하여 누름 브래킷(Bracket)의 적용, 홈메우기 등의 안전대책을 수립하여야 한다.
   ③ 긴장 작업 전 관리감독자를 지정하여야 한다.
   ④ 긴장 작업 중에는 긴장장치 배면에서의 작업을 중지하고 관계자 이외의 접근을 금

지시켜야 한다.
8) 띠장 긴장 공법의 흙막이 공사 시 줄파기 작업과 관련하여 사전에 다음의 안전작업절차를 준수하여 관련 재해가 발생하지 않도록 하여야 한다.
   ① 공사 착수 전에 본 공사 시행으로 인한 인접 제반 시설물의 피해가 없도록 안전대책을 수립함은 물론 이에 대한 현황을 면밀히 조사, 기록, 표시하여야 하며, 인접 제반 시설물의 소유주에게 확인, 주지시켜야 한다.
   ② 흙막이 시공 위치에 상하수도관, 통신케이블, 가스관, 고압케이블 등 지하매설물이 설치되어 있는지의 여부를 관계 기관의 지하매설물 현황도에서 검토하고 일치하지 않을 경우 지하매설물 탐사장비(GPR, 탄성파 등)를 이용하여 확인조사를 실시한다. 또한 줄파기를 통하여 매설물을 노출시켜야 하며, 필요시 이설 또는 보호조치를 하여야 한다.
9) 띠장 긴장 공법 흙막이 공사 시 장비와 관련하여 다음의 안전작업절차를 준수하여 관련 재해가 발생하지 않도록 하여야 한다.
   ① 현장 여건과 진행 공종별 장비 수급계획을 수립하여 현장에서 각종 장비의 뒤집힘, 깔림, 끼임 등의 재해를 방지하고 장비의 통로는 배수가 잘되도록 조치하고 지반의 침하나 변형을 수시로 확인하여 필요시 지반을 보강하여야 하며 보강은 양질의 토사치환 및 철판 깔기나 콘크리트 등을 포설한다.
   ② 크레인, 굴착장비 등 장비를 현장에 반입할 경우에는 해당 장비이력카드를 확인하여 관련 법령에 의한 정기검사 등 이력을 확인하고, 작업 시작 전에 다음을 점검하여야 한다.
      • 권과방지장치, 그 밖의 경보장치의 기능
      • 브레이크, 클러치 및 조정장치의 기능 등
   ③ 지게차를 사용하여 자재를 실을 때에는 허용하중을 초과하여 적재하여서는 안 되며, 무게중심을 확보하여 깔림의 위험을 방지하여야 한다.
   ④ 장비의 하역작업을 하는 때에는 평탄한 장소에서 수행하여야 하며 인양장비의 전도 등을 방지하기 위하여 견고한 지반조건을 갖추어야 한다. 지반침하가 우려되는 때에는 양질의 토사로 치환하거나 콘크리트를 타설하는 등 지반침하방지를 위한 안전조치를 하여야 한다. 장비를 반출하는 경우에도 동일하게 적용된다.
   ⑤ 현장 내 장비의 이동경로 또는 인근에 고압전선로 등의 장애물이 있는 경우에는 이를 이설하거나 방호시설을 설치한 후 작업하여야 한다.
10) 띠장 긴장 공법 흙막이 공사 시 시공 안전성 확보와 관련하여 다음의 안전작업절차를 준수하여 관련 재해가 발생하지 않도록 하여야 한다.

① 흙막이 설계 및 공사 시에 보일링(Boiling) 및 파이핑(Piping)과 히빙(Heaving)에 대한 안정성 검토를 실시하여 이로 인해 발생할 수 있는 흙막이 변형, 무너짐, 주변 지반 함몰 등의 대형 안전사고가 발생하지 않도록 하여야 한다.

② 강우나 침투되는 지하수 등을 수시로 점검하고 배수 및 차수계획을 수립하고 이에 따른 토압의 변화에 대하여 안전대책을 마련하여야 한다.

11) 띠장 긴장 공법의 주요 부재가 되는 H-형강, 철판, PC 강선 및 정착부에 사용되는 재료 등은 변형, 균열이 없는 구조용 재료를 사용해야 하며 K.S 또는 그와 동등 이상의 규격 제품이어야 한다. 또한 구강재를 사용할 경우 강재의 허용응력을 감소시켜 적용한다.

12) 공사의 안전성 및 합리적 관리를 위한 체계적인 계측계획이 사전에 수립되어야 하고 인접 주요구조물 등의 중점 검토해야 하는 장소에 계측장비를 설치하여야 한다. 주요구조물 및 건물과 인접한 구조물에 띠장 긴장 공법을 적용할 경우 실시간 자동화 계측을 기본으로 한다.

13) PS 강선의 긴장력 손실, 편심 등으로 일어날 수 있는 흙막이 지보공의 무너짐에 대비하여 비상시 연락체계, 피난계획, 응급조치계획 등을 사전에 수립하고 이를 당해 근로자에게 반드시 교육시켜야 한다.

4. 띠장 긴장 공법의 각 공정별 안전조치 사항

1) 줄파기 작업

① 줄파기 작업 전 지하매설물의 유무확인을 위해 관계 기관과 사전협의하여 매설 위치확인 및 노출방법에 대하여 협의하고 지하매설물 표식과 보호조치를 하여야 한다.

② 줄파기 작업은 작업계획서에 따라 공사가 안전하게 진행될 수 있도록 장비, 기계·기구, 자재 및 가설재를 준비하여야 한다.

③ 주요 시설물에 대해서는 관계 법령에 따라 시설물 관리자에게 사전 통보하여 천공 작업 시에 입회할 수 있도록 하여야 한다. 주요시설이 훼손되거나 부분적인 누수가 발생할 경우에는 즉각 응급조치를 하고 관리감독자에게 통보하여 적절한 조치를 강구하여야 한다.

④ 지하매설관의 절곡부, 분기부, 단관부, 기타 특수부분 및 관리감독자가 특별히 지시한 직관부의 이음부분은 이동 또는 탈락방지 등의 보강대책을 세워야 하며, 기타 특별한 사항에 대해서는 관리감독자의 지시를 받아야 한다.

⑤ 가능한 적은 범위 내에서 줄파기를 하고, 보행자의 안전을 위해 보도경계선에 가설울타리를 설치하여야 한다.
⑥ 줄파기 작업 시에는 부근의 노면건조물, 지하매설물 등에 피해가 없도록 하고, 지반이 이완되지 않도록 주의하여야 하며, 필요시에는 가복공 또는 가포장하여야 한다.
⑦ 시험천공 및 줄파기는 말뚝박기 진행을 고려하여 소정의 범위 밖에서 시행하여야 하며, 작업완료 후 조속히 표준도에 따라 복구하여 교통소통에 지장이 없도록 하고 복구 후 노면을 유지 보수하여야 한다.

2) 엄지말뚝 시공

① 엄지말뚝의 운반·인양은 비틀림이나 변형이 발생하지 않도록 크레인 등을 이용하여 항타기 작업범위까지 운반하여야 한다.
② 엄지말뚝 인양용 와이어로프, 샤클 등 보조기구는 작업 전에 체결상태를 확인하여 불시에 떨어짐 재해를 예방하여야 한다.
③ 엄지말뚝의 인양 중 떨어짐 재해를 방지하기 위해 모든 접합부분은 결속하고, 인양용 고리부분은 자중을 고려하여 용접 등의 방법으로 보강하여야 한다.
④ 엄지말뚝의 인양 시 보조로프를 사용하여 흔들림에 의한 부딪힘을 예방하여야 한다.
⑤ 천공에 의한 엄지말뚝의 삽입은 천공된 공벽에 손상을 주지 않도록 하고 주변 지반보강 이후에 하여야 한다.
⑥ 흙막이 벽체와 관련된 엄지말뚝은 연직도 및 직진성을 확보하여야 하며, C.I.P 및 S.C.W의 경우 공극이 없고 구근강도 등의 품질이 시방기준 이상을 확보하여야 한다.
⑦ 케이싱을 사용하였을 경우 인발은 인발속도를 최대한 천천히 하여 파일 강재의 뒤틀림 등 변형을 방지하여야 한다.
⑧ 인발한 케이싱에 의한 깔림 방지를 위해 하단에 보조로프를 설치하여 이동 후 적재하여야 한다.

3) 굴착 작업

① 지반의 무너짐, 매설물의 손괴 등으로부터 근로자를 보호하기 위하여 지질, 매설물, 지하수위 등의 상태를 조사하고 굴착시기, 작업순서, 작업방법 등을 정하여야 한다.
② 굴착작업 중 근로자가 지상에서 굴착저면까지 안전하게 통행할 수 있는 가설계단 형식의 안전통로를 확보하고 가설계단 끝에는 안전난간, 가설계단하부에는 낙하물방지망을 설치하는 등 떨어짐 및 맞음 방지를 위한 필요한 조치를 하여야 한다.

③ 굴착저면과 지상에 장비 및 덤프트럭의 작업구간과 분리하여 근로자의 안전통로를 확보하여야 한다.
④ 흙막이 벽에서 토사와 함께 물이 유출될 우려가 있는 경우에는 그 원인을 분석하여 유도배수 또는 별도의 차수대책을 수립하여야 한다.
⑤ 우수 등 지표수 유입에 의한 이상 수압 등으로 흙막이 무너짐 사고가 발생하지 않도록 흙막이 상부 지표면에 콘크리트 타설, 비닐 등의 설치와 배수로를 확보하여야 한다.
⑥ 굴착토사 및 버력은 버킷(Bucket)의 높이 이하로 담아서 양중·운반하고 버팀보와 띠장 위에 있는 버력과 작업부산물 등은 수시로 제거하는 등 떨어짐 및 맞음 재해 발생 방지에 필요한 조치를 하여야 한다.
⑦ 굴착토사·버력의 반출과 재료의 반입·반출 시 굴착저면과 지상에 각각의 신호수를 배치하고 양중, 상차, 하차 등의 작업이 신호수의 신호에 의하여 실시되도록 하는 등 부딪힘, 끼임, 떨어짐 등의 재해방지에 필요한 조치를 하여야 한다.
⑧ 특히, 띠장 설치 및 PS 긴장 후 다음 단계 굴착 작업 중 굴착토사·버력을 반출할 때에 버킷, 굴삭기 장비 등과 PS 강선과의 부딪힘을 방지하기 위하여 강선보호장치 등의 안전대책을 수립하고 장비가 강선에 부딪히지 않도록 주의하여 작업하여야 한다.
⑨ 띠장 긴장 공법은 과굴착, 편굴착 등에 의한 과다토압 또는 편토압 작용으로 흙막이 지보공의 무너짐이 발생할 소지가 높기 때문에 단계별 굴착에 따른 지반안정성 검토 및 이에 대한 안전대책이 수립되어야 한다.

4) 띠장 및 버팀보 설치 띠장 및 중앙·코너부 버팀보 설치
① 띠장 및 버팀보는 설계도에 따라 정위치에 설치하여야 하며, 하부 굴착은 버팀보 가압 및 PS 강선 긴장이 완료된 후 시행하여야 한다.
② 띠장 및 버팀보는 시공에 앞서 재질, 단면손상 여부, 재료의 구부러짐, 단면치수 등을 점검하여 시공계획서에 적합한가를 확인하고 하중에 의하여 좌굴되지 않도록 충분한 단면과 강성을 가져야 하며, 각 단계별 굴착에 따라 흙막이 벽과 주변 지반의 변형이 생기지 않도록 시공하여야 한다.
③ 띠장은 지층경계면, 이질층을 횡단하는 위치에 설치하지 않는 것을 원칙으로 하며, 부득이하게 설치하는 경우 집중계측을 실시하여 띠장 변형 등을 주의하여 관리하여야 한다.
④ 띠장, 버팀보 등의 설치를 위한 자재 양중 작업을 할 때에는 신호수를 배치하여야

하며 자재가 이동하는 경로 및 하부에는 근로자의 출입을 통제하여야 한다.
⑤ 작업시작 전에 작업통로, 안전방망, 안전난간 등 안전시설의 설치상태와 이상유무를 확인하여야 한다.
⑥ 흙막이 지보공과 측면에 밀착되는 띠장과의 연결은 원칙적으로 볼트를 사용하여 체결하여야 한다. 다만, 부득이 한 경우에는 책임기술자 및 관리감독자의 사전승인을 받아 설계도서 이상의 강성을 확보할 수 있는 방법으로 정밀 시공하여야 한다.
⑦ 띠장의 하단에 보걸이 또는 띠장 받침대를 선 시공하고, 띠장을 거치 후 볼트를 체결한다.
⑧ 띠장 받침대는 전 구간에 걸쳐 수직 수평 모두 직선을 이루도록 시공해야 하며, 받침대의 지지력은 띠장의 자중과 상재하중 내하력을 견디도록 견고히 시공해야 한다.
⑨ 다음 단계의 PS 강선 긴장작업 시 발생할 수 있는 띠장의 편심, 변형 등을 방지하기 위하여 띠장 배면에 강재, 시멘트 그라우팅 등을 이용한 홈메우기 등을 사전에 시공하여야 한다. 강재, 시멘트 그라우팅 등을 공사시방서에서 요구하는 품질이상을 확보하여야 그 기능을 발휘할 수 있다.
⑩ 또한 PS 강선 긴장작업 중 띠장의 뒤틀림, 넘어짐 등을 방지하기 위하여 누름 브래킷(Braket) 등의 안전대책을 수립하여야 한다.
⑪ 띠장은 처짐이 발생하지 않도록 설치하여야 하며, 처짐발생 우려 시 Wire 등을 이용하여 보강하여야 한다.
⑫ 띠장의 거치 및 연결 시에 흙막이 구조의 변형 등을 상시 육안으로 확인하고 띠장의 떨어짐 등의 위험이 발생되지 않도록 인양장비에 걸어두는 등의 안전조치를 선행하여야 한다.
⑬ 버팀보는 설계도 및 시공계획서에 따라 소정의 깊이까지 굴착 후 신속히 설치하며 지장물의 유·무, 구조물 타설계획, 재료 및 장비 투입 공간확보 관계를 고려하여 설치간격을 결정하여야 한다.
⑭ 버팀보는 중간파일 및 띠장과 적절한 연결장치로 상호 연결되어 프레임구조를 이루도록 하며, 띠장 전장에 작용하는 토압으로 인한 좌굴파괴에 저항하여야 한다.
⑮ 버팀보 위에 장비나 자재 등을 적재하지 않아야 하며 설계도서에 표시되지 않은 지장물 등을 지지하는 경우에는 해당분야 전문기술자의 검토를 받아야 한다.
⑯ 버팀보 위에는 원칙적으로 작업자가 통행할 수 없는 것으로 하고 부득이하게 통행이 필요한 경우에는 안정성 검토 후 버팀보 위에 작업발판과 수평구명줄을 설치하고 수평구명줄에 안전대 고리를 연결한 후 통행한다.

5) 버팀보 가압 및 PS 강선 긴장작업

① 버팀보 가압 및 PS 강선 긴장작업은 사전에 관리감독자가 승인한 시공 계획서에 의거하여 수행하여야 하며 가압 및 긴장작업은 책임기술자와 관리감독자 입회하에 실시하여야 한다.

② 사전에 띠장 긴장 공법에 대한 기술과 안전교육을 받은 자만이 긴장작업을 하여야 하고 작업 시에는 안전모, 안전화, 안전장갑 등 작업에 적합한 보호구를 착용하여야 한다.

③ 작업에 필요한 PS 강선, 유압잭 등의 자재들은 작업 장소 인근에 작업 순서별로 정리하고 견고한 방법으로 적재하여야 한다.

④ 협소한 장소에서 작업이 수행됨에 따라 떨어짐, 끼임, 부딪힘 등의 재해가 발생할 수 있으므로 작업반경 등을 고려하여 작업구획을 설정하고 관리감독자를 지정하여 작업을 지휘하도록 하여야 한다.

⑤ 버팀보 가압 및 PS 강선 긴장작업 시 심각한 구조변형 등의 이상현상 및 위험한 요인을 발견한 때에는 작업을 중지하고 관리감독자에게 즉시 통보하여, 적절한 안전조치를 취하여야 한다.

⑥ PS 강선 배치 완료 후 다음의 순서로 버팀보 가압 및 PS 강선 긴장을 실시한다.
　㉠ 가시설 설치 상태 및 볼트 체결 상태, 홈메우기·보걸이 상태 확인
　㉡ 중앙버팀보 가압(중앙버팀보가 있는 현장)
　㉢ 코너버팀보·정착연결보 가압
　㉣ PS 강선 긴장 버팀보 가압 버팀보(지지점)위치의 띠장 PS 강선 긴장

⑦ 버팀보 가압은 설계도서(도면 또는 구조계산서)상 명시된 가압력을 가압하는 것을 원칙으로 한다.

⑧ 잭(Jack)을 사용하여 버팀보에 선행하중을 재하 시 잭의 좌굴 및 휨변형을 방지하기 위해 일반적인 스트로크 한계의 70% 이상 넘지 않도록 권장한다.

⑨ 잭(Jack)을 사용하여 버팀보에 선행하중을 재하 시 다음의 사항에 유의한다.
　㉠ 온도변화에 따른 신축을 고려한다.
　㉡ 잭의 가압은 소정의 압력으로 단계적으로 시행하되, 가압 중에는 부재의 변형 유무를 확인하여야 한다.
　㉢ 중앙 및 코너버팀보는 정확한 위치에 설치하여 뒤틀려지거나 이탈되지 않도록 하여야 한다.
　㉣ 소정의 부재를 설치한 후에는 다음 공정에서 발생할 수 있는 부재의 풀림 및 변형을 검사하여 그 안전 여부를 판단하여야 한다.

⑩ PS 강선은 좌우대칭으로 배치하고 긴장은 양쪽에 각각 긴장한다. 긴장작업 순서는 가능한 구조물에 대칭이 되도록 실시하여 구조물에 편심에 의한 프리스트레스가 가해지지 않도록 주의하여야 한다.
⑪ PS 강선 긴장 시, 앵커정착 헤드면과 PS 강선은 수직을 유지하여 편심응력에 의한 강선파단이 없도록 주의해야 한다.
⑫ PS 강선 긴장 시는 다음 사항을 사전에 설정하여 관리감독자의 승인을 얻은 후 시행하여야 한다.
   ㉠ PS 강선의 긴장 순서
   ㉡ 긴장력
   ㉢ 신장량의 계산에 의한 예측
⑬ PS 강선을 긴장할 경우에는 강선의 신장량, 긴장력, 강선긴장기의 사양, 특기사항 등이 기록, 보관되어야 한다.
⑭ 가압 및 긴장에 있어서 가능한 부분적 작업은 지양하고 전체적으로 이루어지도록 한다.
⑮ 긴장작업 시 PS 강선의 파단으로 인한 근로자들의 부상방지를 위해 인장잭 배면에 보호강판을 설치하고 정착부 뒤편에는 관계자 외의 근로자의 출입을 금지시켜야 한다.
⑯ 현장 여건상 부분 작업이 이루어져야 할 경우에는 긴장부와 정착부에 대하여 홈메우기 용접, 연결부 볼트조립 등을 확인 후 시행한다.
⑰ 돌출된 PS 강선 단부에는 근로자들이 찔리지 않도록 캡 등을 씌워야 한다.
⑱ 버팀보 선행가압 및 PS 강선 긴장 후 다음 단계 굴착 시 과굴착에 의한 흙막이 지보공의 무너짐에 대비하여 사전에 구조 안전성검토를 반드시 실시하고 작업 시 책임기술자 및 관리감독자의 사전승인을 얻어야 한다.

6) PS 강선 계측 및 관리

① 계측장소는 설계도면 또는 시공계획서를 표준으로 하되 현장여건과 상황에 따라 감독원의 승인 하에 조정될 수 있다.
② 계측빈도는 굴착 중 주 2회 이상, 굴착완료 후 주 1회 이상을 원칙으로 하고 계측의 중요성, 목적, 공사의 진척정도, 계측 방법 여부 등에 따라 조절될 수 있다. 또한 이상토압의 발견 또는 불안전한 변위 등이 발견된 때에는 그 주기를 단축하고 위험 여부를 확인하여야 한다.
③ 계측항목별 판단기준을 정하고 위험수위별 대처방안을 사전에 수립하여야 한다.

④ 띠장 긴장 공법에서의 계측은 원칙적으로 PS 강선의 변위 계측과 기존 계측 시스템을 병용하여 띠장의 휨 거동을 관리하여야 한다.
⑤ 버팀보 설치 직후, 띠장 설치 직후에 계측기를 설치하여 초기치를 설정하며 설치 후 선행가압 및 PS 강선 긴장 완료 시, 굴착 시 등 단계별로 계측치의 변화 데이터를 확보하여야 한다.
⑥ 매회의 계측 시마다 전회의 데이터를 지참하여 이상치가 아닌가를 현장에서 파악한다.
⑦ 측정이 종료되면 계측 데이터를 정리하여 측정치의 경향을 파악하여 이상이 있으면 재측정을 실시한다.
⑧ 데이터의 정리는 굴착상태 및 지보시기를 명시하여야 한다.
⑨ 각종 계측결과는 일상의 시공관리를 이용하여 장래공사 계획에 반영할 수 있도록 고려하여 정리하고 그 기록은 보존하여야 한다.
⑩ 계측결과는 정기적으로 보고하여야 하며 현저히 큰 변위 및 응력이 발생할 경우는 즉각 감독관 또는 감리자에게 보고하고 지시를 받아야 한다.
⑪ 계측결과 분석은 토질 및 기초기술사 등의 전문기술자에 의해 종합적으로 분석 평가되어야 한다.
⑫ 띠장은 언제나 직선으로 장착되어 있어야 하며, 띠장의 직선성 관리를 별도로 하여야 한다. 단, 띠장이 굴착측 또는 배면측으로 단일곡선으로 휘어져 있는 상태는 바람직한 상태이나, 적절한 허용한계(띠장 길이(L)×0.25%)를 넘어서는 안 된다.
⑬ 띠장의 과다변위, 허용긴장력 초과로 인한 띠장 손상 등의 문제가 발생하여 기존 띠장만으로 대응이 어려운 경우 응급되메우기, 추가 띠장 및 버팀보 설치 등의 대책수립을 마련하여야 한다.
⑭ 띠장의 길이와 변형량을 고려하여 추가 긴장력을 결정한 후 추가 긴장을 하여야 하며, 추가 긴장력을 포함한 총 긴장력은 설계 긴장력의 1.3배를 넘어서는 안 된다.
⑮ 띠장이 단일곡선으로 휘어진 경우에는 정착장치에 추가 긴장력을 도입하고, S곡선으로 휘어진 경우에는 편심보의 유압잭을 조정하여 띠장의 직선성을 유지시킨다. 띠장이 직선이 되도록 조정한 뒤, 강선의 긴장 여부를 결정한다.

5. 해체 및 공사완료

1) 해체 및 철거는 지반침하와 본 공사에 지장이 없고 주변의 구조물 및 설비시설 등에 손상이 발생하지 않도록 하여야 한다.

2) 해체 및 철거는 사전에 수립된 해체순서를 준수하며, 구조체 전체의 안정성을 확보할 수 있는 방법으로 하며, 시공하기에 앞서 시공순서, 방법, 사용기계, 공정 등에 대하여 책임기술자와 관리감독자의 승인을 받아야 한다.
3) 띠장의 해체 및 철거는 설치 작업의 역순으로 진행되는데, 구조물공 또는 되메우기공의 진행에 따라 순차적으로 필요 개소부터 시행하여야 한다. 해체는 구조물 벽체 슬래브가 충분히 양생한 이후로 구체 또는 되메우기 토사와 버팀목 등에 의하여 흙막이 벽에 작용하는 하중을 받쳐준 후 시행한다.
4) 띠장이 전체적으로 연결되어 있을 때, 강선의 긴장력 제거는 반드시 책임기술자의 지휘 아래 순차적으로 진행되어야 한다.
5) 해체 및 철거 전후에는 계측을 통하여 변위발생 상태를 확인하여야 한다.

6. 기타 안전조치 사항

기타 흙막이 공사에 관한 안전작업은 KOSHA GUIDE C-39-2011 굴착공사안전작업지침 및 KOSHA GUIDE C-4-2012 흙막이 공사(엄지말뚝) 및 C-63-2012 흙막이 공사(C.I.P 공법) 안전보건작업지침의 규정에 따른다.

03 흙막이공사(SCW 공법)의 안전보건작업지침 [C-92-2013]

1. 개요

'SCW(Soil Cement Wall)'란 점성토, 사질·사력토 지반에서 차수목적 및 토류벽체를 형성하는 공법으로 오거기(Earth Auger)로 천공 굴착하여 원위치 토사를 골재로 간주하여 시멘트 밀크(Cement Milk) 용액을 롯드(Rod)를 통해 주입하면서 혼합·교반하여 벽체를 조성한다. 굴착 단부의 일부분은 중첩하여 연속벽을 조성해 지수벽으로 하고 벽체 내의 측압에 대해서는 H형 강재(응력재)를 삽입하여 토류벽으로 사용한다.

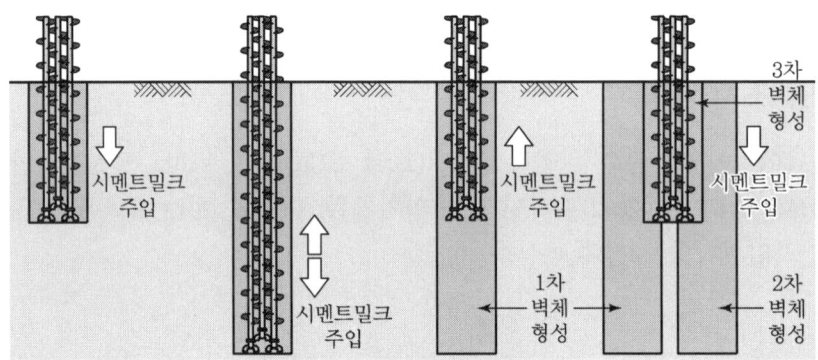

[SCW 공법의 시공개요도]

2. SCW 공법의 시공순서

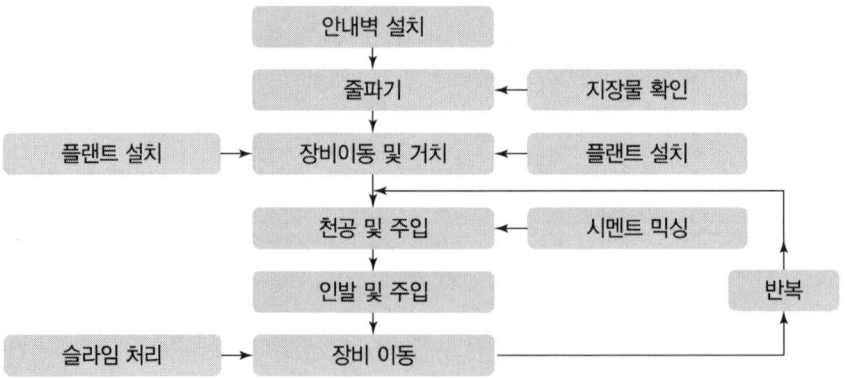

3. SCW 공법의 일반 안전조치 사항

1) 근로자의 위험을 방지하기 위하여 사업주는 사전에 다음의 내용에 관련한 작업계획서의 작성 및 작업지휘자를 지정을 하여야 하며 해당 근로자에게 안전한 작업방법 및 순서를 교육하여야 한다.
   ① 플랜트의 설치 위치
   ② 시멘트 밀크의 공급 방법 및 경로
   ③ 차량계 하역운반기계 작업
   ④ 굴착면의 높이가 2m 이상 지반의 굴착작업
   ⑤ 중량물의 취급작업
   ⑥ 천공기, 항타기, 항발기 작업
   ⑦ 가설전기의 인입경로 및 용량
2) 단위공종별 작업을 시작하기 전에는 위험성평가를 실시하고 세부 단위작업별 허용 가능한 위험범위 이내가 되도록 작업방법을 개선한 후가 아니면 작업하지 않도록 하여야 한다.
3) 시공계획서 및 작업계획서를 활용하여 필요 장소에 안전표지판, 경고등, 차단막 등 안전사고방지를 위한 안전시설물을 설치하여야 한다.
4) 근로자의 안전을 위하여 보호구의 착용상태 감시, 악천후 시에는 작업의 중지, 관계 근로자 이외의 자의 출입통제 등이 이루어져야 하며, 무너짐의 위험이 있다고 판단된 경우에는 즉시 근로자를 안전한 장소로 대피시켜야 한다.
5) SCW 흙막이 공사 시 플랜트 설치 및 시멘트 밀크 제작과 관련하여 다음의 안전지침을 준수하여 관련 재해가 일어나지 않도록 하여야 한다.
   ① 플랜트 등에 사용되는 가설 전기설비에 대해서는 가설 울타리 및 분전반을 설치하는 등 전기안전시설을 확보해야 하며 작업 중 피복손상으로 인한 감전, 인화폭발, 전기화재 등의 재해를 예방하기 위하여 노출 충전부의 방호, 근로자의 감전방지, 분전함의 시건장치 등의 방지대책을 수립해야 한다.
   ② 플랜트, 가설전기 분전반 등은 지반침하로 인하여 깔림의 위험이 없도록 바닥에 콘크리트를 타설하는 등의 조치를 하여야 한다.
   ③ 물질안전보건자료(MSDS)를 파악하여 취급 시 주의사항 등을 교육시켜야 하며, MSDS 대장을 근로자가 보기 쉬운 위치에 비치하여야 한다.
6) SCW 흙막이 공사 시 줄파기 작업과 관련하여 다음의 안전지침을 준수하여 관련 재해가 일어나지 않도록 하여야 한다.

① 공사 착수 전에 본 공사 시행으로 인한 인접 제반 시설물의 피해가 없도록 안전대책을 수립함은 물론 이에 대한 현황을 면밀히 조사, 기록, 표시하여야 하며, 인접 제반 시설물의 소유주에게 확인, 주지시켜야 한다.
② SCW 시공 위치에 상·하수도관, 통신케이블, 가스관, 고압케이블 등 지하매설물이 설치되어 있는지의 여부를 관계 기관의 지하매설물 현황도를 확인하고 줄파기를 통하여 매설물을 노출시켜야 하며, 필요시 이설 또는 보호조치를 하여야 한다.
③ 줄파기 작업 후에는 근로자의 넘어지거나 떨어짐을 방지하기 위하여 난간을 설치하는 등 안전시설을 하여야 한다.

7) SCW 흙막이 공사 시 장비와 관련하여 다음의 안전지침을 준수하여 관련 재해가 일어나지 않도록 하여야 한다.
① 현장 여건과 진행 공종별 장비 수급계획을 수립하여 현장의 각종 장비의 뒤집힘, 깔림, 끼임 등의 재해를 방지하고 장비의 통로는 배수가 잘 되도록 조치하고 지반의 침하나 변형을 수시로 확인하여 필요시 지반을 보강하여야 한다(필요시 양질의 토사치환, 철판깔기, 콘크리트 포설 등의 조치를 하여야 한다).
② 크레인, 천공장비 등 장비를 현장에 반입할 경우에는 해당 장비이력카드를 확인하여 관련 법령에 의한 정기검사 등 이력을 확인하고, 작업 시작 전에 권과방지장치, 브레이크, 클러치 및 운전장치의 기능 등을 점검하여야 한다.
③ 지게차를 사용하여 자재를 실을 때에는 허용적재하중을 초과하여 적재하여서는 아니 되며, 무게중심을 확보하여 하물이 넘어지지 아니하도록 하여야 한다.
④ 장비의 하역작업을 하는 때에는 평탄한 장소에서 수행하여야 하며 인양장비의 넘어짐 등을 방지하기 위하여 견고한 지반조건을 갖추어야 한다. 지반침하가 우려되는 때에는 양질의 토사로 치환, 콘크리트를 타설하는 등 지반침하방지를 위한 안전조치를 하여야 한다. 장비를 반출하는 경우에도 동일하게 적용된다.
⑤ 현장 내 장비의 이동경로 또는 인근에 고압전선로 등의 장애물이 있는 경우에는 충전부로부터 300cm 이상 이격시켜 작업하여야 하며, 그러하지 못할 경우에는 이설한 후 작업하여야 한다.
⑥ 장비의 리더(Leader) 길이를 고려하여 지상장애물이 없도록 작업공간을 확보하여야 한다.

8) SCW 흙막이 공사 시 시공 안전성 확보와 관련하여 다음의 안전지침을 준수하여 관련 재해가 일어나지 않도록 하여야 한다.
① SCW 연속벽은 현 위치의 토사가 조성 벽의 주재료로 되는 것이기 때문에 토질조사에 의하여 시공전역에 걸쳐 토질조건을 충분히 파악한 후 배합설계를 하여야 한다.

② 강우나 침투되는 지하수 등을 수시로 점검하고 배수 및 차수계획을 수립하여 횡단하고 있는 지하 매설물과 근로자의 안전에 영향을 미치지 않도록 하여야 한다.
③ 시멘트 밀크 배합용으로 지하수를 사용하는 경우에는 사전에 지하수 저하로 인한 주변 지반침하 등의 문제점을 검토하여야 한다.
9) 공사의 안전성 및 합리적 관리를 위한 체계적인 계측계획을 수립하고 인접주요구조물 등의 거동을 충분히 예측할 수 있는 계측장비를 설치하여야 한다.

4. SCW 공법의 각 공정별 안전조치 사항

1) 안내벽(Guide Wall) 및 플랜트(Plant)의 설치
① SCW 벽체를 정확한 위치에 시공하고 수직도의 정도를 높이기 위하여 안내벽을 설치하여야 하며, 안내벽은 철근콘크리트나 H형 강재를 사용하여 설치한다.
② 설계도서에서 정한 안내벽의 위치, 폭, 깊이 등을 정확히 확인하고 그에 따라 천공하여야 한다.
③ 안내벽의 상단높이는 현장의 지반고 및 작업장 주변 펜스의 기초 등과 비교·검토하여 안전성 여부를 확인하여야 하며, 안정성이 확보되지 않는다고 판단되는 때에서는 대처방안을 수립한 후 천공하여야 한다.
④ 안내벽 설치가 완료되기 전 무너짐의 우려가 있는 때에는 양질의 토사로 치환, 굴착사면의 안전구배확보 등의 조치를 하여야 한다.
⑤ 안내벽과 장비 사이에 우수 등 지표수의 유입으로 인하여 장비위치의 지반이 약화되어 장비가 넘어질 우려가 있는 때에는 지반을 보강하는 등의 안전조치를 하여야 한다.
⑥ 플랜트는 SCW 공사가 완료될 때까지 사용하는 것이므로 설치장소는 천공굴착 공사 등 다른 공정에 지장이 없고 안전한 장소이어야 하며, 시멘트 페이스트의 공급 및 회수가 용이한 장소로 선정하여야 한다.
⑦ 플랜트의 설치장소는 기초콘크리트를 타설하여 장비의 침하 및 깔림의 위험이 없도록 하여야 하며 풍압 등 횡방향력에 견딜 수 있도록 견고하게 설치하여야 한다.
⑧ 시멘트 밀크 혼합 압송 장치는 충분한 성능을 보유한 것으로 시멘트, 혼화재 등의 계량 관리가 가능한 설비를 보유한 것이어야 한다.
⑨ 시멘트 밀크 운송을 위한 고압호스는 압력조정기와 연계하여 안전밸브를 설치하여 서서히 가압하도록 한다.
⑩ 장비를 이송 및 설치할 때에는 중량물의 운반 및 고소작업이 이루어지므로 이에 따른 재해를 예방하기 위하여 작업지휘자를 배치하고 그의 지휘하에 작업하여야 한다.

2) 줄파기 작업

① 천공굴착하기 전에 시공위치의 지하매설물의 유무를 확인하기 위하여 지하매설물의 예상 심도 이상으로 줄파기를 하여야 한다.
② 줄파기 작업은 작업계획서에 따라 공사가 안전하게 진행될 수 있도록 장비, 기계·기구, 자재 및 가설재를 준비하여야 한다.
③ 주요 시설물에 대해서는 관계 법령에 따라 시설물 관리자에게 사전 통보하여 천공 작업 시에 입회할 수 있도록 하여야 한다. 주요시설이 훼손되거나 부분적인 누수가 발생할 경우에는 즉각 응급조치를 하고 관리감독자에게 통보하여 적절한 조치를 강구하여야 한다.
④ 지하매설관의 절곡부, 분기부, 단관부, 기타 특수부분의 이음부분은 이동 또는 탈락방지 등의 보강대책을 세워야 하며, 기타 특별한 사항에 대해서는 관리감독자의 지시를 받아야 한다.
⑤ 가능한 적은 범위 내에서 줄파기를 하고, 보행자의 안전을 위해 보도경계선에 가설울타리를 설치하여야 한다.
⑥ 줄파기 작업 시에는 부근의 노면건조물, 매설물 등에 피해가 없도록 하고, 지반이 이완되지 않도록 주의하여야 하며, 필요시에는 가복공 또는 가포장하여야 한다.
⑦ 차량계건설기계의 작업장 주변에는 근로자의 부딪힘 등의 재해를 방지하기 위하여 관계근로자 이외의 자의 출입을 금지하여야 한다.

3) 천공 및 시멘트 밀크 주입

① 천공장비는 굴착 깊이, 지층 및 지하수 상태 등을 종합적으로 고려하여 당해 현장에 적합한 장비를 선택하여야 한다.
② 안내벽에 표시한 중심에 맞추어 오우거 롯드(Auger Rod)를 설치하고, 베이스 머신(Base Machine)을 고정한 후 리더(Leader)를 수직으로 조정하며, 깊이 1~2m까지 천공 후 수직도를 재확인하고 시공함을 원칙으로 한다.
③ 사전에 천공장비의 작업위치에서의 지반 지지력을 검토·확인한 후 천공장비의 이동 및 위치 확보를 하여야 한다.
④ 크롤러형 시공기의 경우 리더 길이가 상당히 높아 작업지반의 경사 및 요철이 깔림 사고의 원인이 되는 경우가 있으므로 작업이동 통로 및 작업 위치에 대하여 양질의 토사로 치환, 철판 깔기, 콘크리트 포설 등의 지반보강을 하여야 한다.
⑤ 천공작업과 동시에 플랜트로부터의 혼합된 시멘트 밀크 용액을 롯드 선단에서 토출시켜 굴착과 병행하여 연속 주입을 한다. 이때 시멘트 밀크의 주입은 적절한 압

력과 토출량을 유지하여 공내에서 균질한 소일시멘트(Soil Cement)가 될 수 있도록 하여야 한다.
⑥ 시멘트 밀크의 조합 및 주입량은 지질, 지하수의 상태를 고려하여야 한다.
⑦ 천공작업장 인근에는 관계근로자 이외의 자의 출입을 금지하여야 한다.
⑧ 천공깊이는 설계도서에서 정하는 깊이 이상을 확보하여야 한다.
⑨ 천공작업 시 발생하는 소음으로부터 근로자를 보호하기 위해 귀마개 등 개인용 보호구를 착용하도록 하여야 한다.
⑩ SCW 공사는 토사에 시멘트 밀크를 혼합 교반하여 고결시키는 공법으로 시공 시 슬라임(Slime)이 발생하며, 이때 배토량은 벽체 용적의 30~40% 정도이다. 발생 슬라임의 처리 시 폐기물의 성상분류에 따른 폐기물처리 방법을 마련해야 한다.

4) H형 강재 삽입 및 항타
① H형 강재의 운반은 비틀림이나 변형이 발생하지 않도록 크레인 등을 이용하여 항타기 작업범위까지 운반하여야 한다.
② 파일 인양용 와이어로프, 샤클 등 보조기구는 작업 전에 체결상태를 확인하여 불시에 맞음 재해를 예방하여야 한다.
③ H형 강재의 인양 중 맞음 사고를 방지하기 위해 모든 접합부분은 결속하고, 인양용 고리부분은 자중을 고려하여 용접 등의 방법으로 보강하여야 한다.
④ H형 강재 인양 시 보조로프를 사용하여 흔들림에 의한 부딪힘을 예방하여야 한다.
⑤ H형 강재의 삽입은 삽입된 재료가 공벽에 손상을 주지 않도록 하고 소일시멘트 기둥조성 직후, 신속히 하여야 한다.
⑥ 케이싱을 사용하였을 경우 인발은 인발속도를 최대한 천천히 하여 H 형강의 뒤틀림 등 변형을 방지하여야 한다.

5) 두부정리 및 시공완료
① SCW 시공이 완료되면 두부정리를 하고 각 SCW 상부를 일체화시키기 위하여 캡빔을 설치하여야 한다.
② 흙막이 벽 상단에 떨어짐 방지용 안전난간을 설치할 경우에는 캡빔 시공 전 안전난간의 지주를 미리 설치하여 떨어짐 재해 방지조치를 하여야 한다.
③ SCW 시공완료 후 주변의 굴착작업 시 굴삭기 후면의 끼임 재해를 예방하기 위해 신호수를 배치하고 신호에 따라 작업하여야 한다.
④ SCW 벽면에 강도 및 균질성에 이상이 있거나, 또는 벽면 사이의 틈새로부터 누수가 있을 경우 신속하게 보수하여야 한다.

⑤ 연약지반보강에 SCW 공법이 적용된 경우에 공사 완료 후 차수가 계획목표에 미흡한 경우에는 재시공하거나 별도의 보강 대책을 세워야 한다.

5. 기타 안전조치 사항

기타 흙막이 공사에 관한 안전작업은 KOSHA GUIDE C-39-2011 굴착공사안전작업지침 및 KOSHA GUIDE C-4-2012 흙막이 공사(엄지말뚝) 및 C-63-2012 흙막이 공사(C.I.P 공법) 안전보건작업지침의 규정에 따른다.

04 흙막이공사(강널말뚝, Sheet Pile)의 안전보건작업지침 [C-76-2013]

이 지침은 산업안전보건기준에 관한 규칙(이하 "안전보건규칙"이라 한다) 제2편 제4장 제2절(굴착작업 등의 위험방지)의 규정에 따라 강널말뚝 흙막이공사 작업과정에서의 안전보건작업지침을 정함을 목적으로 한다.

1. 강널말뚝 흙막이공사 시공 전 안전조치 사항

1) 지반조사결과에 의거하여 기준틀 설치, 강널말뚝 항타방법, 항타장비의 선정, 지반보강 등 상세시공방법을 사전에 결정한다.
2) 「산업안전보건규칙」 제38조(사전조사 및 작업계획서의 작성) 및 제39조(작업지휘자의 조정)에 따라 근로자의 위험을 방지하기 위해 사업주는 사전조사 및 작업계획서를 작성하고 근로감독자(작업지휘자)를 지정하여야 한다.
3) 작업계획서를 활용하여 안전에 만전을 기해야 하며, 필요 장소에 안전표지판, 경고등, 차단막 등 안전사고방지를 위한 안전시설물을 설치하여야 한다.
4) 근로자의 안전을 위하여 보호구의 착용상태 감시, 악천후 시에는 작업의 중지, 관계 근로자 이외의 자의 출입통제 등이 이루어져야 하며, 붕괴의 위험이 있다고 판단된 경우에는 즉시 근로자를 안전한 장소로 대피시켜야 한다.
5) 공사 착수 전에 본 공사 시행으로 인한 인접 제반 시설물의 피해가 없도록 안전대책을 수립함은 물론 이에 대한 현황을 면밀히 조사, 기록, 표시하여야 하며, 인접 제반 시설물의 소유주에게 확인, 주지시켜야 한다.
6) 인접 구조물 또는 건물의 벽, 지붕, 바닥, 담 등의 강성, 안정성, 균열상태, 노후 정도 등을 상세히 조사하여 기록한다. 인접구조물의 균열부위는 위치를 표시하고, 균열폭 및 길이를 판독할 수 있도록 사진촬영 및 기록을 하여야 한다.
7) 강널말뚝 근입 위치에 상하수도관, 통신케이블, 가스관, 고압케이블 등 지하매설물이 설치되어 있는지의 여부를 관계 기관의 지하매설물 현황도를 확인하고 줄파기를 통하여 매설물을 노출시켜야 하며, 필요시 이설 또는 보호조치를 하여야 한다.
8) 현장 여건과 진행 공종별 장비 수급계획을 수립하여 현장의 각종 장비의 뒤집힘, 깔림, 끼임 등의 재해를 방지하고 장비의 통로는 배수가 잘 되도록 조치하고 지반의 침하나 변형을 수시로 확인하여 필요시 지반을 보강하여야 한다(필요시 철판이나 콘크리트를 포설하여야 한다).

9) 크레인, 항타장비 등 장비를 현장에 반입할 경우에는 해당 장비이력카드를 확인하여 관련 법령에 의한 정기검사 등 이력을 확인하고, 작업 시작 전에 권과방지장치, 브레이크·클러치 및 운전장치의 기능 등을 점검하여야 한다.
10) 그 밖의 가설작업에 관한 안전조치 사항은 KOSHA GUIDE C-8-2011(작업발판 설치 및 사용 안전지침)에 따른다.

2. 시공 순서

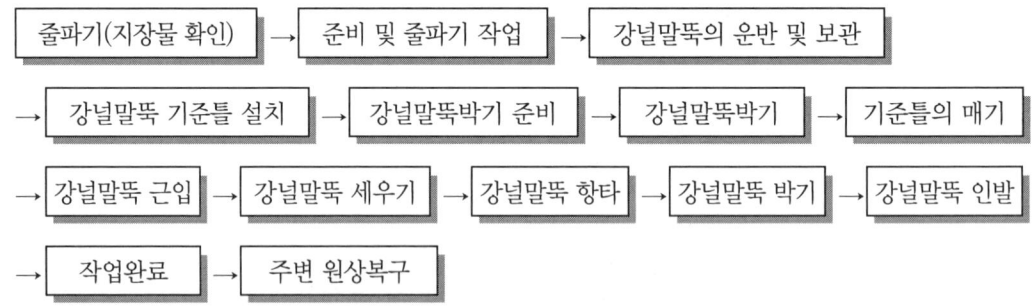

3. 강널말뚝 흙막이공사 안전조치 사항

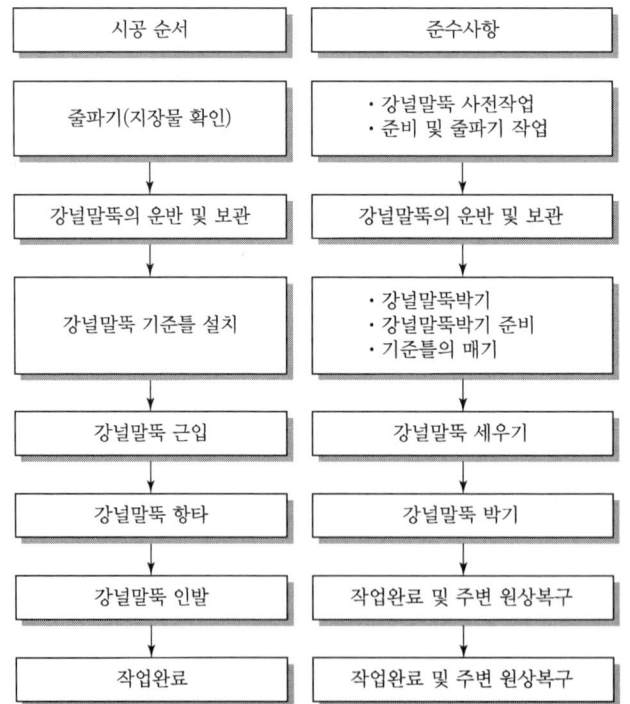

4. 일반안전사항

1) 시공에 앞서 설계도서 및 현장의 각종 상황(매설물, 가공물, 도로구조물, 지반, 노면교통 등)을 고려한 작업계획서를 수립하여야 한다.
2) 작업계획서에는 다음 사항을 포함하여야 한다.
   ① 흙막이공사를 위한 상세한 위치, 사용기계 및 공정, 매설물 처리방법 등
   ② 토질조건, 흙막이구조, 지하매설물의 유무, 강널말뚝의 시공순서와 시공시간 간격에 관한 계획 등을 고려한 본 구조물의 시공법, 인접구조물 등과의 관련을 고려하여 공정의 각 단계에서 충분한 안정성이 확보될 수 있는 흙막이 구조물 시공계획
   ③ 강널말뚝의 재질, 배치, 치수, 설치시기, 시공순서, 시공방법, 장비계획, 매설물철거 및 보호공 계획, 임시배수로 및 안전시설 설치계획 등
   ④ 설계도면과 현장조건이 일치하지 않을 경우, 그 처리대책으로서 전문기술자가 작성한 수정도면, 계산서, 검토서, 시방서 등을 포함하는 설계검토 보고서에 의한 관리감독자가 승인한 설계도면
   ⑤ 흙막이공사에 의한 공사구간의 교통 처리계획, 교통안전요원의 운영계획 및 관련기관과 협의된 사항 등이 포함된 교통 처리계획
   ⑥ 그 밖에 관리감독자가 필요하다고 인정하는 사항
3) 흙막이 작업 시 불가피하게 설계도면과 다르게 시공하여야 할 경우에는 공사를 중단하고 대체 방안을 강구한 이후에 시공하여야 한다.
4) 강우에 의한 지하수위변화, 지하수 유출, 지반의 이완 및 침하, 각종 부재의 변형 등을 수시로 점검하고, 이상이 있을 경우 즉시 보강하며, 그에 따른 안정성을 추가로 검토하여야 한다.
5) 해상 또는 하상에 강널말뚝을 시공 시 해일이나 폭우로 인하여 발생할 수 있는 수해에 대한 방지대책을 철저히 검토하여야 한다.
6) 흙막이 벽 배면에 설계하중 이상의 상재하중이 적재되지 않도록 하여야 한다.
7) 흙막이공사 진행 중 주변 구조물에 피해가 예상되면 주변 구조물의 기초와 구조물 하부 지반을 조사하고, 균열·변위·변형의 진행 여부와 하중의 증감상황을 확인할 수 있도록 계측장비를 설치하여 관찰, 기록하여야 한다.

5. 강널말뚝 사전 작업

1) 준비 및 줄파기 작업

① 작업계획서에 따라 공사가 안전하게 진행될 수 있도록 장비, 기계·기구, 자재 및 가설재를 준비하여야 한다.
② 작업계획서에 확인된 위험요소에 안전표지판, 차단기, 조명 및 경고신호 등을 설치하여야 한다.
③ 주요 시설물에 대해서는 관계 법령에 따라 시설물 관리자에게 사전 통보하여 굴착작업 시에 입회할 수 있도록 하여야 한다. 주요시설이 훼손되거나 부분적인 누수가 발생할 경우에는 즉각 응급조치를 하고 관리감독자에게 통보하여 적절한 조치를 강구하여야 한다.
④ 지하매설관의 절곡부, 분기부, 단관부, 기타 특수부분 및 관리감독자가 특별히 지시한 직관부의 이음부분은 이동 또는 탈락방지 등의 보강대책을 세워야 하며, 기타 특별한 사항에 대해서는 관리감독자의 지시를 받아야 한다.
⑤ 흙막이와 인접하여 작동되는 천공장비 등 건설기계에 대한 안정성을 검토하여야 하며, 필요시에는 흙막이를 보강하거나 지반을 보강 또는 개량하여야 한다.
⑥ 지반굴착을 위한 천공 또는 항타 전에 천공위치에 따라 지하매설물 심도 이상 줄파기를 하여 지하 매설물의 유무 및 위치를 확인하여야 한다.
⑦ 가능한 적은 범위 내에서 줄파기를 하고, 보행자의 안전을 위해 보도경계선에 가설울타리를 설치하여야 한다.
⑧ 줄파기 작업 시에는 부근의 노면건조물, 매설물 등에 피해가 없도록 하고, 지반이 이완되지 않도록 주의하여야 하며, 필요시에는 가복공 또는 가포장하여야 한다.
⑨ 시험굴착 및 줄파기는 강널말뚝박기 진행을 고려하여 소정의 범위 밖에서 시행하여야 하며, 작업완료 후 조속히 표준도에 따라 복구하여 교통소통에 지장이 없도록 하고 복구 후 노면을 유지 보수하여야 한다.

2) 강널말뚝의 운반 및 보관

① 강널말뚝의 적재 운반과정에서 도장면(塗裝面), 이음부와 하단부에 손상을 입지 않도록 하고 단면 특성을 살리기 위하여 비틀림이나 변형이 발생하지 않도록 세심한 주의를 하여야 한다.
② 도로 운행 시 도로교통법 등 제반법규를 준수하고, 돌출부에는 빨간 깃발을 다는 등 위험표시를 하여 다른 차량의 교통에 지장을 주지 말아야 한다.

③ 운반차량에 적재할 때는 적당한 간격으로 받침목 및 받침대를 배열하고 와이어로프 등으로 견고하게 묶어서 운반도중 충격이나 요동에 의해 강널말뚝에 손상 또는 변형이 생기지 않도록 하여야 한다.
④ 반입되는 장비 및 자재의 하역작업은 중량 및 적재상태 등을 고려하여 적절한 하역방법을 선정하여야 한다.
⑤ 하역작업 시에는 신호수를 배치하여 정해진 신호에 따라야 하며 신호는 장비운전원이 잘 볼 수 있는 곳에서 하여야 한다.
⑥ 지게차에 강널말뚝을 실을 때에는 허용하중을 초과하여 적재하여서는 안 되며, 무게중심을 확보하여 전도의 위험을 방지하여야 한다.
⑦ 지게차로 강널말뚝 운반 시 전방 시야가 나쁘므로 전후좌우를 충분히 관찰하여야 하며 사각지대의 안전을 확보한 뒤에 이동하여야 한다.
⑧ 강널말뚝의 보관 장소는 평탄한 곳으로서 강널말뚝의 조작, 출하, 소운반, 보수 등 작업하기에 충분한 넓이를 확보할 수 있고, 배수가 잘 되고, 강널말뚝의 자중에 의해 침하가 발생하지 않는 장소이어야 한다.
⑨ 강널말뚝을 쌓아 놓을 때 받침목의 배열간격은 4m 이내로 하고 적치높이는 2m 이하로, 포개 쌓는 매수는 5장 이하로 하여야 한다. 또 강널말뚝과 강널말뚝 사이는 조작하기 편리하게 30~50cm 정도 띄워 놓아야 한다.
⑩ 강널말뚝은 유형별, 종류별, 규격별로 구분하여 반출 순서에 맞추어 쌓아놓아야 한다. 장기간 적치할 경우에는 방수포 등을 덮어 눈이나 비로부터 보호해야 한다.

6. 강널말뚝박기

1) 강널말뚝박기 준비

① 강널말뚝박기 구역에 대한 지하수위를 지속적으로 확인하고 항타지점에 지장물이 있으면 사전에 제거하여야 하며 공사구역을 표시하는 등 안전한 작업환경을 조성하여야 한다.
② 강널말뚝을 박을 위치를 용이하게 확인할 수 있는 기준점과 관측대를 설치하여야 한다.
③ 강널말뚝에 형식, 길이 번호를 표시하고 백색 페인트로 50cm 간격으로 눈금을 표시하여 항타기록 등 강널말뚝박기 공사관리의 편리를 도모하여야 한다.
④ 항타 전 강널말뚝의 연결부 부위를 건조한 상태로 유지하며 강널말뚝의 연결부 부위를 깨끗이 정리 후 지수재를 도포하여야 한다.

⑤ 벤토나이트 계열 지수재는 유해물질이나 중금속류 성분이 없으므로 작업 시 물과의 접촉으로 인한 부피팽창을 막는 것이 외에는 특별한 유의사항은 없다.

2) 기준틀의 매기

① 강널말뚝을 박기 위해서는 타입 법선의 휘어짐을 방지하고 강널말뚝 개개의 회전을 방지하기 위해서는 정확하고 견고한 기준틀을 매어야 한다.
② 기준틀의 위치가 구조물의 법선을 결정하게 되므로 기준틀의 위치는 계획법선에 맞추어 정확한 위치를 잡아야 한다. 위치를 정할 때는 관리감독자의 검측을 받아야 한다.
③ 기준틀은 버팀공이 될 때까지 강널말뚝의 수평외력을 받쳐주는 역할을 하므로 지지말뚝은 상당한 깊이까지 견고하게 박아야 한다.

3) 강널말뚝 세우기

① 강널말뚝 세우기 작업 시 크레인의 수평도를 확인하고, 아웃트리거를 설치할 위치의 지반 상태를 점검하여야 한다.
② 작업 시작 전에 권과방지장치나 그밖의 방호장치의 기능, 브레이크, 클러치 및 조정장치의 기능, 와이어로프가 통하고 있는 곳의 상태 등을 점검하여야 한다.
③ 크레인의 인양 반경에 따른 크레인 인양 능력을 사전에 검토하여야 한다.
④ 크레인 인양 작업 시 신호수를 배치하여야 하며, 운전원과 신호수의 신호방법을 확인할 수 있는 장소에서 신호할 수 있도록 하여야 한다.
⑤ 크레인의 회전반경 내에 안전 펜스, 출입금지 표지판 설치 등 관계자 외 출입을 금지하는 조치 여부를 점검하여야 한다.
⑥ 세우기는 기준틀을 이용하고, 직각 2방향에서 트랜싯으로 시준하여 강널말뚝의 위치와 연직성을 수정하면서 세워나가야 한다.
⑦ 세우기 작업 시 해머의 타격은 최초에는 가급적 가볍게 치고 강널말뚝이 연직으로 세워진 것을 확인한 뒤에 소정의 타격력으로 타입한다.
⑧ 세운 강널말뚝과 가이드 빔에 간격이 있을 경우에는 쐐기를 삽입하여 말뚝의 흔들림을 방지하여야 한다.

4) 강널말뚝박기

① 강널말뚝항타 장비의 운전원은 자격을 갖춘 자로 하여야 하며, 크레인 및 항타기의 운전은 신호에 의하여 작동하여야 한다.
② 강널말뚝항타 장비를 이동할 경우에는 장비의 뒤집힘 및 쓰러짐을 방지하기 위하

여 이동통로의 안전성을 확보하여야 하며, 근로자의 부딪힘 및 끼임 등의 재해를 방지하기 위하여 이동경로에는 출입통제를 하여야 한다.
③ 항타장비를 이동할 때는 반드시 해머와 리더를 내리고 이동하며, 항타작업을 할 때에는 붐을 60° 이하로 세우는 것 금지한다.
④ 지반이 단단하거나 또는 지지층의 기복이 심한 경우에는 세우기와 동시에 항타작업을 한다. 이 경우 강널말뚝의 뒤틀림, 경사, 법선에 대한 굴곡 및 옆 강널말뚝을 몰고 내려가는 등의 현상이 발생하기 쉬우므로 세심한 주의를 요한다.
⑤ 강널말뚝항타 작업 중 경사의 경향이 보이면 즉시 수정하여야 한다. 수정이 불가능하면 쐐기형의 이형 강널말뚝을 제작하여 박아 경사를 수정한다. 쐐기형 이형 강널말뚝은 연속하여 또는 단부, 우각부, 접속부 및 그 부근에서 사용해서는 안 된다.
⑥ 강널말뚝항타 도중에 이음부의 이탈이나 손상이 확인되면 즉시 이탈된 강널말뚝을 빼내고 다시 박아야 한다. 다시 박기가 불가능할 경우는 보강대책을 수립하여 관리감독자와 협의하여야 한다.
⑦ 항타 중에는 비산 먼지 및 소음이 심하므로 근로자에게는 방진마스크 및 귀마개를 착용하도록 하고, 항타 작업장에는 비산먼지를 최소화 할 수 있도록 집진장치 또는 분진 방지책을 설치하여야 한다.

5) 이어박기 및 용접

① 강널말뚝의 이음은 외부 작업장에서 용접하는 것이 원칙이나 부득이한 사유로 박기작업 도중 이음작업을 하여야 할 경우에는 설계도면에 맞게 정밀하게 용접하여야 한다. 이음작업은 상부 강널말뚝과 하부 강널말뚝의 이음부가 일치하여야 하며 중심축이 일직선이 되게 하여야 한다.
② 용접 작업 시 용접기, 전선 등에 의한 감전 사고를 방지하도록 주의하며, 용접기는 소요 규격에 적합한 전격 방지 장치를 설치하여야 한다.
③ 작업 및 주변 근로자에게 절연용 보호구(전기용 고무장갑, 전기용 안전모, 전기용 고무소매 등)를 착용시키고 특히 감전의 위험이 발생할 우려가 있는 곳에 절연용 방호구를 설치해야 한다.
④ 용접작업은 인화성, 가연성 물질의 격리 후 이루어져야 하며, 도장 작업 장소에는 동시작업을 하지 않도록 하여야 한다.
⑤ 유해광선이나 비산되는 물질로부터 눈이나 얼굴을 보호하기 위한 용접면을 착용 및 용접용 가죽장갑, 긴소매의 옷, 다리보호대, 가죽소재 등의 보호구를 사용해야 한다.

7. 작업완료 및 주변원상 복구

1) 강널말뚝 시공 완료 전에 보일링(Boiling)과 히빙(Heaving)에 대한 안정성검토를 실시하여 이로 인해 발생할 수 있는 흙막이 변형, 붕괴, 주변 지반함몰 등의 대형 안전사고가 일어나지 않도록 하여야 한다.
2) 규격에 대한 검사는 강널말뚝의 위치, 방향, 높이, 기울기 및 법선에 대한 굴곡을 확인하여야 한다.
3) 수급인은 관리감독자에 의해 불합격 판정을 받은 부분은 즉시 재시공 또는 보완조치를 하고 재검사를 요청하여 승인을 받아야 한다.
4) 강널말뚝의 매립 여부를 사전에 결정하고 인발할 경우에는 인접 구조물의 조사, 부지 상황 및 인근 주변 환경의 조사 등 충분한 사전 조사를 실시하여야 한다.
5) 강널말뚝 인발 작업은 편압이 걸리지 않은 상태에서 실시하여야 하며, 인발 장비(바이브로 해머, 유압식 압입 인발기 등)는 타입의 양부, 타입 후의 시간경과 정도, 클립의 상태 등을 감안하여 사전에 정하여야 한다.
6) 인발작업 시 각 인발장비에 따른 소음, 진동, 분진, 인발재의 떨어짐·맞음 등에 대한 문제점을 최소로 줄일 수 있도록 세심한 계획을 세워야 한다.
7) 인발 작업 시 진동이 심하여 인접 구조물에 영향을 끼칠 우려가 있을 경우는 감독관에게 보고하고 감독관의 지시에 따라 작업을 중지하고 적합한 대책을 수립해야 한다.
8) 인발된 강널말뚝의 적재 위치는 차량 통행에 지장이 없는 장소로 사전에 정하고 적재 방법은 안전한 방법으로 하여야 한다.
9) 강널말뚝 작업완료 후 되메우기는 양질의 토사를 사용하여 주변지반 및 구조물에 영향을 미치지 않도록 충분히 다짐을 실시하여 원상 복구하여야 한다.

8. 기타 안전조치 사항

기타 흙막이 공사에 관한 안전작업은 KOSHA GUIDE C-39-2011 굴착공사안전작업지침 및 KOSHA GUIDE C-4-2012 흙막이 공사(엄지말뚝) 및 C-63-2012 흙막이 공사(C.I.P 공법) 안전보건작업지침의 규정에 따른다.

05 흙막이공사(지하연속벽) 안전보건작업지침 [C-72-2012]

이 지침은 산업안전보건기준에 관한 규칙(이하 "안전보건규칙"이라 한다) 제1편 제6장 제2절(붕괴 등에 의한 위험방지), 제2편 제4장 제2절(굴착작업 등의 위험방지) 규정에 의거 지하연속벽(Slurry Wall, Diaphram Wall) 공사를 시공함에 있어 산업재해 예방을 위해 준수하여야 할 안전보건작업지침을 정함을 목적으로 한다.

1. 시공순서

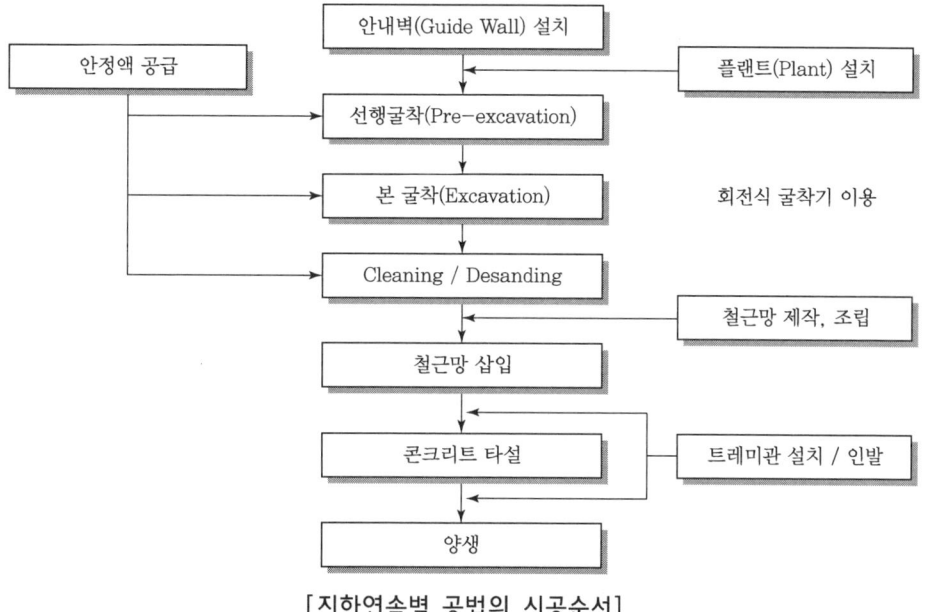

[지하연속벽 공법의 시공순서]

2. 작업 전 검토 및 준비사항

1) 각 세부공정별로 위험성평가를 실시하고, 관리 대상 위험요인에 대한 재해예방 대책을 시행하고 작업하여야 한다.
2) 위험성평가를 실시할 때에는 설계서, 현장 및 작업 조건, 투입되는 근로자 및 건설장비 등을 종합적으로 검토하여야 하며, 허용할 수 없는 위험요인에 대해서는 위험요인의 제거 또는 위험수준을 낮출 수 있도록 재해 예방 대책을 수립하여야 한다.
3) 설계서는 책임있는 기술자가 최종 확인한 것을 사용하여야 한다.

4) 지하연속벽 공사의 설계서는 현장의 지형, 지반조건, 지하매설물 및 지상장애물 등의 현장여건을 충분히 검토하고 이를 반영한 것이어야 하며, 시공자는 이의 이상 여부를 확인한 후 시공하여야 한다.
5) 전체 공정에서 안전한 작업이 될 수 있도록 안전작업계획서를 작성하고 시공하여야 하며, 안전작업계획서에는 다음과 같은 사항이 포함되어야 한다.
   ① 플랜트의 설치 위치
   ② 안정액의 공급·회수 방법 및 경로
   ③ 철근조립장
   ④ 투입장비의 종류 및 능력
   ⑤ 장비의 이동경로
   ⑥ 가설전기의 인입경로 및 용량
   ⑦ 근로자의 안전보건 재해예방을 위한 시설 및 보호장구
6) 벤토나이트 등에 대해서는 화학물질안전보건을 위하여 MSDS(MaterialSafety Data Sheet)의 철저한 관리를 하여야 한다. 즉, 화학물질의 제조자명, 제품명, 성분과 성질, 취급상의 주의사항, 적용법규, 사고 시의 응급처치방법 등을 기재한 취급설명서를 근로자가 쉽게 볼 수 있는 장소에 게시 또는 비치하여 두어야 한다.
7) 플랜트, 가설전기 분전반 등은 지반침하로 인하여 전도의 위험이 없도록 바닥에 콘크리트를 타설하는 등의 조치를 하여야 한다.
8) 플랜트, 철근조립장 및 가설분전반은 작업 시 상호 간섭에 의한 위험을 예방할 수 있는 위치에 배치하여야 한다.
9) 가설전기 수전반은 관계근로자 이외의 자의 접근을 방지할 수 있도록 별도로 구획된 장소를 정하여 방호울, 시건장치 등의 안전장치를 하여야 한다.
10) 장비의 이동경로는 이동 중 전도의 위험이 없도록 견고한 지반을 유지하여야 하며, 필요시 잡석다짐, 콘크리트 타설, 깔판(철판) 설치 등의 조치를 하여야 한다.
11) 장비를 현장에 반입하기 위한 이송 경로 및 방법, 조립위치를 고려하여 하역장비의 종류 및 능력, 작업위치 등에 대하여 안전작업계획을 수립하여야 한다.
12) 장비의 하역작업을 하는 때에는 평탄한 장소에서 수행하여야 하며 인양장비의 전도 등을 방지하기 위하여 견고한 지반조건을 갖추어야 하다. 지반침하가 우려되는 때에는 미리 콘크리트를 타설하는 등 지반침하방지를 위한 안전조치를 하여야 한다. 장비를 반출하는 경우에도 동일하게 적용된다.
13) 현장 내 장비의 이동경로 또는 인근에 고압전선로 등의 장애물이 있는 경우에는 이를 이설하거나 방호시설을 설치한 후에 작업하여야 한다.

3. 각 공정별 안전보건 작업기준

1) 안내벽의 설치

① 설계서에서 정한 안내벽의 위치, 폭, 깊이 등을 정확히 확인하고 그에 따라 굴착하여야 한다.

② 안내벽의 상단 높이(Level)는 현장의 지반고 및 작업장 주변 펜스의 기초 등과 비교검토하여 안전성 여부를 확인하여야 하며, 안전성이 확보되지 않는다고 판단되는 때에는 대처방안을 수립한 후 굴착하여야 한다.

③ 안내벽은 철근망 삽입 시 설치하는 좌대 등의 하중에 충분한 지내력을 확보할 수 있어야 한다.

④ 안내벽의 터파기 작업을 하는 때에는 굴착장비의 전도 등을 방지하기 위하여 안전한 이동경로를 확보하여야 하며, 근로자의 협착재해를 방지하기 위하여 경음기 등을 설치하거나 유도자를 배치하는 등의 안전조치를 하여야 한다.

⑤ 굴착장비가 굴착사면에 지나치게 인접하여 작업함으로써 사면이 붕괴되지 않도록 하여야 하며, 굴착토사는 굴착면으로부터 붕괴예상선 바깥쪽으로 적치하여 굴착단부에 토사에 의한 하중이 증가되지 않도록 하여야 한다.

⑥ 수분이 많은 지반이나 되메우기 지반으로서 안내벽 설치가 완료되기 전 붕괴될 우려가 있는 때에는 반드시 흙막이지보공을 설치하는 등의 조치를 하여야 한다.

⑦ 야간작업을 하는 때에는 75럭스(lux) 이상의 조명시설을 하여야 하며, 임시로 사용하는 시설물에는 형광벨트, 경광등 등을 설치하여야 한다.

⑧ 기초 바닥면은 잡석다짐 또는 콘크리트 타설 등을 실시하여 지내력을 확보하여야 한다.

⑨ 그 밖의 지반굴착작업의 안전에 관한 사항은 KOSHA GUIDE C-39-2011(굴착공사 표준안전 작업지침)에 따른다.

⑩ 철근의 가공 및 조립은 설계서에 따라 견고하게 조립하여야 한다.

⑪ 철근을 인력으로 운반하는 때에는 2인 이상이 1조가 되어 어깨메기로 운반하고 1인당 무게는 25kg 이하로 제한하여 무리한 운반을 피하여야 한다.

⑫ 거푸집은 콘크리트의 측압에 견딜 수 있는 견고한 구조이어야 하며, 굴착트렌치 폭의 확보와 콘크리트 타설 시의 변형 방지를 위하여 내부에 충분한 강도를 갖는 버팀보를 설치하여야 한다.

⑬ 콘크리트 펌프카는 평탄하고 견고한 장소에 아웃트리거를 사용하여 설치하여야 한다. 지반의 침하가 우려되는 때에는 깔판, 깔목 등을 받치거나 콘크리트를 타설하는 등의 조치를 하여야 한다.

⑭ 레미콘 트럭(애지테이터, Agitator)이 안전하게 운행할 수 있는 경로를 확보하여야 하며, 근로자의 협착 재해를 방지하기 위하여 유도자를 배치하는 등의 안전조치를 하여야 한다.
⑮ 그 밖의 철근 가공 및 조립, 거푸집 설치, 콘크리트 타설 등에 관한 사항은 KOSHA GUIDE C-43-2012(콘크리트공사의 안전보건작업지침)에 따른다.

2) 플랜트(Plant)의 설치
① 플랜트는 지하연속벽 공사가 완료될 때까지 사용하는 것이므로 설치장소는 굴착공사 등 다른 공정에 지장이 없고 안전한 장소이어야 하며, 안정액의 공급 및 회수가 용이한 장소로 선정하여야 한다.
② 플랜트의 설치장소는 기초콘크리트를 타설하여 장비의 침하 및 전도의 위험이 없도록 하여야 하며, 풍압 등 횡방향력에 견딜 수 있도록 기초앵커를 설치하는 등 견고하게 설치하여야 한다.
③ 플랜트를 구성하고 있는 주요장비 목록은 다음 표와 같으며, 이들은 각각의 기능이 항상 양호한 상태로 유지되도록 점검하여야 하고, 이상이 발견된 때에는 즉시 작업을 중지하여야 한다.

장비명	용도
디샌더(Desander)	벤토나이트 및 슬라임 분리
필터 프레스(Filter Press)	슬러지 탈수장치
믹서(Mixer)	안정액 혼합
사일로(Silo)	벤토나이트 저장
피드 펌프(Feed Pump)	벤토나이트 용액 공급

④ 장비를 이송 및 설치할 때에는 중량물의 운반 및 고소작업이 이루어지므로 인양작업 및 고소의 조립작업에 따른 재해를 예방하기 위하여 작업지휘자를 배치하고 그의 지휘 하에 작업하여야 하며, 작업지휘자는 다음과 같은 사항을 중점적으로 관리·감독하여야 한다.
• 수립된 작업계획을 근로자에게 주지하고 이를 지휘하는 일
• 근로자의 보호장구 착용상태를 감시하는 일
• 관계근로자 이외의 자의 출입을 금지하고 이를 감시하는 일
• 재료 및 기계기구의 안전성을 점검하고 불량품을 제거하는 일
• 악천후에는 작업을 중지하는 일

⑤ 장비의 이송 및 설치작업을 하는 때에 인양장비 등의 건설기계와 관련된 작업안전은 KOSHA GUIDE C-48-2012(건설기계 안전보건작업지침 제6장 양중기)에 따른다.
⑥ 각 장비별 상호 연결 배관상태는 항상 양호하게 유지되어야 하며, 펌프의 압력으로 인하여 유동되지 않도록 견고하게 설치하여야 한다.
⑦ 피드 펌프 등의 구동벨트는 근로자의 끼임으로 인한 위험을 방지하기 위하여 철망으로 감싸는 등 위험에 노출되지 아니하도록 하여야 한다.
⑧ 사일로에는 점검용 사다리를 설치하여야 하며, 상부에는 사일로를 점검할 수 있는 연결통로 및 안전난간대를 설치하여야 하며, 항상 양호하게 유지되어야 한다.
⑨ 고정식 사다리는 사다리 기둥의 높이가 7m 이상일 경우에 등받이 울을 설치하여야 한다.
⑩ 그 밖에 사다리와 관련 된 작업안전은 KOSHA GUIDE C-58-2012(사다리안전보건작업지침)에 따른다.

3) 선행굴착 및 본굴착

① 본굴착 장비인 트렌치 커터(Trench Cutter)가 굴착할 수 있는 깊이인 3~5m까지 선행굴착하여야 하며, 선행굴착은 백호우 또는 보조크레인(Service Crane)에 행그래브(Hang-Grab)를 장착하여 낮은 속도로 굴착한다.
② 보조크레인은 행그래브를 장착하고 굴착작업을 함에 있어 충분한 능력을 갖춘 용량의 것을 사용하여야 하며, 행그래브를 장착하는 후크(Hook), 와이어로프 등은 사용 전 그 성능을 확인하고 이상이 있는 경우에는 즉시 교체하여야 하며 정기적으로 이상유무를 점검하여야 한다.
③ 보조크레인이 선회하는 경로와 행그래브의 굴착작업으로 인하여 위험이 발생될 우려가 있는 위치에는 근로자의 접근을 방지하여야 한다.
④ 안내벽 하단 이하부터는 와이어로프의 수직도를 확인하면서 굴착을 행하여 수직정도에 주의하여야 하며, 공벽의 붕괴를 방지하기 위하여 안정액을 공급하면서 굴착하여야 한다.
⑤ 선행굴착이 완료된 때에는 후속작업에 지장이 없는 장소에 행그래브를 지면에 내려두어야 하며, 이를 매단 채 방치하여서는 아니 된다.
⑥ 트렌치 거터를 이용한 본굴착을 하는 때에는 장비자체에 장착된 수직도 측정기를 이용하여 수직도를 측정하면서 굴착하여야 한다.
⑦ 트렌치 커터를 각 굴착위치로 이동하는 때에는 그 자체의 중량이 매우 크므로 그에 따른 안전성을 확보하여야 하며, 지반침하 또는 평탄성 부족으로 장비의 전도

위험이 있으므로 이동경로의 바닥에는 콘크리트를 타설하거나 철판 깔기 등의 안전조치를 하여야 한다. 또한 근로자의 협착재해를 방지하기 위하여 유도자를 배치하고 관계근로자 이외의 자의 출입을 금지하는 등 안전조치를 하여야 한다.
⑧ 트렌치 굴착을 할 때에는 벤토나이트 안정액을 트렌치 내에 항시 공급하여 안내벽 상단까지 안정액의 수위를 유지하여야 한다.
⑨ 안정액 배관은 펌프의 압력으로 유동될 수 있으므로 견고하게 설치하여야 하며, 특히 끝부분은 버팀대 등으로 고정하여 유동이 없도록 하여야 한다.
⑩ 시공 정밀도를 높이기 위해서 일정한 굴착속도를 설정하여 작업하고, 수직정도는 1/200~1/300 이상 확보되도록 하여야 한다.
⑪ 굴착면의 시공관리는 트렌치 커터에 부착되어 있는 수직도 측정기 등을 이용하여 측정하여야 하며 한계 수직도에서 벗어날 경우에는 즉시 수정하여 굴착하여야 한다.
⑫ 본굴착이 완료된 때에는 트렌치 커터를 후속작업에 지장이 없는 안전한 장소로 이동하고 커터를 지상에 내려두고 원동기를 정지하여야 한다.
⑬ 굴착이 완료된 상태로 오랜 기간 방치하여서는 아니 되며, 철근망을 삽입하기 전까지는 근로자의 추락재해를 방지하기 위하여 견고한 철망 등으로 덮개를 설치하고 쉽게 탈락되거나 이동되지 않도록 고정하여야 한다. 또한, 위험표지판 등을 설치하고 야간에는 형경광등 등을 설치하여야 한다.

4) 크리닝 및 디샌딩(Cleaning & Desanding)
① 굴착 중 안정액은 벤토나이트를 물과 혼합하여 벤토나이트 입자가 완전히 수화되어 벤토나이트액이 균질을 이룰 때까지 혼합한다.
② 굴착 중 안정액을 트렌치에 공급하고 굴착토사와 함께 흡입펌프(Suction Pump for Reverse Circulation)를 이용하여 디샌더로 송출하고 안정액과 굴착토를 분리하며, 안정액은 재사용할 수 있다.
③ 안정액을 재사용할 때에는 신선한 안정액을 첨가하여 관리기준치 이상의 품질을 유지할 수 있도록 하여야 한다.
④ 안정액의 품질은 굴착 전, 굴착 중, 콘크리트 타설 직전 및 타설 중으로 구분하여 정할 수 있으며, 비중, 점성, 여과수량, 샌드함량, pH 등의 시험을 통하여 재사용 또는 폐기 여부를 결정한다.
⑤ 굴착을 완료하고 콘크리트를 타설하기 전에 트렌치 내의 안정액은 디샌딩을 통하여 신선한 안정액과 교체시켜야 하며 안정액 속의 부유물과 바닥의침전물(Slime)을 철저히 제거하여야 한다(Cleaning 작업).

⑥ 안정액의 공급 및 회수용 배관 및 설비는 항상 양호한 상태로 유지하도록 정기점검을 수행하고 공급압력에 의한 유동 또는 누수 여부를 확인하여야 한다.
⑦ 벤토나이트 분말, 안정액 등을 취급하는 근로자에게는 방진마스크, 안전장갑 등 보호장구를 지급하여야 한다.
⑧ 잔토처리, 폐기안정액처리 등은 주변 환경을 오염시키지 않도록 폐기물처리기준에 맞추어 처리하고, 이를 담당하는 근로자에게는 안전장갑 등의 보호장구를 지급하여야 한다.

5) 철근망 조립 및 삽입
① 철근망 조립장은 철근을 조립하고 인양하기에 충분히 넓고 안전한 장소를 선정하여야 한다. 그 크기는 1패널(Pannel) 이상의 상·하부를 동시에 가공조립할 수 있어야 하며, 인양장비가 철근망을 안전하게 인양할 수 있는 위치이어야 한다.
② 철근망은 설계서에서 정한 형상과 치수와 일치하도록 정확하고 견고히 조립하여야 하며, 인양할 때에 뒤틀리지 않도록 X자로 철근을 보강하는 등의 조치를 하여야 한다.
③ 철근을 인양할 때에 그 자중에 의하여 변형 또는 이음위치의 탈락 등이 발생할 수 있으므로 결속은 용접 등의 방법으로 충분히 안전하도록 이어야 한다.
④ 철근망 삽입을 위한 고리는 용접이 가능한 마일드 바(Mild Bar)를 사용하여 철근망에 미리 용접하여 두어야 한다.
⑤ 후속작업에 대비하여 어스앵커용 슬리브(Sleeve), 슬래브 연결용 앵커철근 등을 충분한 길이로 제작하고 스티로폴 등으로 덮어 두어야 한다.
⑥ 콘크리트 타설용 트레미관이 들어갈 수 있는 공간을 사전에 계획하고 확보하여 두어야 한다.
⑦ 철근망을 삽입하기 위하여 크레인으로 인양할 때에는 철근망의 변형을 방지하기 위하여 H형강 등의 조금구(組金具, Guide Frame)를 부착하여 삽입하여야 한다.
⑧ 철근조립장에서 철근을 인양할 때에는 조립된 철근이 회전하거나 흔들리지 않도록 서서히 인양하고 보조로프를 이용하여 이의 흔들림이 없도록 하여야 한다.
⑨ 철근망을 인양 및 삽입할 때에는 작업신호수를 배치하여 근로자의 협착 등의 재해를 방지하여야 한다.
⑩ 철근망을 삽입하기 전에 굴착심도, 굴착바닥의 슬라임(Slime) 제거상태 및 굴착폭을 점검하여 철근망이 이상 없이 삽입될 수 있도록 하여야 한다.
⑪ 굴착깊이가 깊어 철근망의 길이가 길거나 자중이 커서 크레인 인양작업이 곤란한

경우에는 크레인의 인양높이 및 정격하중 등을 고려하여 2~3개로 분할하여 조립하고 삽입하면서 접합시켜야 한다.

⑫ 철근망을 분할하여 삽입하는 경우에는 맨 밑의 철근망을 안내벽에 걸쳐놓고 다음 철근망을 크레인에 매달고 있는 상태에서 충분한 이음길이를 가지고 견고하게 연결하여야 하며, 이음위치로 조정할 때에는 신호수를 배치하고 유도로프를 잡고 서서히 작업하여야 하며 협착 또는 충돌 등의 재해 예방조치를 하여야 한다.

⑬ 철근망을 이을 때에는 이음위치에서 상하부 철근망이 분리 또는 이탈되지 않도록 하부 철근망의 자중에 견딜 수 있는 충분한 이음강도를 유지하여야 한다.

⑭ 완전히 삽입된 철근망은 안내벽에 강관 등으로 걸쳐 놓아 철근망이 굴착바닥에 닿지 않도록 하여 피복의 유지, 철근망의 휨 또는 변형을 방지하여야 하며 이때 사용하는 강관 등은 철근망의 자중에 충분히 견딜 수 있는 견고한 것을 사용하여야 한다.

6) 콘크리트의 타설

① 콘크리트의 타설은 안정액이 채워진 상태에서 트레미관을 통하여 트레미관 하부에서부터 타설하여 올라와야 한다. 콘크리트 타설 도중 트레미관 밖으로 콘크리트가 넘치거나 흘러들어가서 안정액과 혼합되면 안정액이 굳어질(Gel화 현상) 수 있으므로 트레미관 바깥쪽을 합판 등의 덮개로 덮어두어야 한다.

② 트레미관은 트렌치 밑바닥에서 10~15cm 정도 들어올려진 상태에서 타설을 시작하고 콘크리트의 상승과 함께 서서히 인발하면서 타설을 진행한다.

③ 타설량 및 타설고와의 관계를 검측테이프로서 측정하여야 하며, 트레미관 선단은 콘크리트 속에 2.0m 정도 묻혀있도록 하여 타설하여야 한다.

④ 콘크리트 타설은 1패널이 완료될 때까지는 작업을 중지하여서는 아니 된다.

⑤ 레미콘 트럭의 이동경로를 확보하고 안전하게 진출입할 수 있도록 하여야 하며, 근로자의 협착재해를 방지하기 위하여 유도자를 배치하는 등의 안전조치를 하여야 한다.

⑥ 콘크리트의 강도, 굵은골재 최대치수, 물·시멘트비, 슬럼프 등은 설계서에서 정한 바에 따른다.

⑦ 그 밖의 콘크리트 타설 등에 관한 사항은 KOSHA GUIDE C-43-2012(콘크리트공사의 안전보건작업지침)에 따른다.

06 흙막이공사(Earth Anchor 공법) 안전보건작업지침 [C-12-2012]

이 지침은 산업안전보건기준에 관한 규칙(이하 "안전보건규칙"이라 한다) 제1편(총칙) 제6장(추락 또는 붕괴에 의한 위험방지) 제2절(붕괴 등에 의한 위험방지) 및 제2편(안전기준) 제4장(건설작업 등에 의한 위험방지) 제2절(굴착작업 등의 위험방지) 규정에 따라 흙막이공사 중 어스앵커공법을 시행함에 있어 산업재해 예방을 위해 준수하여야 할 안전지침을 정함을 목적으로 한다.

1. 건설주체별 의무

1) 설계자의 의무

① 대상 지반에 대한 지질조사, 가스관·통신선로·상수관·하수관·인근 구조물의 기초 등 지하매설물 조사, 인근 구조물·고압전선로 등 지상 장애물조사, 장비의 운행경로 등 현황조사를 실시하여야 한다.

② 정착부의 지반에 대한 토질정수를 결정하기 위한 지질조사·토질시험 등을 실시하고 그 결과를 이용한 설계를 하여야 한다.

③ 정착부는 지하구조물 또는 지표면의 역방향 경사 등으로 인하여 마찰저항이 부족한지의 여부를 판단하고 충분한 설계 정착력이 확보될 수 있도록 설계하여야 한다.

④ 대상 현장에 대한 현황조사, 구조해석 결과, 구조도면, 특기시방 등의 설계도서를 공사관계자가 판독하기 용이하게 제작하여야 한다.

⑤ 구조해석 결과에는 지하수위, 토층의 두께, 토질의 단위중량, 흙의 내부마찰각, 지반의 전단강도 등 토압계산에 반영된 제반 토질정수를 기록하여야 한다.

⑥ 구조도면에는 재료의 종류 및 치수, 배치간격, 시공순서, 시공방법 등을 기록하여야 한다.

⑦ 어스앵커를 설치하기 위하여 노출되어 있는 굴착면의 높이와 시공성을 고려하여 굴착 단계별 토압으로 인한 붕괴의 위험성 유무를 검토하여야 한다. 이때, 제거식 앵커인 경우에는 본 구조물의 시공 단계별 제거순서를 명기하여 시공자가 판단의 오류로 산업재해를 유발하지 않도록 하여야 한다.

⑧ 굴착작업 중 지하수위의 변화, 지반의 변위, 이상토압의 증가 등으로 인한 재해를 예방하기 위하여 필요한 계측항목을 정하여야 한다.

⑨ 시공자가 특별히 주의하여 시공할 필요가 있는 사항에 대해서는 특기시방서를 작성하거나 설계도면에 별도로 명기하여 시공자가 안전한 시공을 수행할 수 있도록 하여야 한다.

2) 감독자 및 감리자의 의무
　① 설계도서의 내용이 대상 현장의 지형, 지상 및 지하 장애물 등을 반영하였는지 여부에 대하여 판단하여야 하며, 이상 여부가 발견된 때에는 설계자에게 질의하여 이를 조정하여야 한다.
　② 시공자로부터 시공계획서를 제출 받아 이를 검토하고 필요한 경우에는 보완 요청 및 시정지시를 하여야 하며, 지반의 붕괴 또는 토석의 낙하 등으로부터 안전한 시공계획서일 경우 이를 승인하여야 한다.
　③ 시공 중에는 설계도서와 일치 여부를 확인·감독하여야 하며, 현장조건이 설계도서와 상이하여 설계내용을 변경하여야 할 경우에는 책임 있는 기술자의 의견을 들어 안전한 방법을 선정하고 이를 지시하여야 한다.
　④ 설계도서에서 정한 계측의 결과를 검토하여 이상이 발견된 때에는 조치방안을 강구하고 이를 지시한 후 이행 여부를 확인하여야 한다.
　⑤ 자재를 반입할 경우에는 설계도서와의 부합 여부를 검수하여야 하며, 검수도중 불량 자재 및 부적격 자재는 즉시 현장 밖으로 반출하도록 지시하여야 한다.
　⑥ 근로자의 안전을 위하여 작업장의 안전시설의 설치, 근로자의 보호구 착용상태 등을 점검하고 불안전한 상태를 제거하도록 노력하여야 한다.

3) 시공자의 의무
　① 작업 시작 전 현장조건이 설계도서와 일치하는지의 여부를 확인하고 상이하다고 판단될 때에는 감독 및 감리자에게 이를 보고하고 대처방안을 상호협의하여야 한다.
　② 시공계획서를 작성하여 감독 및 감리자에게 제출하고 그의 승인을 얻은 후 작업을 시행하여야 하며, 시공계획서에는 다음과 같은 사항을 반드시 포함하여 작성하여야 한다.
　　㉠ 앵커체, 강선, 지압판, 웨지 등 사용되는 자재의 종류, 성능(강도), 치수, 제작사
　　㉡ 천공장비 등 사용장비의 종류, 성능, 운행경로
　　㉢ 인장에 사용되는 실린더, 유압장치 등의 종류 및 치수
　　㉣ 어스앵커 위치별 설계인장력에 따른 유압장치의 유압력

ⓜ 지반의 변위, 정착력의 변화, 지하수위의 변화 등을 확인할 수 있는 계측의 방법(종류, 위치, 수량, 측정주기, 평가방법 등)
　　　ⓗ 지압판 설치부위 띠장의 국부좌굴을 방지하기 위한 보강재(Stiffener)의 설치방법
　　　ⓢ 인장시험, 인발시험, 확인시험 등 시험의 종류, 횟수 및 방법
　　　ⓞ 모르타르 등 주입재의 배합설계, 양생기간 및 인장시기 등
　　　ⓩ 기타 안전성 확보를 위하여 필요한 주요사항
　③ 작업 시작 전 근로자에게 안전한 작업방법을 교육하고 이를 지휘하여야 한다.
　④ 설계도서와 시공계획서에 준하여 시공하여야 하며, 공사 도중 지반조건이 설계도서와 상이하거나 지하수 유출이 지반의 안전상에 심대한 영향을 미칠 우려가 있는 때에는 이를 감독 및 감리자에게 보고하고 이에 대한 대처방안을 협의하여야 한다.
　⑤ 자재를 반입할 경우에는 사전에 설계도서에서 정한 성능 이상의 자재로서 그의 종류, 규격, 수량, 제작사 등을 명기한 자재승인요청서를 감독 및 감리자에게 제출하여 이를 승인 받은 후 반입하고 반입된 자재는 자체적으로 검수하고 감독 및 감리자의 검수를 받아야 한다. 이때 부적격한 자재는 즉시 현장 밖으로 반출하여야 한다.
　⑥ 자재는 가능한 한 즉시 사용이 가능하도록 필요한 양 만큼 순차적으로 반입하되 일정기간 동안 보관하여야 할 경우에는 양호한 상태로 보관하여야 하며, 부식, 마모, 변형 등이 발생되지 않도록 하여야 한다.
　⑦ 근로자의 안전을 위하여 작업장의 안전시설의 설치, 보호구의 착용상태 감시, 악천후 시에는 작업의 중지, 관계근로자 이외의 자의 출입통제 등의 업무를 수행하여야 하며, 붕괴의 위험이 있다고 판단된 경우에는 즉시 근로자를 안전한 장소로 대피시켜야 한다.
　⑧ 감독 및 감리자가 없는 현장인 경우에는 현장조건이 설계도서와 상이한 경우 책임 있는 외부 전문기술자의 의견을 청취한 후 시행하여야 하며, 작업계획서는 자체적으로 수립하고 이를 보존하여 두어야 한다.

4) 근로자의 의무

　① 관리감독자가 지휘하는 안전한 작업방법을 준수하여야 한다.
　② 작업 도중 불안전한 행위를 하여서는 아니 된다.
　③ 작업 중에는 반드시 필요한 보호구를 착용하여야 하며, 작업 후에는 보호구를 양호하게 관리하여야 한다.
　④ 작업 중 이상 현상 또는 위험한 요인을 발견한 때에는 즉시 관리감독자에게 이를 알려야 하며, 그의 지시를 받아서 작업하여야 한다.

2. 안전작업절차

1) 작업내용 및 순서

이 지침은 흙막이공사 중 어스앵커공법으로 시공하는 경우에 대한 지침이므로 어스앵커공사만으로 범위를 정하였으며, 어스앵커공사의 시공순서는 다음 그림과 같다.

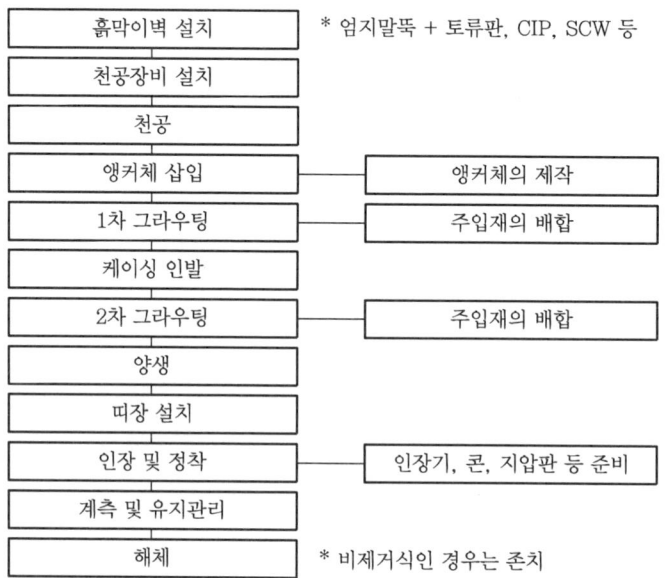

2) 천공작업

① 천공장비의 조정원은 건설기계관리법에 규정된 공기압축기 면허를 갖춘 자로 하여야 한다.
② 천공장비를 이동할 경우에는 장비의 전도·전락을 방지하기 위하여 이동통로의 안전성을 확보하여야 하며, 근로자의 협착 및 충돌 재해를 방지하기 위하여 이동경로에는 출입통제를 하여야 한다.
③ 천공의 지점은 설계도서에 준하여 미리 측량하여 표식하여 두어야 한다. 이때 수직높이의 오차가 최소가 되도록 주의하여야 하며, 천공작업 전에는 가스관, 상하수도관, 인근 구조물의 기초 등 지하매설물의 유무를 반드시 확인하여야 한다.
④ 수직으로 굴착하여 천공지점이 노출된 후 장기간 방치하여 흙막이구조에 과대응력이 발생되지 않도록 후속 공정을 조속히 진행하여야 한다.
⑤ 천공장비는 천공작업 중 흔들림, 이동 등이 없도록 설치 지반을 정지하여야 한다.
⑥ 설계된 천공각도 및 천공깊이를 확인하고 장비를 설치하여야 하며, 천공 도중에는 설계각도를 유지하고 이를 확인할 수 있도록 하여야 하고, 천공이 완료된 때에는

천공깊이를 확인하여야 한다.
⑦ 주입재와 주변지반과의 마찰력이 충분히 발현될 수 있도록 천공의 직경은 설계에서 정한 치수 이상을 확보하여야 한다.
⑧ 천공 지점은 수평열이 일직선이 되도록 천공지점 높이의 오차를 최소화 하여야 한다. 이는 띠장의 위치에서 강선이 절곡될 우려가 있기 때문이며 그러한 경우에는 긴장력의 손실을 초래할 수 있다. 이중 띠장인 경우에는 하부 띠장을 미리 설치한 후 천공함으로서 수평열의 일직선을 유지할 필요가 있다.
⑨ 천공 중에는 공벽의 붕괴를 방지하기 위하여 케이싱을 설치한다. 공벽 붕괴의 우려가 없는 경우에는 예외로 한다.
⑩ 동절기에 천공하는 경우에는 이수의 동결을 방지하기 위하여 온수를 사용하여야 한다.
⑪ 천공 중에는 비산 먼지 및 소음이 심하므로 근로자에게는 방진마스크 및 귀마개를 착용하도록 하고, 천공 입구에는 비산먼지를 최소화할 수 있도록 집진장치 또는 분진 방지책을 설치하여야 한다.
⑫ 천공 홀 바닥의 굴착토사를 완전히 제거하여야 하며 설계심도까지의 천공 여부를 확인하여야 한다.

3) 앵커체의 제작 및 삽입
① 강선의 절단은 기계적 방식에 의하여 절단하며 절단으로 인한 재료의 국부적 성질의 변화가 없도록 하여야 한다.
② 설계도서에서 정한 정착장과 자유장이 확보되도록 제작되어야 하며, 자유장은 인장할 수 있도록 여유길이를 두어야 한다.
③ 제작된 앵커체를 검수할 때에는 다음과 같은 항목을 중점적으로 확인하여야 한다.
㉠ 정착장과 자유장의 소요길이
㉡ 스페이서(Spacer)의 설치상태 및 이물질 부착 유무
㉢ 정착장과 자유장의 구분을 위한 패커(Packer)의 설치상태
㉣ 자유장은 피복제 및 방청제의 도포 상태
㉤ 주입재의 주입을 위한 2개의 내외부 주입용 관 설치 상태(삽입 후 외부에서 구별할 수 있는 표시 필요)
㉥ 공벽의 붕괴 등으로 삽입길이의 부족 여부를 삽입 후 판단 가능하도록 길이의 표식
④ 앵커체를 삽입하기 전에는 앵커체에 부착된 먼지, 기름 등 이물질을 제거하여야 하며, 자유장에는 부식방지를 위한 조치를 하여야 한다.

⑤ 앵커체를 삽입할 때에는 앵커체에 손상이 발생되지 않도록 조심하여 서서히 삽입하고 자유장의 방청체가 손상되지 않도록 한다.

4) 주입재의 배합 및 주입
① 시멘트는 보통포틀랜드시멘트 또는 조강포틀랜드시멘트를 사용한다.
② 배합강도는 주변토질과 인장재가 부착하여 소요강도를 발현할 수 있도록 배합되어야 하며, 주입 후 공시체를 제작하여 현장 및 실내 양생하여 인발 전 발현강도를 확인하여야 한다.
③ 공벽의 붕괴 등을 방지하기 위하여 천공 후 장기간 방치하지 않으며, 앵커체 삽입 후 즉시 주입하여야 한다.
④ 주입은 천공 홀 바닥에서 공 내부의 물과 공기를 밀어내면서 주입되도록 하고 주입재 내부에 공극이 발생되지 않도록 하여야 한다.
⑤ 주입재의 주입은 천공 홀 선단부에 슬라임이 완전 배출될 때까지 1차 주입하고 케이싱을 제거한 후 공벽을 완전히 채우도록 2차 주입을 수행한다.
⑥ 교반기는 감전재해를 방지하기 위하여 KOSHA GUIDE E-106-2011(건설현장의 전기설비설치 및 관리에 관한 기술지침)을 준용하여야 한다.

5) 양생 및 띠장의 설치
① 주입재는 인발에 필요한 강도를 발현할 때까지 양생하여야 한다.
② 띠장의 설치는 설계자의 의도에 따라 이중 띠장과 외줄 띠장으로 구분되며 어느 경우에도 인장력(Jacking Force)에 의한 소요강도를 갖는 부재의 치수를 확보하여야 한다.
③ 띠장은 일직선으로 설치하고 띠장의 이음부위는 모재의 강도 성능 이상의 능력을 발휘할 수 있는 이음으로 제작되어야 한다.
④ 강선과 지압판은 서로 직각이 되도록 설치하여야 하며, 이중 띠장인 경우에는 띠장과 지압판 사이에 경사면을 갖는 좌대를 설치하고 외줄 띠장인 경우에는 띠장을 경사지게 설치하여 강선과 지압판이 서로 직각을 유지할 수 있도록 설치하여야 한다.
⑤ 외줄 띠장인 경우에는 띠장에 강선이 관통할 수 있는 구멍을 드릴링하되 재료의 성능이 변할 수 있는 산소 절단기 등을 이용하여서는 아니 된다.
⑥ 지압판이 설치되는 위치에는 인장력에 의한 국부적인 좌굴을 방지하기 위하여 띠장의 상하면에 각각 2개소 이상의 보강재(Stiffener)를 설치하여야 한다.
⑦ 띠장과 엄지말뚝 사이에는 토압의 전달이 원활하도록 쐐기를 설치하는 등 밀실하게 설치하여야 한다.

⑧ 띠장은 단면의 손실, 변형, 부식된 것을 사용하여서는 아니 된다.
⑨ 띠장을 설치하기 위하여 양중 작업을 할 때에는 신호수를 배치하여야 하며, 띠장이 이동하는 경로 및 하부에는 근로자의 출입통제를 하여야 한다.
⑩ 띠장은 강선이 정착장에서 자유장, 띠장, 지압판까지 일직선을 유지할 수 있도록 적합한 위치에 설치되어야 한다.

6) 인장 및 정착

① 주입재를 주입할 때 제작한 공시체에 대하여 압축강도시험을 실시하고 소요강도 이상의 강도발현을 확인한 후 강선을 인장하여야 한다.
② 인장을 할 때에는 사용하는 인장기의 실린더 단면적과 설계 인장력을 근거로 계산된 유압력을 미리 계산하고 이에 따라 인장하여야 한다.
③ 인장기의 유압게이지는 검교정한 것을 사용하여야 한다.
④ 인장을 할 때에는 시공계획서 또는 특기시방서에서 정한 인장시험, 인발시험, 확인시험을 실시하여야 하며, 하중단계별 강선의 늘음량을 측정하고 이를 기록하여야 한다.
⑤ 강성 판단 등 불의의 사고를 방지하기 위하여 인장되는 후면에는 근로자가 접근하지 않도록 하여야 한다.

7) 계측

① 설계도서 또는 시공계획서에서 정한 각 계측기를 설치하고 초기 측정값을 기록 보존하여야 하며, 계측센서의 유실을 방지하기 위한 보호조치를 하여야 한다.
② 계측은 최소한 하중계, 경사계, 지하수위계를 1개조로 하여 설치하되 그 개수 및 항목은 현장 여건에 따라 적합하게 설치하여야 한다.
③ 계측의 주기는 현장의 여건에 따라 정하되 1주일 이내를 원칙으로 하며, 이상토압의 발견 또는 불안전한 변위 등이 발견된 때에는 그 주기를 단축하고 위험 여부를 확인하여야 한다.
④ 계측항목별 판단기준을 정하고 위험수위별 대처방안을 수립하여 두어야 한다.
⑤ 계측결과는 계측 즉시 감독 및 감리자에게 구두 또는 간략 보고하여야 하며, 보고서 작성 시간으로 인하여 위험단계의 대응시기를 놓치지 않아야 한다.
⑥ 흙막이 구조의 변형 등을 상시 육안 조사하고 해빙기 또는 장마기에는 특별점검을 실시하여야 한다.
⑦ 굴착 선단부에는 낙하의 위험이 있는 토사는 제거하여야 하다.

⑧ 굴착 선단부에는 중량물을 적재하는 등 상재하중을 가하지 않는 것을 원칙으로 하며, 현장 여건 상 필요한 경우에는 구조적 안전성을 확인하여야 한다.

8) 해체

① 제거식 앵커인 경우에는 해체계획을 수립하고 이에 따라 작업을 수행하여야 한다. 해체계획에는 기시공된 구조물의 변형 등을 고려하여 구조물공사와 연계된 안전한 작업순서가 반영되어야 한다.
② 강선을 절단할 경우에는 높은 인장력이 도입된 상태에서 갑자기 절단되는 것이기 때문에 부품들이 비래될 우려가 있으므로 주의하여야 한다.
③ 띠장과 엄지말뚝 사이에 연결된 부위를 절단할 때에는 띠장의 낙하로 인한 위험이 발생되지 않도록 인양장비에 걸어두는 등 안전조치를 선행하여야 한다.
④ 지중에 매립된 강선을 제거할 때에는 급격한 인발로 인한 위험이 발생되지 않도록 서서히 인발하여야 한다.

3. 그 밖의 흙막이공사에 관한 안전작업

KOSHA GUIDE C-39-2011 굴착공사안전작업지침 및 KOSHA GUIDE C-4-2012 흙막이공사(엄지말뚝) 안전작업지침의 규정에 따른다.

07 옹벽(콘크리트 옹벽)공사의 안전보건작업지침 [C-78-2016]

이 지침은 산업안전보건기준에 관한 규칙에 의거 옹벽공사(콘크리트 옹벽) 중 발생할 수 있는 토사의 무너짐, 장비에 의한 부딪힘 및 깔림, 고소작업 시 떨어짐 등의 재해를 예방할 수 있는 콘크리트 옹벽공사 안전보건 작업지침을 정함을 목적으로 한다.

1. 콘크리트 옹벽의 종류

1) 중력식 옹벽
옹벽 자체의 무게로 토압 등의 외력을 지지하여 자중으로 토압에 저항하는 형식

2) 반중력식 옹벽
중력식 옹벽의 벽두께를 얇게 하고 이로 인해 생기는 인장응력에 저항하기 위해 철근을 배치한 형식

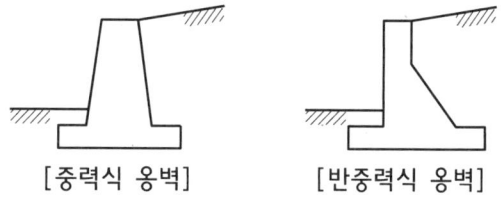

[중력식 옹벽]   [반중력식 옹벽]

3) 캔틸레버(Cantilever)식 옹벽
① 역T형 옹벽 : 옹벽의 배면에 기초 슬래브가 일부 돌출한 모양의 옹벽 형식
② L형 옹벽 : L형 옹벽은 한쪽 끝이 고정되고 다른 끝은 받쳐지지 않은 상태로 되어 있는 보를 이용해 옹벽의 재료를 절약하는 형식

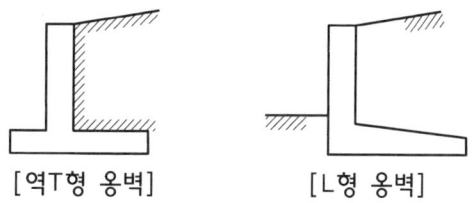

[역T형 옹벽]   [L형 옹벽]

4) 부벽식 옹벽
① 앞부벽식 옹벽 : 외벽면에서 바깥쪽으로 튀어나와 벽체가 쓰러지지 않게 지탱하기 위하여 부벽을 이용하는 형식

② 뒷부벽식 옹벽 : 부벽을 2~3m마다 설치하여 벽체 및 기초의 강성을 증대시키는 형식

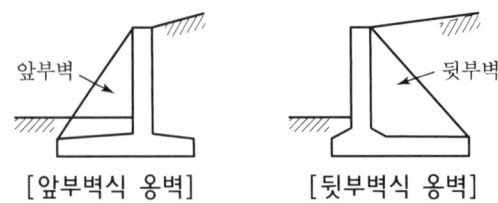

[앞부벽식 옹벽]   [뒷부벽식 옹벽]

2. 콘크리트 옹벽공사 작업별 안전사항

콘크리트 옹벽 작업 시에는 다음과 같은 순서에 의하여 안전작업절차를 준수하여야 한다.

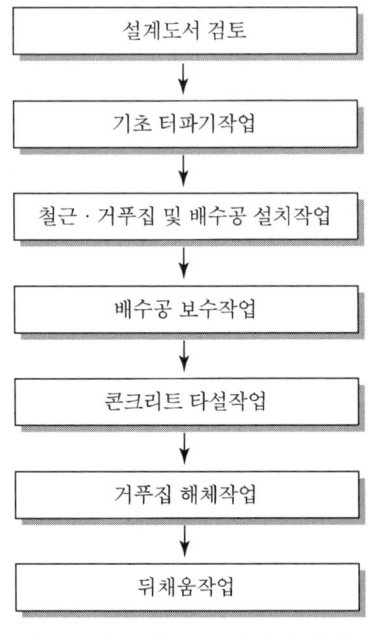

[콘크리트 옹벽 안전작업절차]

3. 일반 안전사항

1) 옹벽 기초형식을 결정 시에는 지형 및 지반조건을 충분히 검토하고 구조형식과 시공조건을 고려하여야 한다.
2) 옹벽공사 작업계획은 작업장소의 여건과 설계도서(도면 및 시방서) 등을 검토하여 안전한 작업계획을 수립하여야 한다.

3) 모든 단위공정은 사전 위험성평가를 실시하여 잠재 위험요인에 대한 안전대책을 수립하여 관리하여야 한다.
4) 작업장의 지형, 지반 및 지층상태 등에 대한 사전조사를 실시하여 작업계획서를 작성하고, 근로자에게 주지시켜야 한다.
5) 작업계획서 작성 시 비계, 거푸집, 백호, 카고크레인, 펌프카, 다짐기계 등의 사용 시 안전성 검토 후 작업계획을 수립하여야 한다.
6) 작업계획서는 옹벽(콘크리트 옹벽)공사의 공법에 대한 이해와 경험이 풍부한 작업지휘자가 작업사항을 검토하여 실제 안전작업이 이루어지는지 확인하여야 한다.
7) 차량계 건설기계 사용 시 작업반경 내에는 근로자 출입금지 조치 및 신호수 배치 등 접촉 및 충돌방지 조치를 하여야 한다.
8) 차량통행이 많은 도로 등의 장소에서 작업 시에는 교통처리계획을 수립하여 안전 시설물의 설치 및 신호수를 배치하고 작업을 실시하여야 한다.
9) 순간 풍속이 초속 10m를 초과하여 근로자에게 위험을 미칠 우려가 있는 경우에는 즉시 작업을 중지하여야 한다.

4. 기초 터파기작업

1) 원지반 굴착 시 연약지반인 경우 지반 보강 및 치환작업을 실시하여 지지력을 확보하여야 한다.
2) 터파기 작업 전 근로자에게 작업계획서의 내용 및 사용하는 기계기구 확인 작업방법 및 작업순서 등 안전관리사항을 교육을 실시하여야 한다.
3) 터파기 작업 중 용수, 지하수 등 발생 시에는 배수시설을 설치하고 굴착면 및 배면에 우수 등이 유입되지 않도록 관리하여야 한다.
4) 장비를 이용한 터파기 작업 시 차량계 건설기계의 장비 진입로와 작업장 주행로를 확보하고 다짐도, 노폭, 경사도 등의 상태를 점검하고 신호수를 배치하여야 한다.
5) 장비 사용 전 브레이크, 후진경보기 등 안전장치 설치상태 및 운전원의 유자격 여부를 확인하여야 한다.
6) 옹벽 기초 터파기의 완성면이 토사 또는 풍화암인 경우 굴착 지반면의 흐트러짐이 최소화 되도록 하여야 하며 굴착 후 버림 콘크리트를 타설하도록 사전준비 및 계획을 수립하여야 한다.
7) 터파기 작업구간은 접근방지시설, 조명, 경고표지 등과 필요시 보행자 통행로를 설치하여야 한다.

8) 작업 중 긴급 상황 발생 시에는 관리감독자에게 통보하고 안전조치 완료 시까지 해당 작업을 실시해서는 안 된다.
9) 굴착 공사 시 지반의 종류에 따라서 굴착면의 안전구배 기준을 준수하여야 한다.
10) 굴착토나 자재 등을 굴착부 배면에 쌓아 두어서는 안 된다.
11) 터파기 구간 주변에 맞음 및 무너짐 위험이 있는 경우에는 작업을 금지하여야 한다.
12) 불안전한 경사면 작업 시에는 사면 보호 및 보강 조치 후 작업을 실시하여야 한다.

5. 철근 가공, 운반 및 조립작업

1) 가공 및 운반
   ① 철근 절단 작업 시 철근이 튀어 근로자가 상해를 입지 않도록 절단기 안전 덮개부착 여부를 확인하여야 한다.
   ② 철근 절곡 작업 시 근로자는 철근 사이에 장갑이 끼지 않도록 하며, 타인에 의한 작동을 방지하기 위하여 조작 페달에 안전덮개를 설치하여야 한다.
   ③ 철근을 장비로 인양할 때에는 인양로프를 2지점 이상 결속하고 별도의 유도로프를 설치 후 운반하여야 한다.
   ④ 사용하는 기계기구는 외함 접지를 실시하고 가설전기는 반드시 누전차단기를 설치하여 사용하도록 하여야 한다.
   ⑤ 장비를 이용하여 철근을 달아 올리거나 내릴 때에는 인양로프의 안전율을 검토하여 작업을 실시하여야 한다.
   ⑥ 긴 철근을 운반할 때에는 근로자 2인 1조가 되어 운반하도록 한다.
   ⑦ 철근 1회 운반중량은 남자근로자 20~30kgf, 여자근로자 10~15kgf를 기준으로 운반하여야 한다.
   ⑧ 인력운반은 최소화하고 가능한 운반구나 장비를 사용하여 운반하도록 하여야 한다.

2) 철근 조립
   ① 철근조립 시 철근 이음위치에 대하여 충분히 검토하고 철근의 도괴방지를 위하여 강관파이프, 와이어로프, 각재, 조립철근 등으로 버팀재를 설치하여야 한다.
   ② 옹벽 전면의 철근피복두께는 5센티미터 이상으로 하고, 문양거푸집을 사용하는 경우에는 문양홈 깊이를 제외한 두께가 5센티미터 이상이어야 한다.
   ③ 작업발판 상부에 문양거푸집 및 자재 보관 시에는 하부로 떨어지지 않도록 별도 고정 조치를 하여야 한다.

④ 2미터 이상 고소작업 시에는 비계를 조립 설치하거나 별도 작업대를 설치하여야 한다.
⑤ 장철근 설치 시 철근지지대를 사용하여 먼저 설치한 철근이 넘어가지 않도록 조치하여야 한다.
⑥ 옹벽 뒷면부에서의 철근조립 작업 시 충분한 작업공간을 확보하여야 하며, 굴착사면 안전성 확보하여 확인 후 작업을 실시하여야 한다.
⑦ 옹벽 상부에서의 철근조립 작업 시 작업발판을 설치하기 위한 비계를 설치하고 작업발판 단부는 떨어짐 방지용 안전난간대를 설치하여 작업을 실시하여야 한다.

6. 거푸집 설치 및 해체 작업

1) 거푸집 설치

① 거푸집 설치할 경우 콘크리트 타설 시 수평력에 충분히 견딜 수 있도록 구조검토 후 조립도를 작성하고 조립도에 의거하여 거푸집을 설치하여야 한다.
② 거푸집의 운반 및 설치 작업에 필요한 작업장 내의 통로가 충분한가를 확인하여야 한다.
③ 거푸집 설치에 필요한 재료 및 기구, 공구를 올리거나 내릴 때에는 달줄 및 달포대 등을 사용하여야 한다.
④ 옹벽작업장 주위에는 작업원 이외의 통행을 제한하고 작업하여야 한다.
⑤ 옹벽 거푸집 상부에는 근로자의 떨어짐 방지를 위하여 비계의 작업발판에 안전난간을 설치하여야 한다.
⑥ 거푸집은 옹벽 뒤채움 완료 시까지 유지하고 그 후에 해체하여야 한다.
⑦ 옹벽 거푸집 하부에는 깔판 또는 깔목을 설치하여 침하방지 조치를 해야 한다.

2) 거푸집 해체

① 거푸집을 사용한 콘크리트면에서 이물질 제거 시 부착물 등이 근로자의 안면에 튀어 손상을 입지 않도록 보안경 또는 보안면을 착용하고 작업을 하여야 한다.
② 거푸집동바리는 콘크리트 자중 및 시공 중에 가해지는 기타 하중에 충분히 견딜만한 강도를 확보 후 해체하여야 한다.
③ 해체장소 및 주변지역은 출입금지 구역으로 설정하여 관계자 이외의 출입을 금지시키고, 상하 동시작업은 금지하여야 한다.
④ 관리감독자는 거푸집동바리의 해체시기, 해체순서, 해체방법 등을 결정하고 근로자에게 주지시켜야 한다.

⑤ 해체 작업 근로자는 떨어짐 위험이 있는 장소에서의 작업 시에는 반드시 안전대를 착용하여야 한다.
⑥ 거푸집 해체 작업 시에는 관리감독자를 배치하여 관리하여야 한다.

7. 콘크리트 타설작업

1) 콘크리트 타설

① 콘크리트를 타설 중 거푸집 및 거푸집동바리의 이상 유무를 확인하고 감시자를 배치하여 이상이 발생한 때에는 신속히 안전조치를 하여야 한다.
② 콘크리트는 표면이 수평이 되도록 쳐야 하며 타설 계획 및 순서에 따라 균형있게 타설하며 1회 타설 높이는 40~50센티미터 이하로 한다.
③ 콘크리트를 한 곳에만 집중적으로 타설 시 편심하중에 의한 거푸집의 변형 및 동바리의 탈락이 발생하지 않도록 균형있게 타설하여야 한다.
④ 타설작업 시 콘크리트 치기는 최대 50센티미터로 하고 다짐봉을 아래층 콘크리트 속에 10~15센티미터 넣어서 다짐을 실시하여야 한다.
⑤ 진동기 사용 시 지나친 진동으로 인한 도괴에 주의하고 반드시 2인 1조로 작업을 하여야 한다.
⑥ 콘크리트 타설 시 콘크리트 분배용 슈트를 사용할 경우 콘크리트가 작업장 내에 튀지 않도록 주의하여 타설하여야 한다.
⑦ 연약지반구간 타설작업 시에는 치환 및 다짐작업으로 지반 보강조치를 실시하여 작업을 진행하여야 한다.
⑧ 진동기는 외함접지를 실시하고 가설전기는 반드시 누전차단기를 거쳐 인출토록 배선하고 다짐 시 횡방향으로 이동시키지 않아야 하며, 수직으로 고른 간격으로 실시하여야 한다.

2) 콘크리트 펌프카 및 믹서트럭관리

① 펌프카를 사용할 때에는 콘크리트가 비산하는 경우가 있으므로 주의하여 타설하고 작업구간 하부에는 근로자의 출입을 통제하여야 한다.
② 펌프카는 사용 전 배관상태를 확인하여야 하며, 레미콘트럭과 펌프카와 호스선단의 연결작업을 확인하고 호스길이 4미터를 초과하여서는 안 된다.
③ 펌프카 호스선단이 요동되지 않도록 보조로프를 사용하여 확실히 붙잡고 타설을 하여야 한다.

④ 펌프카의 붐대를 조정할 때에는 주변 전선 등 지장물을 확인하고 이격 거리(특고압 : 300센티미터 이상)를 준수하여야 한다.
⑤ 펌프카의 정차 시에는 반드시 수평을 유지하여 장비 안전성을 확보한다.
⑥ 펌프카 설치 시 아웃트리거를 사용할 때 지반의 부등침하로 펌프카가 전도되지 않도록 받침목을 설치하여야 한다.
⑦ 콘크리트 펌프카와 믹서트럭 작업 시 차량유도원을 배치하여 부딪힘 및 깔림을 예방하여야 한다.
⑧ 경사면 작업 시 건설장비의 불시 구름을 방지하기 위해 바퀴에 고임목을 설치하고 정지선을 설정하여 후진 시 충돌을 예방하여야 한다.
⑨ 콘크리트의 운반 및 타설장비는 작업 전 장비의 성능을 확인하여야 하고 사용전·후 반드시 점검을 실시하여야 한다.

8. 배수작업

1) 배수공 선정 시에는 물구멍, 배수 파이프, 브랭킷 배수, 필터 등 효과적인 방법을 선정·검토하여 적용하여야 한다.
2) 배수파이프 등을 설치할 때에는 자재 운반 시 통로 주변 정리정돈을 실시하여 근로자가 걸려 넘어지거나 부딪힘 사고가 발생하지 않도록 조치하여야 한다.
3) 배수파이프를 옹벽 전면 되메움 선보다 높게 설치하여 옹벽 배면의 배수처리에 주의하여 원활한 배수가 되도록 하여야 한다.
4) 드레인보드 설치 시 콘크리트용 타카를 이용하여 고정작업 시 타카가 튀어 손상을 입지 않도록 개인보호구를 착용하여야 한다.
5) 배수관 및 파이프 운반, 설치 시에는 반드시 2개소 이상 고정하여 자재의 탈락을 방지하여야 한다.
6) 배수관이 콘크리트 타설 후 막힌 경우 이물질을 즉시 제거하여야 한다.
7) 배수파이프 설치 시에는 지하수 수위 및 강우와 침투수에 따른 충분한 사전안전성을 검토하여 배수시설을 설치하여야 한다.

9. 뒤채움 작업

1) 뒤채움은 콘크리트가 충분히 양생된 후 빠른 시일 내에 실시하되, 배수가 잘 되는 자갈 등 양질의 재료를 사용하고 충분한 다짐을 실시하여 침하 및 지지력 저하를 방지하여야 한다.

2) 뒤채움 작업 시 컴팩터 및 래머, 롤러 등의 장비 작업 시에는 장비 운행경로, 작업순서, 신호수 배치 등을 포함한 장비작업계획서를 작성하여야 한다.
3) 장비를 이용한 뒷채움 작업 시 작업반경 내에는 근로자의 출입을 통제하고 유도원을 배치하여 신호를 실시하여야 한다.
4) 옹벽 뒷면으로부터 최소 1미터 이내에는 중장비 롤러나 포크레인을 사용해서는 아니 되며, 소형 콤팩터나 소형 진동롤러를 사용하고 작업 중 근로자의 부딪힘, 깔림을 예방하여야 한다.
5) 이동식 진동 콤팩터 또는 래머 등을 사용하여 다짐 작업 시에는 유경험자를 배치하고 속도준수, 주변 통제 등을 실시하여야 한다.
6) 뒤채움은 기준 이상의 재료를 사용하여 주변지반 및 구조물에 영향을 미치지 않도록 컴팩터 또는 래머 등으로 충분히 다져야 한다.
7) 뒤채움 장비 작업 시에는 급정지, 급선회를 피하고 운행 시 전도에 주의하여 작업을 실시하여야 한다.
8) 강우가 예상될 경우 임시 배수로 설치 및 다짐면에 방수막을 깔아 우수가 침투하는 것을 방지하고 근로자가 이동 중 미끄러지거나 넘어지지 않도록 주의하여야 한다.
9) 옹벽단부 등 근로자의 떨어짐 위험이 있는 장소에서는 안전난간대 및 추락방지망 등을 설치하여야 한다.
10) 옹벽 다짐작업 시 단부에는 안전거리를 확보하고 근로자의 안전대 부착설비 및 안전대 착용 등에 대한 안전조치를 하여야 한다.

08 블록식 보강토 옹벽 공사 안전보건작업지침 [C-68-2012]

이 지침은 산업안전보건기준에 관한 규칙(이하 "안전보건규칙"이라 한다) 제1편 제6장 제2절(붕괴 등에 의한 위험방지), 제2편 제4장 제2절(굴착작업 등의 위험방지), 제3편 제12장 제3절(중량물을 들어올리는 작업에 관한 특별조치) 등의 규정에 따라 블록식 보강토 옹벽 공사를 시공함에 있어 산업재해 예방을 위해 준수하여야 할 안전보건작업지침을 정함을 목적으로 한다.

1. 재료의 성능

1) 보강토(뒷채움재)

① 보강토(뒷채움재)는 유기질 및 유해물이 함유되지 않은 재료를 사용하여야 한다.
② 보강토는 콘크리트 블록에 연결된 보강재가 토압에 충분히 저항할 수 있는 전단강도를 발현할 수 있는 재료를 사용하여야 한다.
③ 보강토의 입도는 No.200체(75㎛)의 통과백분율이 15% 이하 및 내부마찰각 25° 이상이어야 하고 세부 사항은 관련 시방서에 따른다.
④ 현장의 유용토를 사용할 경우에는 그 적합 여부를 표준삼축압축강도시험 또는 직접전단시험 등을 수행하여 검증하여야 한다.

2) 콘크리트 블록

① 현장에 반입된 콘크리트 블록은 표본 채취하여 압축강도, 흡수율, 치수, 외관조사 등을 실시하고 그 성능을 검증하여야 한다.
② 블록의 강도시험은 KS F 2405-01(콘크리트 압축강도)과 KS F 4419-01(보차도용 조립블록)을 준용하여 실시하고, 설계기준강도 이하의 콘크리트 블록을 사용하여서는 아니 된다.
③ 블록의 흡수율은 평균 8% 이내이어야 하고 각각의 흡수율은 10% 이내이어야 한다.
④ 블록의 치수는 가로, 세로, 높이가 각각 ±3mm 이내의 오차로 제작되어야 하고 이를 초과한 제품을 사용하여서는 아니 된다.
⑤ 블록의 외관은 균열 및 파손 등의 결함이 없는 것을 사용하여야 한다.
⑥ 블록의 야적 장소는 평탄한 곳을 택하여 적치된 블록이 쓰러지지 않도록 조치하여야 한다.

3) 보강재

① 보강재의 규격은 다음과 같은 기준을 준수하여야 한다.

규격	최소단기파괴하중(kN)	공칭폭(mm)	공칭두께(mm)
20kN	20	50±3	2.5±0.3
30kN	30	50±3	3.0±0.3
50kN	50	50±3	4.5±0.3

② 보강재는 설계서에서 정한 인장강도 이상의 제품을 사용하여야 한다.
③ 보강재의 인장변형률은 최대인장강도에서 13% 이내이어야 하며, 치수는 허용오차를 초과하지 않아야 한다.
④ 보강재는 지중에 매립되었을 때 부식을 방지할 수 있는 재료를 사용하여야 한다.
⑤ 보강재의 부식방지용 피복이 손상된 재료를 사용하여서는 아니 된다.
⑥ 보강재를 보관할 때에는 인화성이 있는 물질을 피하고, 자외선에 장시간 노출되지 않도록 보호커버를 씌워서 보관하여야 한다.

4) 결속봉(Connecting Rod)

① 결속봉은 부식을 방지할 수 있는 재질을 사용하여야 하며, 결속봉 전용으로 제작된 것을 사용하여야 한다.
② 콘크리트 블록과 보강재를 상호 결속에 필요한 강도 등의 성능을 고려하여 자재를 선정하여야 한다.

5) 배수재(Drain Filter)

① 블록의 배면에 설치하여 토립자의 유출방지 성능이 우수한 자재를 사용하여야 한다.
② 배수재는 블록벽체 배면에 설치되는 배수 필터로써, 투수성이 크고 내부식성이 높은 부직포를 사용하여야 하며, 설치 시 이음부의 겹이음이 충분할 수 있도록 하여야 한다.

2. 안전작업절차

1) 작업내용 및 순서보강토 옹벽의 시공순서

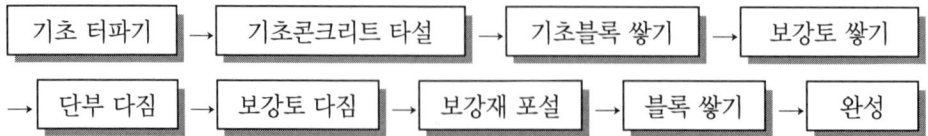

2) 작업 전 검토사항

① 각 세부공정별로 위험성평가를 실시하고, 관리 대상 위험요인에 대한 재해예방 대책을 시행하고 작업하여야 한다.
② 위험성평가를 실시할 때에는 설계서, 현장 및 작업 조건, 투입되는 근로자 및 건설장비 등을 종합적으로 검토하여야 하며, 허용할 수 없는 위험요인에 대해서는 위험요인의 제거 또는 위험수준을 낮출 수 있도록 재해 예방 대책을 수립하여야 한다.
③ 보강토 옹벽의 설계는 현장의 지형, 지반 조건, 옹벽의 높이, 보강토의 토질정수, 보강토 옹벽에 사용되는 자재의 성능 등을 반영한 것이어야 한다. 이때 보강토 옹벽 배면에 설치하는 보강재 길이의 충분한 확보 및 지하매설물 또는 지상구조물 등의 여부를 확인하여야 한다.
④ 보강토 옹벽 배면에 시공 시 간섭되는 지하매설물이 있는 경우에는, 지하매설물의 이설, 설계 변경 등 대책 방안을 수립하여야 한다.
⑤ 보강토 옹벽 배면에 기존 시설물이 존재하거나 현장여건에 따라 보강재의 설계길이가 부족한 경우에는 기존 구조물에 앵커를 설치하거나 기존 지반에 소일네일링 등의 계획을 수립하고 그에 대한 안전성을 검토하여야 한다.
⑥ 설계서에는 기초의 소요지내력, 보강토의 성토두께 및 다짐조건, 보강재를 설치할 수 없는 경우의 앵커체를 정착할 수 있는 지반 또는 구조물의 강도기준, 앵커체와 콘크리트 블록 간의 연결방법 등을 반드시 명기하여야 한다.

3) 기초 터파기

① 투입되는 건설장비의 종류 및 능력을 검토하여 작업조건에 적합한 건설기계를 선정하여야 한다.
② 작업조건 및 지형을 고려하여 건설장비의 안전한 이동경로를 확보하여야 하며, 굴착작업을 하는 때에는 굴착장비의 전도·전락 또는 근로자의 충돌·협착 등의 사고를 방지하기 위하여 유도자를 배치하는 등의 안전조치를 하여야 한다.
③ 기초 터파기는 설계서에서 정한 깊이와 폭, 지반의 지내력 등을 확보하여야 하며, 콘크리트 블록을 수평으로 설치할 수 있도록 준비되어야 한다.
④ 기초 터파기의 깊이와 폭은 설계서에서 정한 바에 따라 굴착하되 기초콘크리트 타설과 기초 블록을 설치할 수 있는 작업공간을 확보하여야 하고, 배면에는 보강재의 설치가 용이하도록 하여야 한다.
⑤ 보강토 옹벽의 설치높이에 따른 콘크리트 블록의 자중으로 인하여 침하가 발생하지 않도록 기초 지반의 지내력을 확보하여야 하며, N=6 이하의 연약한 지층인 경

우에는 연약층 깊이를 고려하여 연약지층을 치환 또는 보강하는 등의 조치를 하여야 한다.
⑥ 기초 바닥면은 지내력이 충분하지 않을 경우 다짐, 잡석 포설 등 보강조치를 하여야 한다.
⑦ 그 밖의 지반 굴착작업의 안전에 관한 사항은 KOSHA GUIDE C-39-2011(굴착공사 표준안전 작업지침)에 따른다.

4) 기초 콘크리트 타설
① 콘크리트를 타설할 때에는 장비의 이동경로 및 작업 공간을 확보하고 작업반경 내 근로자의 접근을 통제하여야 한다.
② 기초 콘크리트는 계획된 기초 높이에 맞추어 기초표면이 수평이 되도록 타설하여야 한다. 이때 기초 지반이 경사지인 경우에는 콘크리트 블록의 길이와 높이를 고려하여 모든 콘크리트 블록이 수평을 유지할 수 있도록 계획하여 계단식으로 타설하여야 한다.
③ 기초 콘크리트의 치수는 콘크리트 블록의 크기 및 지반조건에 따라 설계서에서 정한 크기로 설치하여야 한다.
④ 콘크리트 타설 시의 작업안전은 KOSHA GUIDE C-43-2012(콘크리트공사의안전보건 작업지침)에 따른다.

5) 콘크리트 블록의 축조
① 콘크리트 블록의 축조는 기초콘크리트를 타설한 이후 ㉠ 기초블록 쌓기 ㉡ 보강토 쌓기 ㉢ 보강토의 단부다짐 ㉣ 보강토의 내측 다짐 ㉤ 보강재 포설 ㉥ 콘크리트 블록 쌓기의 순으로 계획된 높이까지 반복하여 작업하고 최상층에는 ㉦ 마감블록 쌓기를 하여 완료한다.
② 콘크리트 블록은 쌓기 작업 위치별로 분산 적재하고 운반장비의 이동경로 및 작업 조건 등을 고려하여 안전한 작업계획을 수립하여야 한다.
③ 콘크리트 블록의 축조는 근로자의 근골격계 질환을 예방할 수 있는 방법으로 실시하여야 한다.
④ 작업조건에 따라 작업시간과 휴식시간 등을 적정하게 배분하여야 한다.
⑤ 지게차 등으로 콘크리트 블록을 운반할 경우에는 보강재가 손상되지 않도록 이동경로를 정하여야 한다.

⑥ 블록 인양기구는 블록 인양공 등의 형상에 적합하고 블록의 중량을 고려한 강도로 제작하여야 한다.
⑦ 블록은 2개 단위로 결합된 블록을 1개조로 하여 옹벽의 계획된 선형 및 수직도에 맞추어 콘크리트 기초에 수평하게 설치하고, 블록상부에 형성된 보강재 고정홈에 보강재를 연결한 다음, 다시 2개 단위로 결합된 각각의 블록 및 수평간격 이음재를 기설치된 블록 상단부와 결속봉으로 상호 일체화되도록 축조한다.
⑧ 상하로 인접하는 블록 간에는 블록이 상호 교차되도록 조립하고 좌우로는 요철결합이 되도록 축조하여야 한다.
⑨ 윗단 블록 설치는 보강재 설치와 보강토(뒷채움재) 포설 다짐이 완료된 후 시행한다.
⑩ 블록 설치 시 블록치수의 허용오차 내의 누적된 수평변위 또는 부동침하에 의한 블록의 수평변위 등의 문제에 따른 블록 벽체의 변형을 방지하기 위하여, 블록 설치마다 기울기 및 수평도의 이상 유무를 확인하여야 하고, 블록의 기울기 및 수평도에 이상이 있을 때에는 모르터 등을 사용하여 수평을 조정한 후 블록을 설치하여야 한다.
⑪ 최 윗단 블록 설치는 계획된 상단 높이에 맞추어 마무리하고, 옹벽 상부 마감은 최 윗단 블록 상부에 별도의 마감 블록을 모르터 및 에폭시 본드 등으로 고정하여 완성한다.
⑫ 시공이 완료된 옹벽의 높이에 대한 기울기는 100분의 3 이내이어야 한다.
⑬ 그 밖의 인력운반 및 설치작업과 관련된 사항은 KOSHA GUIDE H-66-2012(근골격계질환 예방을 위한 작업환경개선 지침)에 따른다.
⑭ 그 밖의 지게차 운반 작업의 안전작업에 관련된 사항은 KOSHA GUIDEM-88-2011(지게차 안전작업에 관한 기술지침)에 따른다.

6) 보강토의 포설 및 다짐
① 보강토의 포설 및 다짐작업을 하는 경우에는 장비의 이동경로를 계획하고 이동경로에 따라 장비의 전도·전락 또는 근로자의 충돌·협착 재해 등을 방지하기 위하여 작업지휘자를 배치하여야 한다.
② 보강토의 각 층별 다짐작업은 그 층의 보강재 포설 및 콘크리트 블록 쌓기를 완료한 후 시행하여야 한다.
③ 보강토 옹벽 단부에는 장비사용 시 붕괴, 전락 등의 사용 장비의 중량 등을 고려하여 접근한계를 설정하고 준수하여 작업을 실시하여야 한다.

④ 보강토의 포설 및 다짐 작업은 블록의 방향과 평행하게 실시하되, 블록과 가까운 쪽부터 시작하여 먼 쪽으로 진행하여야 한다. 이때 블록에서 1.5m 이내의 위치는 중량의 장비의 접근을 금지하고, 소형 롤러 등 경량의 장비로 다짐하여야 한다.

⑤ 옹벽의 단부에서 근로자가 작업하는 경우에는 작업조건 및 지형 등을 고려하여 근로자의 추락을 방지하기 위한 적절한 조치를 하여야 한다.

⑥ 보강토의 포설 및 다짐은 다짐 장비 및 흙의 성질에 따라 충분한 다짐이 되도록 계획하되 1개 층의 다짐두께는 20cm가 초과되지 않도록 하고 매 층마다 설계서에서 정한 다짐도를 확보하여, 블록의 높이 및 보강재의 포설 높이까지 단계별로 시공한다.

⑦ 보강토의 포설 및 다짐 작업 시 장비의 이동으로 인하여 설치된 보강재가 뒤틀리거나 훼손되지 않도록 하여야 한다.

⑧ 보강토의 다짐층 높이는 전면에 걸쳐 동일하게 하고 특히 블록과 보강재의 연결고리 부분은 보강재의 연결 폭과 높이를 적정히 유지하여, 그 위층에 보강토를 포설 및 다짐할 때에 보강재가 눌리어 블록이 끌려오거나 보강재가 꺾이지 않도록 하여야 한다.

⑨ 보강재 후단을 팽팽히 긴장하였을 때 다짐면으로부터 이격됨이 없이 접합되도록 보강토 다짐면의 평활도를 확보하여, 그 위층의 뒷채움재를 포설 및 다짐할 때 보강재에 굴곡이 생기지 않고 토압에 대응하는 전단력이 충분히 발현될 수 있도록 하여야 한다.

7) 보강재의 설치

① 보강재의 설치는 뒷채움재(보강토)를 포설하고 다짐이 완료된 후 시행하고, 보강재를 벽체에 연결하여 뒷채움재의 다짐층 위에 지그재그(Zigzag) 형태로 펴서 설치하되, 보강재의 느슨함이 없도록 보강재 후단부를 긴장하여 고정하여야 한다.

② 띠형 보강재의 경우 보강재의 이음은 1m 이상 겹이음 하고, 겹이음의 위치는 항상 보강재의 후단부 고정못 위치에서 하여야 한다.

③ 보강토 옹벽 배면에 기존 구조물과의 간섭 등으로 인하여 보강재의 설치 길이가 충분히 확보되지 않아 앵커를 근입하여 보강재를 설치하는 경우에는, 보강재를 연결하는 앵커의 정착력이 블록에 작용하는 토압 이상으로 확보되도록 하여야 한다.

④ 보강토 옹벽 배면에 원지반의 경사면이 있어 이에 소일네일링을 시공하고 보강재를 설치하는 경우에는 소일네일링의 정착력이 블록에 작용하는 토압 이상으로 확보되는지를 확인하여야 한다.

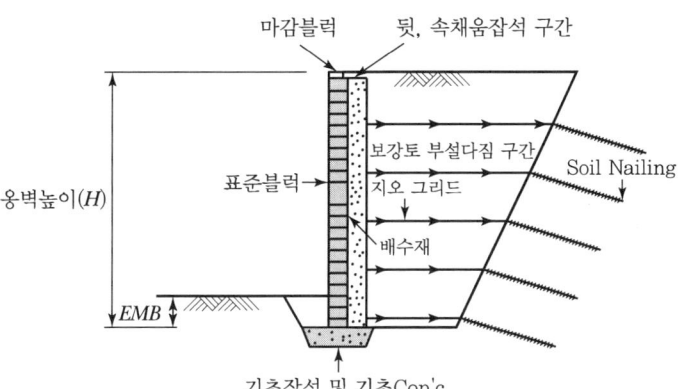

⑤ 보강토 옹벽 배면에 설치되는 앵커 및 소일네일링과 보강재의 연결을 위한 모든 재료는 토사에 매립될 경우 부식이 되지 않도록 방청재를 도포하는 등 부식방지 조치를 하여야 한다. 다만 콘크리트를 타설하여 콘크리트에 매립되는 경우에는 그러하지 아니하다.

⑥ 기타 앵커 및 소일네일링의 작업안전과 관련된 사항은 KOSHA GUIDEC-12-2011[흙막이공사(Earth Anchor)를 위한 안전보건작업지침], KOSHA GUIDE C-13-2011[흙막이공사(Soil Nailing)를 위한 안전보건작업지침]에 따른다.

8) 배수재의 설치

① 배수재는 블록벽체 설치 후 시행하고, 각 블록벽체 배면부에 설치한다.
② 배수재 설치 시 발생되는 각 이음부는 겹이음 처리하되 벌어짐으로 인한 토사유출 방지를 위해 겹이음량을 충분히 하여야 한다.
③ 배수가 원활히 될 수 있도록 배수재와 접하는 측에는 잡석으로 뒷채움을 하고 그 후면에 보강토(뒷채움재)를 포설하여야 한다.
④ 다량의 지하수 혹은 용출수의 유입이 예상될 경우에는 원활한 배수를 위하여 기초 지반 위에 배수층을 설치하여야 한다.
⑤ 보강토로서 점성질 사질토를 사용할 경우에는 높이 3~4m 간격마다 배수층을 수평으로 설치하여 벽체의 배수공을 통하여 배수될 수 있도록 하여야 한다.
⑥ 옹벽 전면이 물에 잠기거나 물이 흐르는 하천인 경우에는 토사의 유실을 방지하고, 수위 변화에 따른 전면부 배수를 원활히 하기 위해 깬자갈을 약 50cm 폭으로 벽체 후면부에 채워야 한다. 또한 옹벽기초부의 침식 방지 및 기초 보강을 위한 보호책을 강구하여야 한다.

9) 추락방지 조치사항
① 콘크리트 블록 쌓기작업, 옹벽 단부에서의 다짐작업 및 보강재의 포설작업 배수재 설치 작업 등을 수행할 때에는 추락재해로부터 근로자를 보호하기 위한 조치를 취하여야 한다.
② 근로자를 대상으로 추락재해 예방에 대한 안전교육을 실시하여야 한다.
③ 현장조건 및 작업조건에 고려하여 예상되는 추락 위험 요인에 적합한 안전시설물을 갖추어야 한다.
④ 추락재해 방지시설은 옹벽 전면에 쌍줄비계를 설치하여 안전난간을 설치하거나 옹벽 후면에 안전대 부착설비를 갖추어 안전대를 착용하는 등의 조치를 하여야 한다.
⑤ 기타 비계의 설치 및 사용에 관한 것은 KOSHA GUIDE C-20-2011(비계안전설계 지침) 및 KOSHA GUIDE C-30-2011(강관비계 설치 및 사용안전지침)에 따르며, 안전대와 관련된 사항은 KOSHA GUIDE C-49-2012(안전대사용지침)에 따른다.

09 기성 콘크리트 파일 항타 작업의 안전보건작업지침 [C-71-2012]

이 지침은 콘크리트파일 항타 작업에서 발생할 수 있는 낙하, 장비전도, 협착, 추락 건강장해 등의 재해예방을 위하여 작업 단계별 안전사항 및 안전시설에 관한 기술적 사항 등을 정함을 목적으로 한다.

1. 항타기 주요 안전장치

1) 리더(Leader) 경사 각도계

   본체 및 리더의 경가 각도를 표시하는 장치로 표시각도는 0~±5°이며 본체가 좌우 각각 1.5° 이상 경사 시 경보 발생하는 것을 말한다.

2) 오거(Auger) 인발 하중계

   오거 작업 시 오거의 인발 하중을 검출하여 리더의 허용하중 이상 하중 발생 시 경보를 발하는 안전장치를 말한다.

3) 권과방지장치

   과다 권상 시 오거와 탑시브의 접촉으로 인한 와이어로프 파단을 방지하기 위해 최상부와 0.25m 이상의 거리에서 권상동작을 정지시키는 장치를 말한다.

4) 역회전방지 브레이크

   브레이크의 이상 시 드럼의 회전을 방지하기 위해 랫칫(Ratchet)에 의해 드럼의 회전을 불가하게 하여 오거 등의 낙하를 방지하는 장치를 말한다.

2. 안전작업계획 수립

1) 작업 단계별 위험성평가를 실시하여 유해 위험요인을 도출하고 세부공정별 사전 안전대책을 수립하여야 한다.
2) 장비투입 계획 수립 시 장비조립위치, 플랜트위치, 파일 야적위치 등을 사전에 충분히 검토하여야 한다.
3) 전기기계·기구 사용을 위한 가설전기 배전반의 접지 및 누전차단기 설치계획을 수립하여야 한다.

4) 작업장소로의 자재운반을 위한 양중 작업 및 운반 작업에 대하여 사전안전대책을 수립하여야 한다.
5) 각 작업 단위별 필요한 안전시설물의 종류와 설치순서와 방법, 시기 등을 정하여야 한다.
6) 안전보호구 지급계획(안전모, 안전대, 안전화, 방진마스크, 보안면, 귀마개 등)을 수립하여야 한다.
7) 항타기를 조립·해체·변경 또는 이동하는 경우 그 작업방법과 절차를 정하여 근로자에게 주지시켜야 한다.

3. 안전작업 공통 사항

1) 작업 전 안전사항
   ① 항타기를 조립·해체·변경 또는 이동하는 경우 작업지휘자를 지정하여 지휘·감독하도록 하여야 한다.
   ② 관리감독자는 작업 전에 근로자에게 위험요인과 이에 대한 대응 방법 등에 대하여 교육을 실시하여야 한다.
   ③ 작업 전 근로자가 지켜야 할 사항에 대하여 위험예지활동을 실시하여야 한다.
   ④ 작업 전에 근로자 이동통로, 자재하역 장소 및 운반통로를 확보하여야 하며, 작업 중 자재에 걸려 넘어지지 않도록 정리·정돈하여야 한다.
   ⑤ 건설기계를 이용하는 작업장의 지반은 평탄하게 정리하고 침하방지를 위한 지내력을 확보하여야 한다.
   ⑥ 유자격 운전자(건설기계 조종사 면허)를 배치하여야 한다.
   ⑦ 이동식크레인 등 작업에 적정한 양중장비를 선정하고, 자재 및 부재의 현장 반입은 작업공정 순서에 맞게 이루어질 수 있도록 한다.

2) 작업장 안전관리
   ① 항타기 운전 작업 시에는 일정한 신호방법을 정하여 신호하고, 운전자는 그 신호에 따라야 한다.
   ② 권상장치에 하중을 건 상태에서는 운전자가 운전위치를 이탈하게 해서는 아니 된다.
   ③ 야간작업 시에는 충분한 조도(일반작업 75럭스)를 확보하여야 한다.
   ④ 운전 중인 항타기의 권상용 와이어로프 등의 부착 부분의 파손에 의하여 와이어로프가 벗겨지거나 드럼(Drum), 도르래 뭉치 등이 낙하하지 않도록 작업 전에 점검

하여 이상 발견 시 수리 또는 교체 등의 조치를 하고, 낙하물에 의한 재해 발생 우려가 있는 장소에는 근로자의 출입을 통제하여야 한다.
⑤ 작업 시에는 유도자를 배치하여 건설장비 등을 유도하고 장비별 특성에 따른 일정한 표준 신호방법을 정하여 신호하여야 한다.
⑥ 강풍, 폭우, 폭설 등의 악천후 시 작업을 금지하여야 한다.
- 풍속이 초속 10미터 이상인 경우
- 적설량이 시간당 1센티미터 이상인 경우

⑦ 파일 항타 위치에 가스관·지중선로 기타 지하매설물의 손괴에 의하여 근로자에게 위험을 미칠 우려가 있을 때에는 지장물 등의 유무를 조사하여 이설 또는 방호 등의 조치를 하여야 한다.
⑧ 항타·천공 등 건설기계의 작동 중에는 기계장치 보수작업을 금지하여야 한다.
⑨ 파일 항타 작업 시 소음, 진동에 대한 영향을 확인하여 환경기준을 준수하여야 한다.
⑩ 화재의 위험이 있는 장소에는 소화기 등을 비치하여 초기 소화할 수 있도록 하여야 한다.
⑪ 작업장소로의 운반 시에는 부재별 형상에 적합한 운반 장비를 선정하고 사용하여야 하며, 운반경로 상에 관계자 외 출입을 통제하고 안전통로를 확보하여야 한다.
⑫ 작업장 및 통로 주변 개구부 등 추락위험장소에는 안전난간, 덮개 등 방호시설 설치 여부와 통로의 바닥상태 등을 확인하고, 작업장에 안전표지를 부착하여야 한다.

3) 사용 기계, 기구 안전관리

① 모든 도르래, 케이블, 기계류, 훅걸이 및 항타기의 주요 부분은 작업 전에 점검하여야 하며, 마모되거나 파손된 부품이나 기계는 즉시 수리하거나 교환하여야 한다.
② 운전석 내부 및 장비는 청결히 하고 오르내리는 발판, 손잡이 등은 항상 깨끗이 하여 미끄러지지 않도록 한다.
③ 전기기계·기구 사용 시 합선 및 과부하에 의한 화재, 감전 등을 예방하기 위하여 사용 전에 점검하여야 한다.
④ 전기기계·기구 사용 시 접지 및 누전차단기가 되어 있는 분전함에서 인출하여야 한다.
⑤ 습윤한 장소에 사용되는 접속기는 방수형 등 그 장소에 적합한 것을 사용하여야 하며 해당 꽂음 접속기를 접속시킬 경우에는 땀 등 젖은 손으로 취급하지 않도록 해야 한다.
⑥ 그라인더 등 절단기 사용 시에는 숫돌의 최고 사용회전속도를 준수하고, 방호장치 (안전커버)의 부착을 확인하여야 한다.

4) 근로자 안전관리
   ① 근로자는 작업 시에 안전모, 안전화, 방진마스크, 보안면, 귀마개 등 작업에 적합한 개인 보호구를 착용하여야 한다.
   ② 작업 전 운전자 및 근로자 안전교육을 실시하여야 한다.

4. 파일 항타 작업 단계별 안전사항 절차

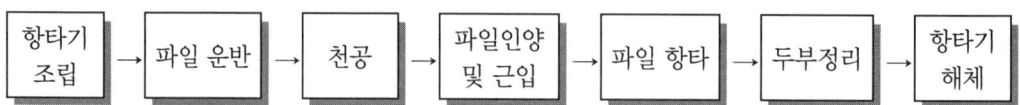

1) 파일 항타 작업 시 단계별 안전사항
   ① 항타기 조립
      ㉠ 조립 작업 전 사전에 충분한 공간을 확보하도록 하여야 한다.
      ㉡ 리더(Leader)를 세우기 전 안전대 부착설비를 사전 설치하여 추후 리더상·하부 이동 시 추락방지 안전대를 착용하여 활용토록 하여야 한다.
      ㉢ 작업 전 와이어로프에 대하여 점검을 실시하고 다음 사항에 해당되는 것은 사용금지하여야 한다.
         • 이음매가 있는 것
         • 와이어로프의 한 꼬임에서 끊어진 소선의 수가 10퍼센트 이상인 것
         • 지름의 감소가 공칭지름의 7퍼센트를 초과하는 것
         • 심하게 변형 또는 부식된 것
         • 꼬임, 꺾임, 비틀림 등이 있는 것
   ② 파일 운반 작업
      ㉠ 지게차 등 장비를 이용한 운반 시에는 급제동 및 급전환을 금지하고, 주변 장애물과 충돌 등을 예방하여야 한다. 그 밖의 지게차 이용 작업과 관련한 안전수칙은 지게차의 안전운행에 관한 기술지침(KOSHAGUDIE G-31-2011)을 따른다.
      ㉡ 파일 하차 및 운반 작업 시에는 파일이 구르거나 떨어지지 않도록 구름방지 기구 등 안전시설을 사용하여야 한다.
      ㉢ 파일 하차 및 운반 작업 시에는 신호수 또는 유도원을 배치하여 운반 작업장 주변의 출입을 통제하여야 한다.
   ③ 천공 작업
      ㉠ 장비 이동 시에는 바닥의 평탄성과 침하 예방을 위한 지내력을 확보하고 필요

할 경우 도괴의 방지를 위하여 깔판·깔목 등을 사용하여야 한다.
ⓒ 천공작업은 장비의 아웃트리거(Outrigger)를 설치 후 사용하여야 한다.
ⓒ 천공작업 시 상부에서 흙 및 돌 등이 낙하할 수 있으므로 오거 주위에 출입을 통제하여야 한다.
ⓒ 천공 후에는 홀 상부에 덮개 등을 설치하여 토사유입 및 근로자의 추락을 예방하여야 한다.

④ 파일 인양 및 근입 작업 파일 인양작업
  ㉠ 파일을 인양할 때에는 파일 하중을 고려한 안전한 와이어로프를 사용하여야 하며 권상용 와이어로프의 안전계수는 5이상으로 하여야 한다.
  ㉡ 이음매가 있는 권상용 와이어로프는 사용을 금지하여야 하고, 훅블록 등이 최저의 위치에 있을 때 또는 파일을 인양하기 시작할 때를 기준으로 권상장치의 드럼에 적어도 2회 감기고 남을 수 있는 충분한 길이여야 한다. 클램프 및 클립 등을 사용하여 견고하게 고정하여야 한다.
  ㉢ 파일을 인양할 때에는 작업 반경 내에 근로자의 출입을 통제하여야 한다.
  ㉣ 신호수와 장비운전원 간의 신호체계를 확립하여야 한다.

⑤ 파일 항타 작업
  ㉠ 항타용 해머(Hammer) 인양 시 하부에 근로자의 출입을 통제하여야 한다.
  ㉡ 해머(Hammer) 이동 시 신호수와 항타기 운전원과의 신호체계를 확립하여야 한다.
  ㉢ 램(Ram) 해체 시에는 리더의 수직 사다리를 이용하여 이동해야 하며 수직 추락 방지대(완강기)를 착용하여야 한다.
  ㉣ 파일의 용접 이음 작업 시에는 근로자에게 보안면을 지급하여 착용토록 하여야 한다.
  ㉤ 용접기 등 전동 기계·기구는 접지상태 및 누전상태 등을 수시로 점검하여야 한다.
  ㉥ 항타기의 권상장치에 하중을 건 상태로 정지하여 두는 경우에는 쐐기 장치 또는 역회전방지용 브레이크를 사용하여 제동하는 등 확실하게 정지시켜두어야 한다.
  ㉦ 항타기의 권상장치에 하중을 건 상태에서는 운전자가 운전위치를 이탈하여서는 아니 된다.

⑥ 두부정리 작업
  ㉠ 그라인딩 작업 시 베임 또는 비산, 감전 등의 사고예방을 위해 안전교육을 실시하여야 한다.

㉡ 압쇄기 등을 이용한 파쇄 시 작업 순서 등이 포함된 계획을 수립하여 파일의 전도 등에 의한 재해를 예방하여야 한다.
㉢ 강선 절단 시 비산 및 찔림 등에 의한 재해 예방 조치를 취하고, 근로자는 보안면(경)과 같은 안면보호구와 보호 장갑을 착용하여야 한다.

⑦ 항타 작업 종료 시 유의사항
㉠ 해머, 어스오거 등은 마스트 최하단으로 내린 후 결속하는 등의 조치를 취해야 한다.
㉡ 전기 기기류는 방수용 시트 등으로 덮어야 한다.
㉢ 지주의 하부는 물이 고이지 않도록 배수 처리하고 마스트는 선회 프레임에 고정하는 등 전도 예방 조치를 하여야 한다.
㉣ 장기간 보관할 때에는 제작사가 제공하는 장비 관리 기준에 따라 필요한 조치를 하여야 한다.

⑧ 항타기 해체 작업
㉠ 장비를 해체하기 위한 고소작업 시 안전대를 착용하는 등의 추락재해예방조치를 하여야 한다.
㉡ 장비를 오르내리는 경우 승강설비를 설치하여 이용하는 등 안전하게 이동하여야 한다.
㉢ 해체된 장비를 양중, 운반 시에는 중량과 현상을 고려하여 적합한 장비를 선정하고 작업 반경 내에 근로자의 출입을 통제하여야 한다.

⑨ 그 밖의 작업별 안전조치 사항
건설기계 안전보건작업지침(KOSHA GUIDE C-48-2012)과 굴착공사 안전작업지침(KOSHAGUIDE C-39-2011)에 따른다.

10 철골공사 무지보 거푸집동바리(데크플레이트공법) 안전보건작업지침 [C - 65 - 2012]

이 지침은 산업안전보건기준에 관한 규칙(이하 "안전보건규칙"이라 한다) 제2편 제4장 제1절(거푸집 동바리 및 거푸집)의 규정에 의하여 철골공사 현장에서 무지보 거푸집동바리(이하 "데크플레이트 공법"라 한다)의 설계, 조립 및 설치에 필요한 안전보건작업지침을 정함을 목적으로 한다.

1. 데크플레이트 시공순서

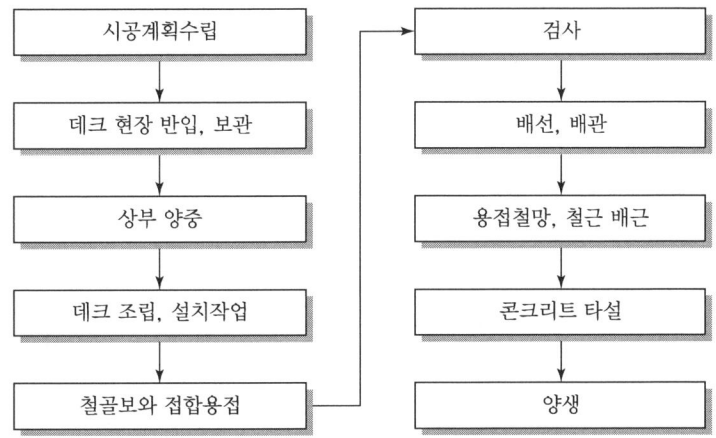

2. 설계 시 안전고려사항

1) 설계자는 데크플레이트 조립 및 콘크리트 타설 시 추락재해를 예방할 수 있도록 안전난간, 안전방망, 안전대 부착설비, 안전한 작업발판 등을 설계 시 반영하여야 한다.
2) 자재나 공구류의 낙하물에 대한 재해를 예방할 수 있도록 출입금지구역 설정, 틈이 없는 바닥판 구조, 수직보호망, 방호선반 등을 설계 시 반영하여야 한다.
3) 데크플레이트는 자중과 작업하중을 고려한 단면설계 및 바닥 중앙의 휨보강 등 구조적 강성을 확보토록 설계하여 콘크리트 타설 시 붕괴에 대하여 안전하도록 설계하여야 한다. 특히 보와 접합되는 단부에 콘크리트 누설방지 등 틈이 없는 바닥판 구조로 설계하여 안전성을 확보하도록 설계하여야 한다.
4) 데크플레이트는 작업 또는 통행 시에 심하게 움직이거나 흔들리지 않는 강도로 설계하여야 한다.

5) 설계자는 건설안전 관련 법령에서 정한 요건을 확인 및 검토하여야 한다. 또한 법상 요건을 설계에 적용하여 적절한 작업환경을 조성함으로써 건설공사 안전관리에 노력하여야 한다.

3. 작업계획 수립 시 준수사항

1) 공사현장의 제반 여건 등을 고려하여 안전성이 확보된 데크플레이트 시공방법을 선정하여야 한다.
2) 데크플레이트는 작용하는 하중을 고려하여 데크플레이트 구조계산의 적정성 여부를 검토하여야 한다.
3) 데크플레이트 반입, 양중, 조립·설치, 용접, 콘크리트 타설 등 각 작업단계별 작업방법과 순서, 근로자와 장비에 대한 안전조치 사항 등이 포함된 작업계획서를 수립하여야 한다.
4) 작업계획서는 데크플레이트 작업에 풍부한 경험과 지식을 갖춘 사람이 수립하여야 하며, 공사 중에는 계획서의 내용이 제대로 이행되는지의 여부를 정기적으로 확인할 수 있도록 하여야 한다.
5) 데크플레이트는 미끄러워 발을 헛디딜 위험성, 햇빛 반사로 인한 눈부심 현상과 같은 특징을 가지고 있고, 특히 고층에서 작업이 이루어지는 경우가 많으므로 안전대 사용, 안전난간 설치, 추락방지망 설치 등과 같은 추락방지대책을 강구하여야 한다.
6) 데크플레이트는 비교적 풍압을 받기 쉬운 특징을 가지고 있기 때문에 돌풍이나 바람 등에 의해 날리는 위험을 방지하기 위하여 일기예보를 수시로 파악하여 강풍·강우 등 악천후가 없는 기간에 작업을 완료할 수 있도록 작업계획을 수립하여야 한다.
7) 용접이나 절단작업 시에 전기, 가스 등에 의한 감전, 화재, 화상 또는 중독사고 방지 등에 대한 안전대책을 강구하여야 한다.
8) 데크플레이트 조립도에는 다음 사항이 포함되어야 한다.
   ① 전체 바닥판 평면 위에 규격판, 재단되고 남은 쪽판 등 각각의 위치와 번호가 명시된 상판재의 배치도 및 리스트
   ② 단부 처리방법
   ③ 개구부의 보강상세 등

4. 데크플레이트 작업 안전조치사항

1) 공통사항

① 작업시작 전에 관리감독자를 지정하여 작업을 지휘하도록 하여야 한다.
② 고압 가공전로, 전기·통신케이블 등 장애물 현황 등을 사전에 조사하고, 가공전로에 근접하여 작업할 때에는 가공전로를 이설하거나 절연용 방호구를 장착하도록 하는 등의 가공전로 접촉방지 조치를 하여야 한다.
③ 작업자를 배치할 때는 작업환경, 작업의 종류·형태·내용·기한, 작업조건 등의 작업 특성과 연령, 건강상태, 업무경력, 경험한 정도, 작업자의 특성을 개개 근로자별로 고려해서 작업배치 적정 여부를 결정하여야 한다. 특히 데크플레이트 설치작업은 고층에서 작업이 이루어지므로 고소공포증, 고령자, 고혈압 질환자 등은 배제시켜야 한다.
④ 안전모, 안전대 등 근로자의 개인보호구를 점검하고 작업 전에 보호구의 착용방법에 대한 교육을 실시한 다음 작업 중에 착용 여부 및 상태를 확인하여야 한다.
⑤ 사용예정 장비는 안전점검을 실시하여야 하며, 이상이 발견된 때에는 정상적인 장비로 교체하거나 정비하여 이상이 없음을 확인한 후 사용하도록 한다.
⑥ 위험기계·기구의 방호장치를 점검하고 이상이 있는 경우에는 정상적인 제품으로 교체하여야 한다.
⑦ 관리감독자는 당해 작업의 위험요인과 이에 대한 안전수칙을 근로자에게 주지시키고 이행 여부를 확인하여야 한다.
⑧ 공사차량의 출입로를 확보하고 차량유도계획을 수립하여 제3자에게 피해를 주지 않도록 하여야 한다.
⑨ 개구부나 보 외주부 등 추락위험이 있는 장소에는 안전난간, 추락방지망 등 추락재해 방지시설을 설치하고, 설치하기 곤란한 경우에는 근로자에게 안전대를 착용하도록 하는 등 추락위험을 방지하기 위하여 필요한 조치를 하여야 한다.
⑩ 작업시작 전에 작업통로, 안전방망, 안전난간 등 안전시설의 설치상태와 이상유무를 확인하여야 한다.
⑪ 작업장 내 공구 및 자재를 정리정돈하여 낙하·비래 등의 재해를 예방하여야 한다.
⑫ 부재를 크레인으로 인양할 때에는 인양용 와이어로프를 부재의 4지점 이상에 결속하고 별도의 유도 로프를 설치하여 안전하게 유도하여야 한다.
⑬ 중량물 부품을 운반하여 지면에 임시 적재할 때에는 반드시 받침목을 고이고 균형을 잡은 후 적재하여야 한다.

⑭ 기타 추락, 낙하·비래, 강풍·강우 등 악천후 시 작업중지 등에 관한 안전조치 사항은 KOSHA GUIDE C-44-2012(철골공사 안전작업에 관한 기술지침)에 따른다.

2) 자재 반입, 보관
① 데크플레이트는 콘크리트 타설 시 처짐현상이 발생하기 쉬우므로 자재반입 시 현장에서 캠버값을 확인하여야 한다.
② 반입장소, 임시 적치장소, 차량 대기장소 등은 작업시작 전에 준비 및 확인하여야 한다.
③ 데크플레이트는 크레인 등을 이용하여 하역하여야 하며 다음 사항을 주의하여야 한다.
  ㉠ 각 포장단위별로 사용위치를 표시한 꼬리표를 별도로 부착하여 양중 위치선정이 용이하도록 하여야 한다.
  ㉡ 와이어로프, 샤클, 인양용 보조 와이어로프, 보호대의 상태를 확인하여야 한다.
  ㉢ 녹이나 변형이 생기지 않도록 받침목은 최소 2개소 이상 받치고 적재하여야 한다. 이때, 받침목은 지면에서 최소 20cm 이상으로 하고 하중이 균등하게 분배될 수 있는 적절한 간격으로 설치하여야 한다.
  ㉣ 안전하고 편평한 장소에 적재하고 철골보 위에 임시 적재할 경우에는 좌우보에 충분히 걸쳐 있는지 확인하고 균등하게 되도록 적재하여야 한다.
  ㉤ 바람 등에 의하여 데크플레이트가 날리지 않도록 로프 등으로 단단히 고정하여야 한다.
④ 지상에 야적할 경우 포장된 데크플레이트는 과적 시 붕괴위험이 있으므로 2단 이상 양중 및 적재하지 않아야 한다.
⑤ 데크플레이트는 제품의 특성상 충격 또는 집중하중에 의한 변형이 발생하기 쉬우므로 운반·보관 시에는 변형에 따른 구조내력에 지장이 없도록 하여야 한다.

3) 양중
① 하중을 고려하여 적절한 슬링 와이어로프(Sling wire rope)를 사용하고 인양용 받침대(Sleeper)를 이용하여 4지점 체결 후 양중하여야 한다. 특히 데크플레이트와 와이어로프가 접촉하는 부위에 적당한 완충재를 사용하여 데크플레이트의 변형과 와이어로프의 손상 등을 방지하여야 한다.
② 데크플레이트 설치위치를 확인하고 설치구역(Zone) 및 일정한 간격(Pitch)별로 필요량만 양중하여 적재하여야 한다.

③ 강풍으로 인한 데크플레이트나 부속자재 등이 바람에 날리거나 전도되지 않도록 풍속별로 안전조치 계획을 수립하고, 특히 10분간 평균풍속이 10m/sec를 초과하는 경우에는 작업을 중지하고 데크플레이트를 결속하는 보강재를 설치하고 철골보 등에 로프 등을 이용하여 고정하여야 한다.
④ 한 장소에 과다한 데크플레이트 중량을 거치시키면 집중하중이 발생하여 바닥판이 손상되거나 붕괴될 우려가 있으므로, 작업 전 바닥판의 손상 여부를 확인하고 균등하게 분산적재하여야 한다. 일반적으로 철골이 겹쳐있는 십자부분에 안전하게 분산적재토록 하여야 한다.
⑤ 양중 작업 시작 전에는 작업방법, 순서, 안전조치사항 등을 근로자에게 주지시키고, 양중 작업 시 다음 사항을 준수하여야 한다.
  ㉠ 중량물 취급주의와 안전모 등 보호구 착용
  ㉡ 양중장비의 양중능력을 고려하여 정격속도는 5km/h 이하
  ㉢ 인양용 받침대(Sleeper)를 이용하여 4지점 체결 후 양중
  ㉣ 주변에 안전공간을 확보하는 등 위험 방지조치를 실시하여야 한다.
  ㉤ 데크플레이트를 바닥면에 내릴 때에는 바닥에서부터 60cm 정도에서 데크플레이트의 균형을 유지한 후 내려야 한다.
⑥ 데크플레이트 포장용 밴드는 비산위험과 변형 방지를 위하여 조립·설치 직전에 절단하여야 한다.
⑦ 포장을 풀거나 포장밴드를 절단할 때에는 데크플레이트 위에 올라서서 포장을 풀어서는 안 된다.

4) 데크플레이트 절단 및 구멍내기
① 사전에 데크플레이트의 분할도면을 작성하고 기둥, 보 및 데크플레이트 상호 간의 이음부위를 명확히 하여 현장에서 절단작업이 최소화 되도록 하여야 한다.
② 데크플레이트 절단 시에는 모서리를 예각으로 가공하는 것을 회피하여야 한다. 또한 깔아 넣기 전까지 절단면을 보수하여야 한다.
③ 전선인입구 설치 시 지상층에서 드릴 등을 이용 정확한 위치에 펀칭을 하여 변형이나 꺾임 등으로 인한 데크플레이트의 구조적 손상을 방지하여 작업 중 붕괴를 방지하여야 한다.
④ 가스절단이나 구멍내기 등으로 인한 불티가 안전망이나 보양천막 등에 인화되지 않도록 반드시 방호시트나 방호매트, 철판 등으로 보호하여야 한다.

⑤ 잘 보이는 장소에 소화기를 비치하고 비상시 사용 가능하도록 사용방법을 숙지시켜야 한다.
⑥ 절단 후 잔재의 정리정돈을 철저히 하여야 한다.

5) 조립·설치작업

① 작업 시작 전에는 반드시 데크플레이트 조립·설치 작업순서와 안전작업방법 등을 교육하고 작업내용을 분담하여야 한다.
② 데크플레이트 조립·설치 작업 시작 전에는 다음과 같은 사항을 점검하여야 한다.
   ㉠ 작업 인원수와 근로자 건강상태
   ㉡ 작업 신호와 통신시설 상태
   ㉢ 가스용접 기능 강습, 아크용접 특별교육 수료와 같은 유자격자 여부 확인
   ㉣ 용접기, 가스공구, 휴대공구의 낙하방지장치 상태
   ㉤ 고소작업용 안전대, 용접 보호면, 차광안경과 같은 개인보호구 상태
   ㉥ 낙하물방지망, 추락방지망, 안전난간 등과 같은 가시설 설치상태
③ 개구부 주위나 외주 보 주위에는 추락재해 방지를 위하여 반드시 추락방지망, 안전난간, 안전대 걸이시설, 유도로프, 수직생명줄 등을 설치 후 데크플레이트 조립·설치작업을 하여야 한다.
④ 데크플레이트는 2인 1조로 소운반 후 조립·설치하여야 한다. 특히 외주 보위에서 소운반할 때는 지정통로를 사용하고 보 위에서는 외주 안전로프에 안전대를 걸고서 운반하여야 한다. 또한 데크플레이트 하부 추락방지망 설치는 KOSHA GUIDE C-31-2011(추락방망 설치 지침)에 따른다.
⑤ 데크플레이트 운반 시 공동 작업자와 작업상 호흡 불일치 또는 이동 중 전단 연결재(Stud Bolt) 등에 발이 걸려 넘어져 전도될 우려가 있으므로 데크플레이트 상부에 근로자 이동 시 전도 방지를 위한 통로용 작업발판을 설치하여야 한다.
⑥ 데크플레이트는 다른 건설자재와 비교해서 미끄러지기 쉽고 발을 헛디딜 위험성이 있으므로 콘크리트 타설 전까지 작업발판 설치가 곤란할 시에는 합판 등을 덮어 놓고 통행하여야 한다.
⑦ 데크플레이트 걸침부의 면이 고르지 않거나 불순물이 있는 경우에는 양중 전에 충분히 청소하고 수분 및 유분을 제거하여야 한다.
⑧ 데크플레이트가 바람에 의해 날아가거나 낙하하는 등의 안전사고를 방지하기 위하여 보 상단 좌우 50mm 이상 걸치도록 설치하고, 1매 째의 데크플레이트를 설치한 후에는 곧바로 가용접을 하여야 한다. 이후 순차적으로 60cm 간격 이내마다 가

용접을 실시하여야 한다.
⑨ 남은 자재는 그날 작업 완료 시 반드시 정리하고 포장밴드, 모퉁이 보호대를 쇠부스러기나 고철 회수(Scrap) 상자에 정돈하는 등 낙하방지 조치를 취하여야 한다.
⑩ 처짐 및 붕괴재해 예방을 위해 데크플레이트 지점간격이 3.6m 이내일 경우 다음의 데크플레이트의 걸침길이와 정착부위를 준수하여야 한다.
  ㉠ 주근 방향으로 설치할 때 보에 걸치는 길이는 50mm 이상
  ㉡ 폭 방향으로 설치할 때 보에 걸치는 치수는 50mm 이상(다만, 아크 용접을 할 경우에는 30mm 이상)
  ㉢ 폭 조절용 플레이트를 이용하는 경우는 50mm 이상
⑪ 콘크리트 타설 시 처짐과 붕괴재해가 발생할 가능성이 있으므로 길이방향 배치 시에는 다음 사항을 준수하여야 한다.
  ㉠ 좌우 보에서의 걸림이 균등하게 되도록 하여 작업 시 붕괴재해를 방지하여야 한다.
  ㉡ 외주부 깔기를 할 때에는 반드시 안전대를 외주 안전로프에 걸고 작업하여야 한다.
  ㉢ 펼친 데크플레이트에 개구부가 생기지 않게 하여 추락이나 낙하물에 주의하여야 한다.
  ㉣ 판개 시에는 골방향으로 일직선을 맞추고 2인 1조로 무리한 힘을 가하지 않고 펼쳐야 한다. 특히 무리하게 들지 말고 기준선을 설정하여 끌면서 한 장씩 펼쳐 시공하여야 한다.
  ㉤ 깔기작업은 배치도에 따라 미리 꼭지점, 중간점의 위치를 보 위에 먹 놓기를 하여 데크플레이트 끝면의 위치가 바르고 일정하도록 하며 데크플레이트의 골방향 걸침길이는 50mm 이상을 확보하여야 한다.
  ㉥ 데크플레이트 이음부 시공 시 데크플레이트의 이음부가 이탈하지 않도록 정확히 시공하여야 하며 표시한 선에 맞추어 시점을 기준으로 끝을 맞추어 당긴 후 떨어짐이 없도록 하여 치수를 맞추어야 한다.
  ㉦ 데크플레이트의 골과 골 방향을 일치시켜야 하며, 데크플레이트 상호 간의 어긋남이나 탈락을 방지하도록 하여야 한다.
⑫ 콘크리트 타설 과정에서 슬래브 상부의 각종 하중이 데크플레이트와 보 부위에 집중되어, 콘크리트 타설 시 처짐과 붕괴재해가 발생할 가능성이 있으므로 폭방향 배치 시에는 데크플레이트의 걸침길이와 받침길이를 다음과 같이 준수하여야 한다.
  ㉠ 데크플레이트의 폭방향 걸침길이는 50mm 이상(아크용접을 할 경우에는 30mm

이상)으로 하여야 한다.
ⓒ 커버(필러)플레이트의 받침길이는 200mm 이하로 하여야 한다.
⑬ 포장풀기를 한 데크플레이트가 남아 있지 않은지 점검하고 남아 있으면 모아서 철선 등으로 결속하여야 한다.
⑭ 단위 작업반 내에서 의사소통이 미흡한 경우 위험상황을 초래할 수 있으므로 작업반 구성 시 외국인 근로자가 포함되는 경우 원활한 의사소통을 위하여 사전에 교육, 훈련을 실시하여야 한다.
⑮ 데크플레이트 조립·설치작업 시 하부에 안전지대를 구획하고 신호수 배치 및 보행자를 통제하여 급박한 위험상황에 대비하여야 한다.

6) 철골보와의 접합용접

① 데크플레이트는 시공도면 및 시방서에 의거 탈락이나 처짐 등이 발생하지 않도록 부재 간 용접을 철저히 하여야 한다.
② 데크플레이트 간의 접합 시에는 시공하중에 대한 안전성을 검토하고 바람에 의해 데크플레이트가 날아가지 않도록 깔기 작업 후에는 곧바로 가용접을 실시하여야 한다.
③ 용접 시에는 인화 물질 등을 제거하고 화재에 주의하여야 한다. 특히 용접장소 주변을 점검하고 화기가 남아 있지 않도록 조치, 확인하여야 한다.
④ 개구부 주위나 외주 보 주위에서 용접작업 시 추락재해를 예방하기 위하여 반드시 수직생명줄, 안전대 걸이시설, 유도로프, 추락방지망 고리, 안전난간 등을 설치하여야 한다.
⑤ 용접은 1스판(Span)을 깔아 넣을 때마다 시행하여야 하며 데크플레이트 1장당 2개소 이상 용접하는 것을 원칙으로 한다. 이때 점용접으로 고정하며 곡선부분은 전부 용접하여야 한다.
⑥ 용접봉 조각은 즉시 회수하여야 하고 포장밴드, 모퉁이 보호대를 쇠부스러기나 고철 회수상자에 정리정돈하여야 한다.

7) 부속자재 설치

① 콘크리트 타설 시 콘크리트의 누출을 방지하기 위하여 엔드 클로저(End Closure)를 설치하여야 하며, 설치 시에는 다음 사항을 준수하여야 한다.
㉠ 엔드 클로저 설치부위는 길이방향의 맞댐 조인트 부위, 골방향이 변경되는 부분, 기둥, 벽, 개구부 주위 등에 설치하여야 한다.

ⓒ 시공 후 데크플레이트나 이음부위에 콘크리트 누출의 우려가 되는 틈은 콘크리트 타설에 앞서 철물이나 테이프로 보강하여야 한다.
② 데크플레이트의 폭 조정을 위하여 설치되는 커버(필러) 플레이트(Coverplate or Filler Plate) 설치 시에는 다음 사항을 준수하여야 한다.
　　㉠ 최소두께는 1.2mm 이상으로 하여야 한다.
　　ⓒ 커버 플레이트는 데크플레이트 골방향이 바뀌거나 가장자리, 기둥, 벽 등의 접합부위에 설치하여야 한다.
③ 콘크리트의 타설 시 누출을 방지하기 위하여 설치되는 콘크리트 스토퍼(Stopper) 설치 시에는 다음 사항을 준수하여야 한다.
　　㉠ 콘크리트 스토퍼는 슬래브 끝면인 데크플레이트 외측면 가장자리 부위에 설치하여야 한다.
　　ⓒ 콘크리트 스토퍼는 슬래브 두께에 맞추어 제작하며 부착위치로 해당 자재를 소운반하며 구체 도면을 따라 설치위치 및 타입을 확인하여야 한다.
　　ⓒ 지정위치에 고정하고 1,000mm 간격으로 점용접하여 고정한다. 용접은 중앙부를 선행하고 인접한 콘크리트 스토퍼를 같은 모양으로 하고 나서 단부의 용접을 실시한다.
④ 스페이서(Spacer)는 D6 이상의 철선을 사용하여 데크플레이트 1~2산 부위마다 1개씩 설치하며, 설치간격은 1,000mm로 하여야 한다.
⑤ 천정시공과 설비배관을 위해 설치하는 인서트 행어는 데크플레이트 하부의 인서트 피트부위에 설치하여야 한다.
⑥ 부속자재 설치 후의 잔재물 정리를 실시하여 낙하물에 대하여 주의하여야 한다. 특히 포장밴드, 용접봉이나 부속자재 조각이 흩어져 있지 않도록 하고 스크랩 상자에 정리정돈을 철저히 하여야 한다.
⑦ 작업 후 비닐, 종이류 등 이물질을 청소하고 공구류는 지정장소에 보관하고 정리정돈을 철저히 하여야 한다.
⑧ 용접기의 전원 스위치 관리에 주의하여야 하며 가스밸브는 잠가야 한다. 특히 용접장소 주변을 점검하고 화기가 남아 있지 않도록 조치 및 확인하여야 한다.

8) 배근 및 콘크리트 타설

① 철근 등의 중량물 과다적재로 인하여 데크플레이트 손상 및 붕괴 우려가 있으므로 구조계산에 입각한 적정한 하중 검토를 실시하여야 한다. 특히 철근 적재 시에는 보 부위를 이용하여 사선으로 적재토록 하여 붕괴를 방지하여야 한다.

② 설비, 전기공사 등으로 주철근 절단 후 보강 작업이 미비한 경우 슬래브 붕괴 또는 처짐 등의 위험이 있으므로 철근 절단 시 보강작업을 철저히 하여야 한다.
③ 보 경간이 넓은 경우 데크플레이트의 휨 현상 발생 및 집중하중에 의한 붕괴위험이 크므로 필요시 중앙부 처짐을 방지하기 위해 지보재 등을 사용하여 설치하여야 한다.
④ 콘크리트를 타설하기 전에 데크플레이트와 철골 보와의 접합부 시공상태를 확인하여야 한다.
⑤ 데크 설치완료 후 콘크리트 타설 전에 세밀한 사전검사를 통하여 정렬상태와 연결상태 등의 보완을 한 뒤에 콘크리트를 타설하여야 한다.
⑥ 콘크리트 타설 시 집중하중이나 충격 등이 발생하지 않도록 분산 타설하도록 하고 타설방향은 폭방향(부근방향)으로 하여야 한다.
⑦ 진동다짐 시 데크에 직접 접촉하게 되면 강판탈락과 균열을 야기하므로 가능한 데크에 직접 접촉되지 않도록 주의하여야 한다.
⑧ 콘크리트 타설 도중 작업자에 의하여 용접철망이 변형되지 않도록 유의하며 작업발판 등 콘크리트 타설에 필요한 시설을 사전에 설치하여야 한다.
⑨ 관리감독자는 해당 근로자에게 데크플레이트의 구조도면 및 조립도를 제시하고 올바른 작업방법 및 순서를 주지시켜야 한다.
⑩ 가설통로, 안전시설, 작업발판 등은 안전기준에 적합하게 설치하여야 한다. 또한 콘크리트 타설 전 가시설물의 설치상태를 점검하고 이상 발견 시에는 즉시 보수하여야 한다.
⑪ 작업자는 적절한 휴식시간으로 근골격계질환 예방을 위한 적절한 조치를 하여야 한다.

9) 기타 안전조치사항

그 밖의 데크플레이트 안전작업사항 등에 대한 전반적인 내용은 KOSHAGUIDE C-23-2011(거푸집동바리 및 거푸집 안전설계 지침), KOSHAGUIDE C-51-2012(거푸집동바리 구조검토 및 설치 안전보건작업지침), KOSHA GUIDE C-24-2011(단순 슬래브 콘크리트 타설 안전보건작업지침), KOSHA GUIDE C-43-2012(콘크리트공사 안전보건작업지침)에 따른다.

11 건설현장 용접·용단 작업 시 안전보건작업 기술지침 [C-108-2017]

1. 유해·위험요인별 안전보건 조치

1) 화재예방

건설현장에서의 용접·용단 작업 시 불꽃, 불티 등 점화원 발생과 작업장소에 근접한 인화성, 가연성 물질과 접촉에 따른 화재예방을 위하여 다음의 조치를 하여야 한다.

① 일반사항

㉠ 용접·용단 작업 전 작업조건, 작업장소 주변에 인화성, 가연성 물질 여부 등을 조사하여 위험성 평가를 통한 작업 전 위험요인 제거, 방호조치 등을 하여야 한다.

㉡ 용접·용단 작업장소에 근접하여 다른 작업을 하거나 통행하는 근로자의 위험을 예방하기 위하여 작업구역 설정, 출입통제용 안전울 설치, 화기작업 경고표지 설치 등의 조치를 하여야 한다.

㉢ 용접·용단 불꽃, 충격마찰, 스파크, 정전기 등 점화원이 있는 장소에서는 인화성, 가연성 물질을 충분히 격리시키고, 같은 높이의 작업장소에서는 불티의 수평 비산 가능거리인 11m 이상 격리될 수 있도록 조치한다.

㉣ 화재 발생 위험요인을 근원적으로 제거하거나 방호하기 어려운 다음과 같은 작업조건에서 용접·용단 작업을 하는 경우 화재 감시인을 배치하여 위급상황에 적시 대처할 수 있도록 조치하여야 한다.

- 인화성, 가연성 물질이 작업장소에서 반경 11m 이상 떨어져 있지만 불티로 인하여 발화위험이 있는 경우
- 작업장소에서 반경 11m 이내 측면 또는 바닥 개구부를 폐쇄 또는 방호조치하기 어려운 경우
- 인화성, 가연성물질이 열전도성 칸막이, 벽, 바닥, 천정 또는 지붕의 반대쪽 면에 인접하여 열전도 또는 열복사에 의해 발화 가능성이 있는 경우
- 기타 화재발생의 위험이 높은 장소의 화재 위험요인에 대한 충분한 예방조치를 적용하기 어려운 경우

㉤ 용접·용단 작업 근로자에게는 내열성능이 있는 장갑, 보호복, 안전모, 보안경 등의 보호구를 지급, 착용하도록 관리한다.

㉥ 작업장소와 가까운 위치에 경보용 설비 또는 도구를 설치 또는 비치하여 위급상황 시 신속하게 경고하고 전파될 수 있도록 조치한다.

ⓢ 화재·폭발 발생 위험이 높은 경우 즉시 작업을 중단하고 용접·용단 장비의 가스 차단 또는 전원 차단 후 대피한다.

ⓞ 질산염, 과산화수소, 과염소산, 산소, 불소 등 산화제는 가연성 물질과 혼합 시 폭발할 위험이 높으므로 내산성인 저장용기를 사용하고, 점화원 발생 위험장소로부터 안전한 거리 이상으로 격리시키고 관리하여야 한다.

② 인화성, 가연성 물질 관리

㉠ 작업장소의 조건을 고려하여 가능한 모든 인화성, 가연성 물질은 용접·용단 작업장소로부터 수평거리 11m 이상 격리시켜야 한다.

㉡ 인화성, 가연성 물질의 격리조치가 어렵거나 고정되어 있는 경우 다음 사항에 유의하여 작업하여야 한다.

- 가연성 물질 및 불티 비산거리 내 벽, 바닥, 덕트 등의 개구부 또는 틈새에 불티가 들어가지 않도록 방염시트 등으로 빈틈없이 방호하여야 한다.
- 배관 등의 보온재로 사용된 가연성 단열재는 가능한 한 제거한 후에 작업하여야 한다.
- 높은 위치에서 실시하는 강구조물, 배관 보수 작업 시 불티받이포를 설치하여 아래 또는 측면으로 떨어지는(퍼지는) 불티가 비산하지 않도록 조치하여야 한다.
- 폴리우레탄폼, 스티로폼, 샌드위치 패널 등이 적재 또는 시공되어 있는 경우 용접·용단 작업 시 불꽃, 불티 등 고열물 등과 접촉되지 않도록 주의하여야 한다. 그 외의 사항은 KOSHA GUIDE F-3-2014(경질폴리우레탄폼 취급 시 화재예방에 관한 기술지침)를 참조한다.
- 바람의 영향으로 용접·용단 불티가 운전 중인 설비 근처로 비산할 가능성이 있을 때에는 작업을 중지하여야 한다.
- 윤활유, 유류, 인화성 또는 가연성 물질이 덮여 있는 표면에서는 작업을 금지한다.
- 가연성 벽, 칸막이, 천장 또는 지붕과 접촉하는 배관 또는 기타 금속에 대한 용접·용단작업을 계획한 경우 열전도에 의해 발화위험이 높으므로 방호조치를 취하거나 대체작업을 검토하여야 한다.

③ 전기용접 시 유의사항

전기용접 시 화재 예방을 위해서는 전기용접기 및 관련 전기기기의 올바른 사용이 중요하므로 다음 사항에 유의하여 작업하여야 한다.

㉠ 다수의 용접기를 동시에 사용하는 경우 접지클램프를 한 곳에 접속시킨 상태에서 동시 작업을 금지한다.

ⓒ 용접기의 전원개폐기는 작업의 종료·중단, 작업 위치변경 또는 사고 발생 시 전원을 신속하게 차단할 수 있도록 가까운 곳에 설치하며, 주변에는 인화성·가연성 물질이 없도록 조치한다.

④ 가스용접 시 유의사항

가스 용접·용단 작업 시 산소의 압력, 절단속도 및 절단방향에 따라 비산불티의 양과 크기가 달라지므로 다음 사항에 유의하여 작업하여야 한다.

㉠ 가스 절단 시에는 불티가 광범위하게 비산하므로 차단막이나 방염시트 등으로 비산 방지 조치를 하여야 한다.

㉡ 산소용기, 호스 및 밸브에 유지류가 묻어 있을 경우, 화재의 위험이 있으므로 취급 시 기름 등이 묻은 손이나 장갑으로 취급하지 않도록 유의하여야 한다.

2) 폭발 예방

용접·용단 시 아세틸렌, LPG 등 가스 사용작업 중 가스 누출, 밀폐공간 내 가스잔류 등 원인으로 점화원이 발생하는 경우 폭발 위험이 높으므로 다음 사항에 유의하여 작업하여야 한다.

① 가스누출 예방

㉠ 용접·용단 작업 전 가스용기 연결부, 호스, 밸브 등의 손상, 풀림 등의 원인으로 인한 가스누출 여부를 항상 점검하고 잔류가스 유무를 확인한 후 작업을 시작하여야 한다. 가스 용접·용단 장비의 구성품별 주요 점검내용은 다음 표와 같다.

[가스 용접·용단 장비 주요점검 내용]

구성품	주요 점검 내용
가스용기	충격, 부식 등으로 인한 손상 여부
압력 조절기	정상 작동상태, 기밀시험, 접속부 누출 검사
고무호스	외관검사, 접속부 누출 검사, 호스 균열 또는 열화 여부
취관	외관검사, 기밀시험, 밸브누설 여부, 화염상태 확인

㉡ 호스의 연결부는 조임물을 이용하여 견고하게 연결하고 호스상태를 수시 점검하여 갈라진 부분이 있을 때는 즉시 교체하여 가스가 누출되지 않도록 관리하여야 한다.

㉢ 가스 용접·용단 작업에 사용되는 장비의 각 구성품 간 기밀유지를 위해 사용되는 고무재질 부품은 열화하기 때문에 작업 전 일상점검을 통해 반드시 가스누출 여부를 파악하여야 한다.

ⓔ 가스누출감지기를 사용하여 점검하고 누출이 발견되면 점화원 발생 위험이 없는 개방된 장소로 옮겨 수리하거나 교체하여야 한다.

ⓜ 가스용기는 반드시 세워 보관하고 충격에 유의해야 하므로 굴리거나 어깨에 메고 운반 또는 이동하는 행위를 금지하고 반드시 전용 운반장비를 사용하여야 한다.

ⓗ 가스용기를 지상에 설치하여 사용하는 경우 호스를 당기거나 요철부위 위에 설치하여 가스용기가 전도되는 일이 발생하지 않도록 용기의 전도방지 조치를 하여야 한다.

3) 감전재해 예방조치

용접·용단 작업 시 습도가 높고 피부나 의복이 젖어 있을 경우 감전재해 위험이 높으므로 감전예방을 위하여 다음 사항에 유의하여 작업하여야 한다.

① 전선, 전극용 홀더, 용접봉 등의 전기용접 관련 기구는 항상 건조 상태를 유지할 수 있도록 관리하여야 한다.

② 용접봉에 접촉되거나 용접기의 2차 측 배선이나 홀더의 절연의 불량으로 인한 감전을 방지하기 위해 용접기의 무부하 전압을 안전전압인 30V 이하로 저하시키는 자동전격방지기를 설치하고 작동 여부를 수시로 확인하여야 한다.

③ 훼손되거나 과전류(열손상)에 의하여 피복이 손상된 용접케이블은 신품으로 교체하거나 절연테이프로 보수하여 사용한다.

④ 절연용 홀더를 사용하고 홀더에 용접봉을 끼운 채 방치하지 못하도록 관리하여야 한다.

⑤ 접지클램프는 용접대상물(모재)에 접지해야 하며, 모재가 아닌 주변 구조물(철재 빔 등)에 접지하지 않도록 한다.

⑥ 용접봉과 접지클램프를 가능한 가깝게 하여 외부로 전류가 누설되는 것을 방지하여야 한다.

4) 용접·용단 작업 시 근로자 보호

① 유해가스 중독 및 산소결핍 예방

유독물이 저장되었던 장소의 내부 용접 시에는 잔류가스에 의한 중독, 질소가스를 이용한 치환작업 시 산소결핍으로 인한 질식 위험이 높으므로 다음과 같은 근로자 보호 조치를 하여야 한다.

㉠ 작업 전 유해가스 체류농도, 산소농도를 측정하여 안전한 상태임을 확인하여야 한다.

- ⓒ 유해가스 이송배관에 근접한 장소에서 작업하는 경우 유해가스 누출로 인한 중독, 산소결핍 등 위험이 높으므로 방독마스크, 송기마스크 등 호흡용 보호구를 비치하고 위급상황 발생 시 즉시 사용 가능한 상태에서 작업하여야 한다.
- ⓒ 용접 퓸(Fume)이 발생하는 용접작업 시 부분 및 전체 환기시설을 설치하여 유해가스를 외부로 배출시키고, 근로자에게 호흡용 보호구를 지급·착용하도록 하여야 한다.
- ⓒ 작업 중 유해가스 등의 누출·유입·발생 가능성이 있는 경우는 주기적으로 가스 농도를 측정하여야 한다.
- ⓒ 실내에서 작업 시 환기와 배기가 중단되지 않고 균일하게 환기되도록 필요한 전원 등 동력공급이 중단되지 않도록 하여야 한다.
- ⓒ 맨홀 및 피트 등 통풍이 불충분한 곳에서 작업 시 위급상황에 대처할 수 있도록 외부와의 연락장치, 비상용사다리, 로프 등을 준비하고 작업하여야 한다.

② 화상예방

용접작업 시 아크광이나 불꽃, 불티, 과열된 금속 및 레이저 등에 의하여 눈, 얼굴 및 신체의 화상재해 발생위험이 높으므로 화상을 방지하기 위하여 다음과 같은 근로자 보호 조치를 하여야 한다.
- ⓒ 용접작업 근로자에게 안전장갑, 보안경, 보안면, 보호복 등 보호장구를 지급하고 착용하도록 하여야 한다.
- ⓒ 용접근로자의 작업복은 가급적 난연성 재질의 복장을 착용하도록 한다.

③ 유해광선, 소음 등 방호조치
- ⓒ 아크용접 시 강렬한 가시광선, 자외선 및 적외선을 포함한 아크광에 의한 안구와 피부 손상을 방호하기 위하여 근로자에게 안전인증을 받은 차광 및 비산물 위험방지용 보안경을 지급하여 착용하도록 한다.
- ⓒ 아크용접 작업장소에 인접한 작업을 하는 다른 근로자 보호를 위하여 아크광차폐시설을 설치한다.
- ⓒ 용접·용단 작업 방법에 따라 65~105dB 수준의 소음이 발생하며, 이는 일시적 및 영구적 난청을 유발할 수 있으므로 소음이 85dB 이상인 경우 차음보호구(귀마개)를 착용하여야 한다.

합격답안 작성용 모식도

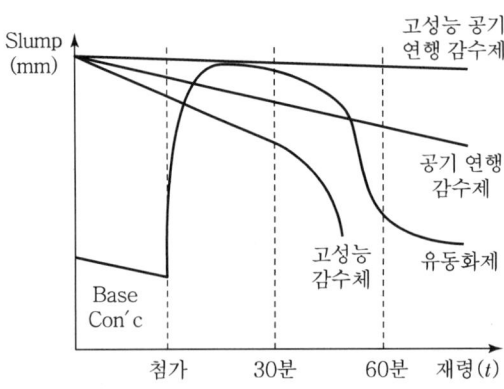

[감수제와 유동화제의 성능 비교]

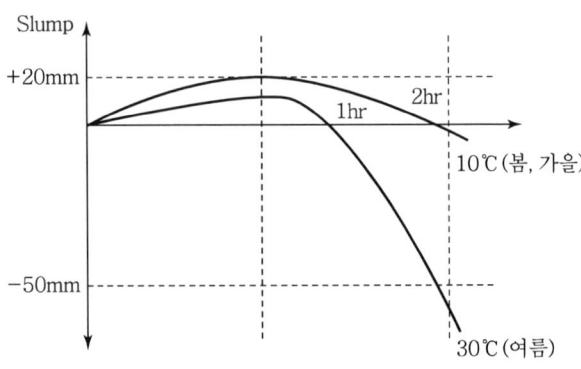

[슬럼프 저하 그래프]

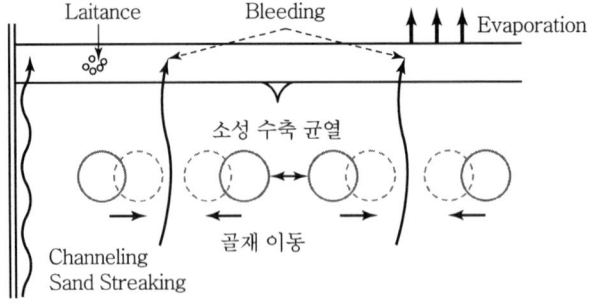

[Laitance와 Bleeding]

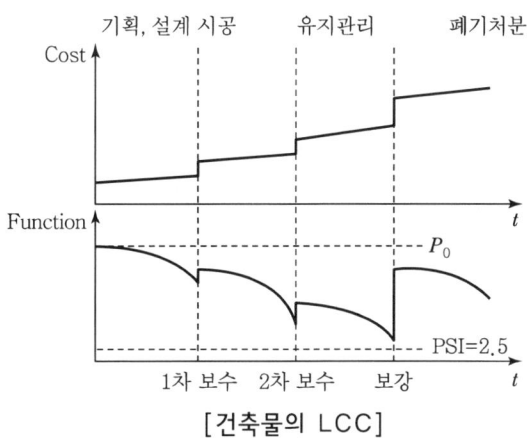

[건축물의 LCC]

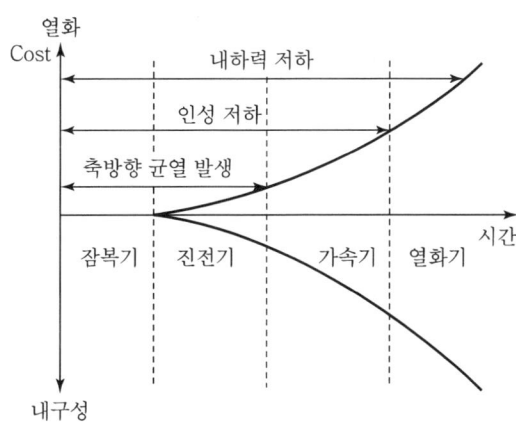

[열화 발생에 따른 내구성 저하 그래프]

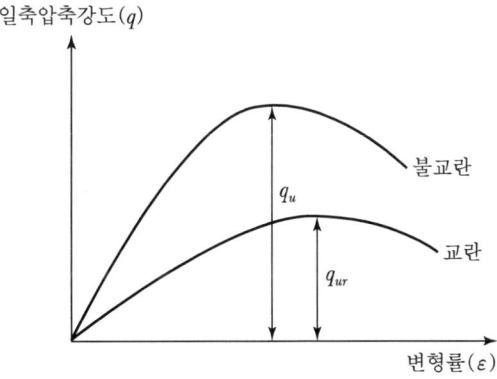

[교란시료와 불교란시료의 일축압축강도]

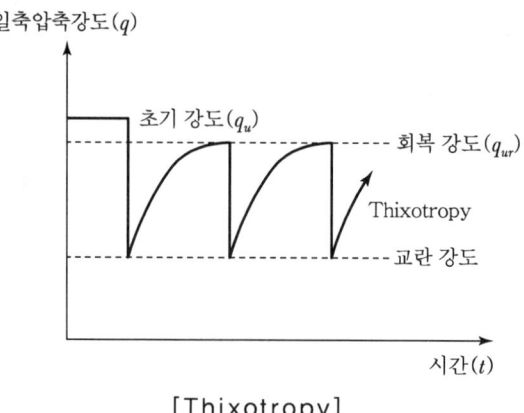

[Thixotropy]

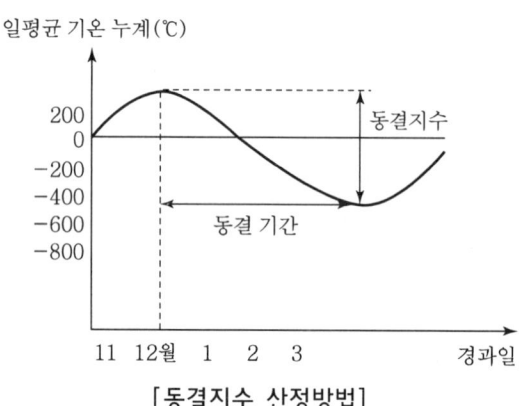

[동결지수 산정방법]

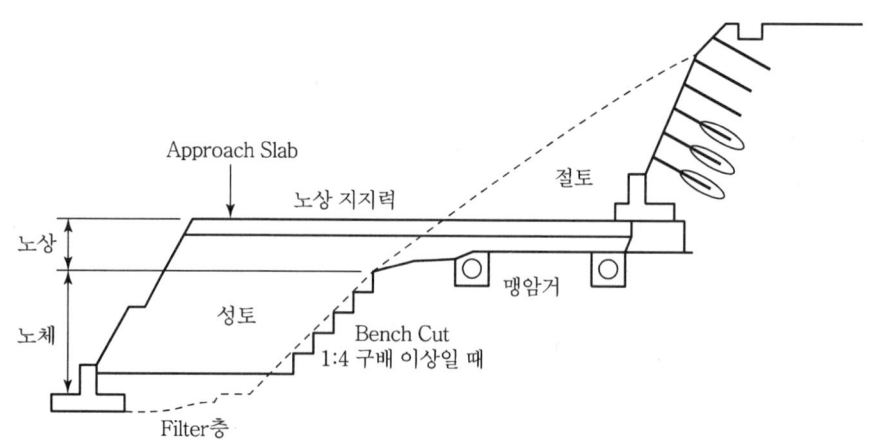

[절·성토부의 안정화 공법]

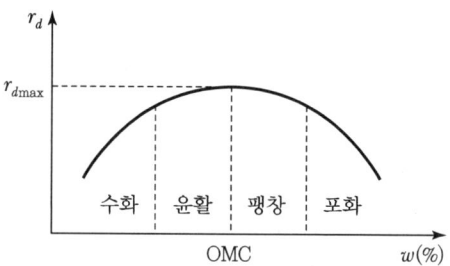

- 수화단계(반고체)
- 윤활단계(탄성체)
- 팽창단계(소성)
- 포화단계(반점성)

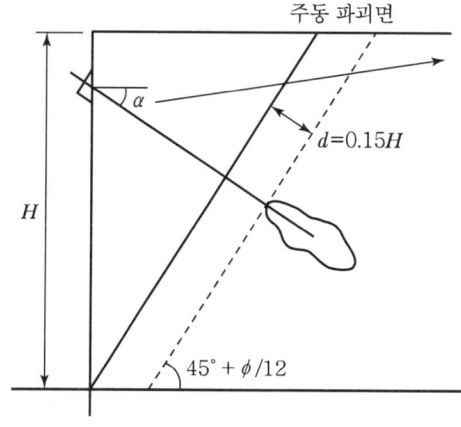

[어스앵커의 설치기준]

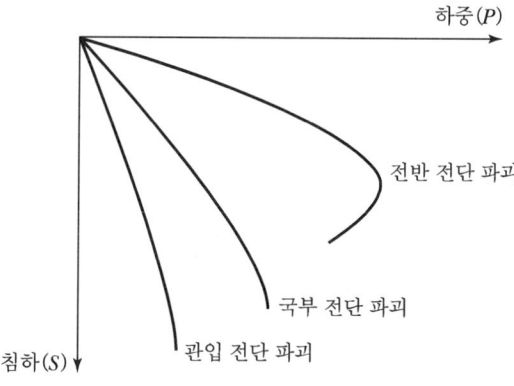

[얕은 기초의 파괴형태 비교]

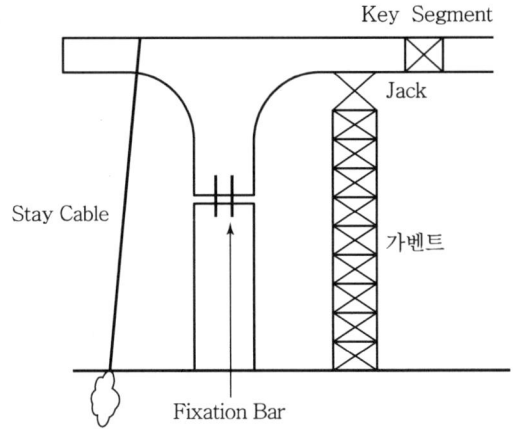

[FCM 불균형 모멘트 처리공법]

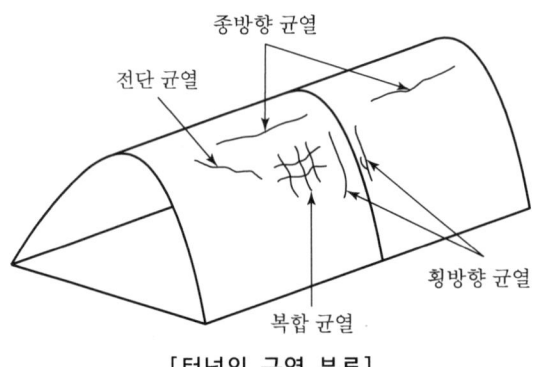

[터널의 균열 분류]

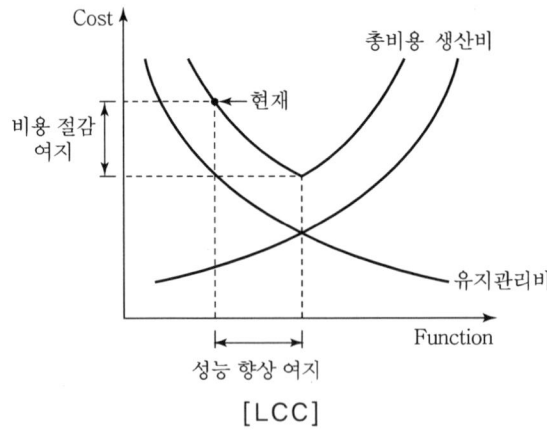

[LCC]

토공사 / 기초공사

일반사항

- **조사**
  (1) 형상·지질 및 지층의 상태
  (2) 균열·함수·용수 및 동결의 유무 또는 상태
  (3) 매설물 등의 유무 또는 상태
  (4) 지반의 지하수위 상태

- **토질조사(지반조사)**
  (1) 지하탐사법
  (2) Sounding
  (3) Boring
  (4) 시료채취(Sampling)
  (5) 토질시험(Soil Test)
    ① 물리적 시험
    ② 역학적 시험
  (6) 재하시험(Load Test)

- **토공사 안전대책**
  (1) 공사 전 준수사항
  (2) 작업 시 준수사항

- **동상현상**
  (1) 동상원인(3요소)
  (2) 동상현상 발생 Mechanism
  (3) 동결일수와 동결지수
  (4) 동결깊이 산정방법

- **융해현상**
  (1) 융해원인
  (2) 문제점
  (3) 방지대책

- **다짐**
  (1) 필요성
  (2) 공법의 종류

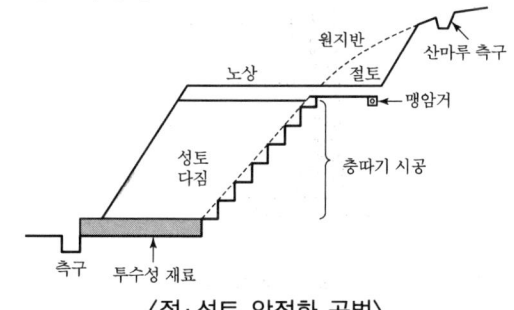
〈절·성토 안정화 공법〉

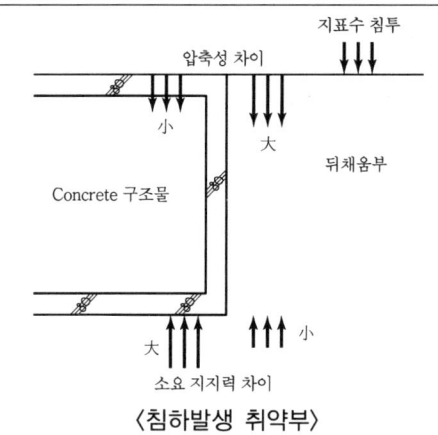
〈침하발생 취약부〉

지반보강

- **연약지반**
  (1) 판정기준
  (2) 문제점
  (3) 점성토 지반 개량공법
  (4) 사질토 지반 개량공법
  (5) 시공 시 안전대책
  (6) 시공 시 환경오염 방지대책
  (7) 계측관리

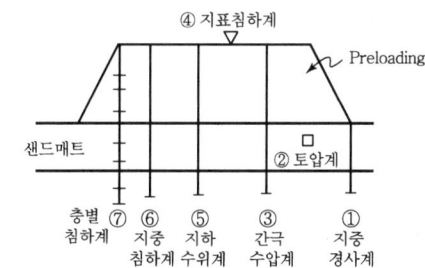

- **지하수처리**
  (1) 배수공법
  (2) 차수공법

흙막이공

- **시공계획 F/C**

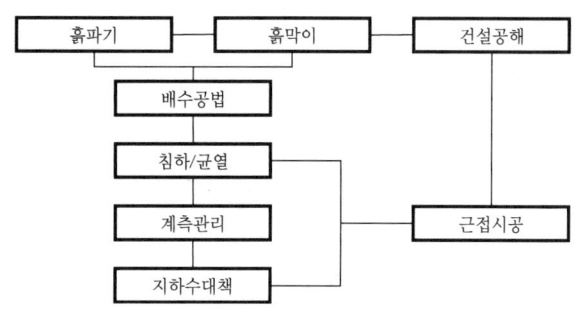

- **흙파기(굴착)**
  (1) 모양
  (2) 형식
    ① Open Cut
      ㉮ 경사
      ㉯ 흙막이
    ② 부분굴착
      ㉮ Island Cut
      ㉯ Trench Cut
    ③ 역타공법
    ④ 수중굴착
      ㉮ 물막이굴착
      ㉯ 수중굴착

- **흙막이 공법**
  (1) 지지방식
  (2) 구조방식
  (3) 벽식 지하연속벽 공법
  (4) 주열식 지하연속벽 공법

- **붕괴원인 및 대책**
  (1) 붕괴원인
  (2) 방지대책

- **지하배수공법**
  (1) 중력배수
  (2) 강제배수
  (3) 복수 공법
  (4) 영구배수

침하/균열

  (1) 원인

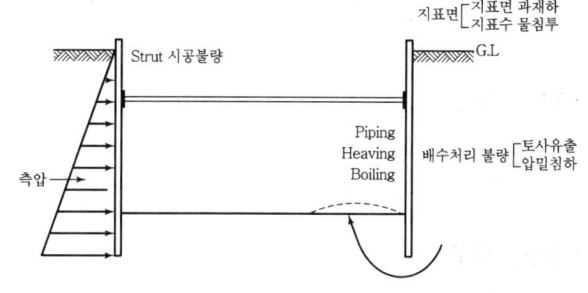

  (2) 안전대책

- **계측관리(정보화시공)**
  (1) 계측 목적
  (2) 계측기 종류

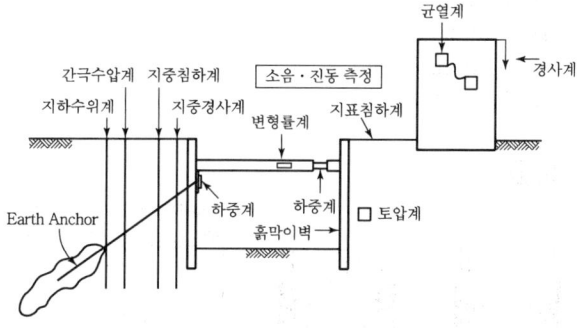

- **근접시공**
  (1) 침하 및 균열
  (2) 계측
  (3) 지하수 대책
  (4) 건설공해
  (5) 조망권
  (6) 일조권
  (7) 배수
  (8) 접근로

- **건설공해**

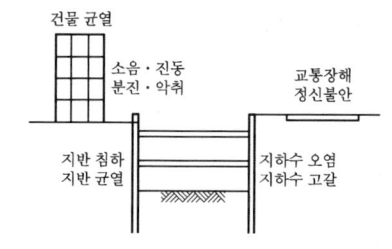

토공사 / 기초공사

기초공

※ 공법 : 개요, 공법종류, 시공순서(F/C), 특징, 시공 시 유의사항, 안전대책

- **얕은 기초**
  (1) Footing 기초
  (2) 전면기초(온통기초)

- **깊은 기초**
  (1) 말뚝기초
  (2) 케이슨 기초

- **박기**
  (1) 타격공법
  (2) 진동공법(Vibro Hammer)
  (3) 압입공법
  (4) Water Jet 공법
  (5) Preboring 공법
  (6) 중굴공법

- **이음**

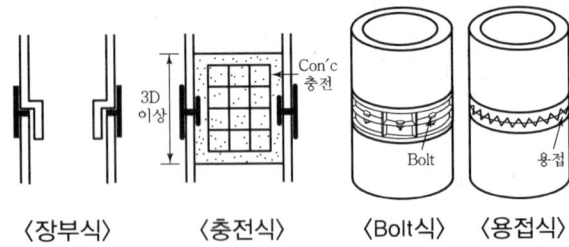

〈장부식〉 〈충전식〉 〈Bolt식〉 〈용접식〉

- **지지력**
  (1) 말뚝재하시험(정재하, 동재하)
  (2) 시험박기말뚝
  (3) 소리, 진동
  (4) Rebound Check

- **공해대책**
  (1) 저소음 대책(공법, 장비)
  (2) 저진동 대책(공법, 장비)
  (3) 수질·토양오염 방지대책

- **부마찰력**
  (1) 문제점
  (2) 발생원인
  (3) 방지대책

- **구조물 부상/침하**
  (1) 부력기초
  (2) 지하구조물 부상
  (3) 구조물 침하/부등침하

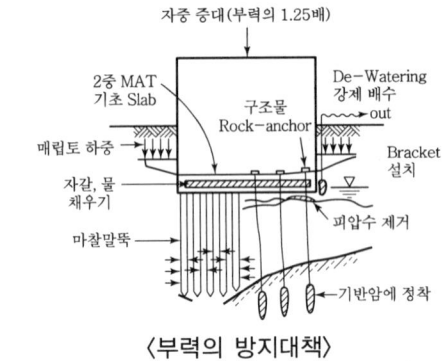

〈부력의 방지대책〉

사면안정/굴착

- **사면안정**

(1) 종류 및 파괴형태

구분	Land Sliding	Land Creep
지형	급경사 30° 이상	완경사(5~20°)
토질	불연속층	활동면
속도	순간적	느림
규모	부분적	대규모

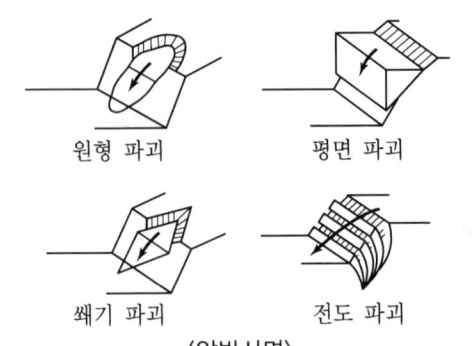

원형 파괴 / 평면 파괴 / 쐐기 파괴 / 전도 파괴

〈암반사면〉

(2) 사면붕괴 원인

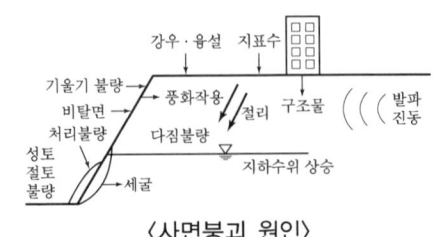

〈사면붕괴 원인〉

- **안전대책**
  ① 시공 시 안전대책
  ② 설계상 안전대책
  ③ 붕괴 시 안전대책

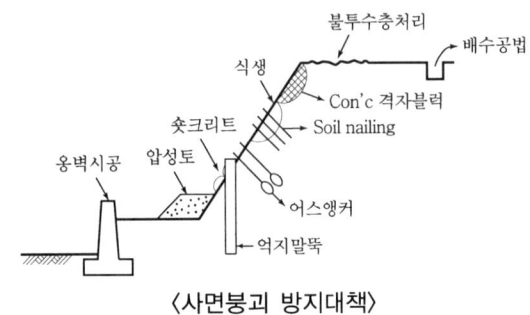

〈사면붕괴 방지대책〉

- **산사태 원인/대책**
  (1) 원인
  (2) 대책

- **계측관리**
  (1) 원상태 측정
  (2) 굴착 중 계측

- **절토**
  (1) 암질판별
  (2) 발파공법
  (3) 발파 시 안전대책

- **터파기/흙막이**
  (1) 벽식 지하연속벽
  (2) Top-down 공법
  (3) 지하매설물 방호

옹벽

- **RC옹벽**
  (1) 옹벽 종류

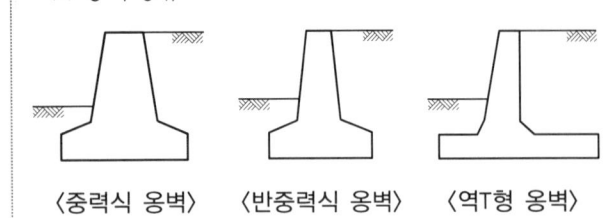

〈중력식 옹벽〉 〈반중력식 옹벽〉 〈역T형 옹벽〉

〈L형식 옹벽〉 〈앞부벽식 옹벽〉 〈뒷부벽식 옹벽〉

(2) 토압

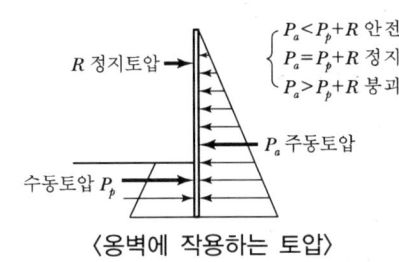

$$\begin{cases} P_a < P_p + R \text{ 안전} \\ P_a = P_p + R \text{ 정지} \\ P_a > P_p + R \text{ 붕괴} \end{cases}$$

R 정지토압
P_a 주동토압
P_p 수동토압

〈옹벽에 작용하는 토압〉

(3) 옹벽 안정성 검토
  ① 활동
  ② 전도
  ③ 침하

(4) 옹벽 모식도

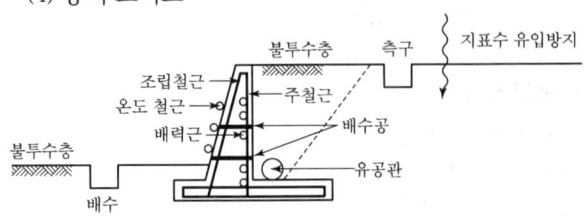

(5) 붕괴원인/대책

- **보강토 옹벽**
  (1) 공법원리
  (2) 구성요소(4요소)

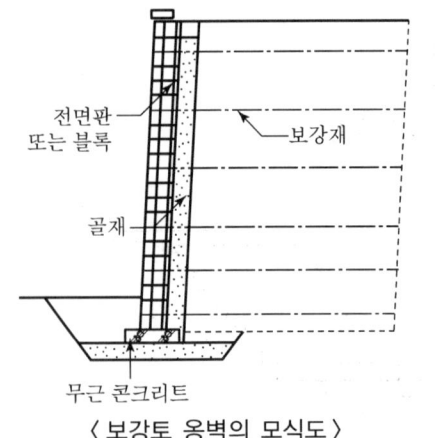

〈보강토 옹벽의 모식도〉

철근콘크리트공사

(3) 특징(장단점)
(4) 파괴형태
(5) 안전대책

일반공사

• 재료 및 보관

(1) 거푸집/동바리
(2) 철근
(3) 콘크리트

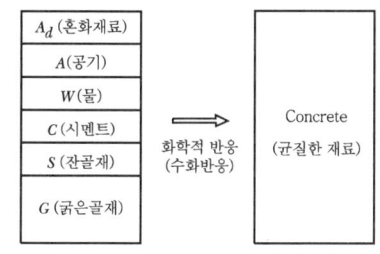

① 배합수
  ㉮ 염분 0.04% 이하
  ㉯ pH 6~8
② 시멘트
  ㉮ 포틀랜드시멘트
  ㉯ 백색시멘트
  ㉰ 특수시멘트
  ㉱ 혼합시멘트
③ 골재
  ㉮ 굵은골재
  ㉯ 잔골재(0.08~5mm 체)
④ 혼화재료(시멘트중량의 5% 기준)
  ㉮ 혼화재 : 팽창재, 착색재, 포졸란, 고로 Slag, Fly Ash
  ㉯ 혼화제 : 유동화제, AE제, 경화조절제, 방수제, 방청제

(4) 재료 보관
① 시멘트 보관 시 유의사항
  ㉮ 지면 30cm 이상
  ㉯ 13포 이내
  ㉰ 방습설비
  ㉱ 선입선출
  ㉲ 창고보관
② 철근 보관 시 유의사항
  ㉮ 지면 30cm 이상
  ㉯ 같은 규격별 구분
  ㉰ 붕괴 우려 지점 피하기
  ㉱ 과적재 금지
  ㉲ 선입선출
  ㉳ 야적보관 금지

• 시험

(1) 타설 전 시험
(2) 타설 중 현장시험
  ① Slump
  ② 공기량
  ③ 염화물

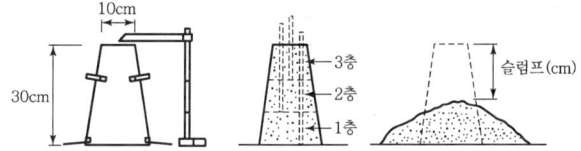

(3) 타설 후 시험
  ① 재하시험(압축강도)
  ② Core 채취 파괴시험
  ③ 비파괴 시험 : 슈미트해머, 방사선, 초음파, 진동, 인발, 철근탐사

• 배합설계

(1) 목적
  ① 강도
  ② 내구성
  ③ 수밀성
  ④ Workability

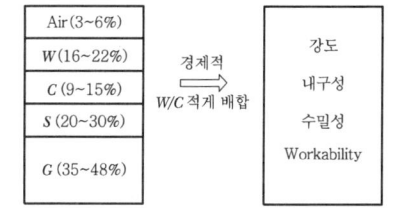

(2) 배합설계 F/C

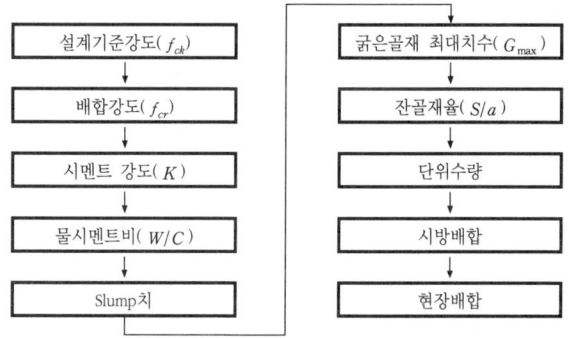

거푸집/동바리

• 거푸집/동바리 설계 시 고려사항

(1) 연직하중
  W = 고정하중 + 충격하중 + 작업하중
(2) 수평하중
  ① 작업 시 진동, 충격
  ② 풍압, 유수압, 지진
(3) Con'c 측압

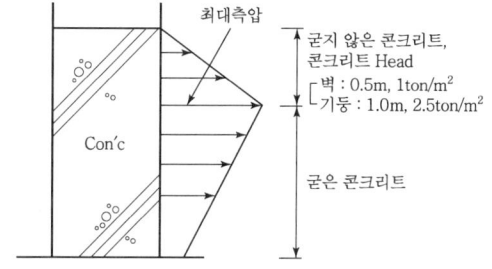

① 측압 증가 요인
  ㉮ 재료 : 부배합 콘크리트
  ㉯ 배합 : 혼화재료 사용량이 많을수록
  ㉰ 시공 : 다짐이 많을수록
  ㉱ 기타 : 타설 및 양생 시 외부온도가 낮을수록

• 거푸집 재료 선정 시 고려사항

① 강도   ② 강성
③ 내구성   ④ 작업성
⑤ 경제성   ⑥ Con'c 영향

• 거푸집 종류

(1) 일반 거푸집
  ① 목재   ② 철재
  ③ FRP   ④ 알루미늄
(2) System Form
  ① 벽체 : Gang Form, Climbing Form(Sliding, Slip)
  ② 슬래브 : Table(Flying), Waffle, Deck Plate
  ③ 바닥+벽 : Tunnel, Travelling

• 설치기준

(1) 설치높이는 단변길이의 3배 미만으로 하며 초과될 경우 벽체지지 또는 별도의 버팀대를 설치할 것
(2) Jack Base의 전체 길이는 600mm 이하로 하며, 수직재 와의 겹침부는 150mm 이상으로 할 것
(3) 수직재 설치 시 수평재 간 연결부위는 2개소 이하로 할 것
(4) U-head 폭은 멍에 2개 이상의 넓이로 하며 조립 시 멍에재와 U-head 간의 유격이 없도록 할 것
(5) 구조도에 의한 조립기준 준수
(6) 수직재와 수평재는 90°로 하며 흔들리지 않도록 견고하게 고정할 것
(7) 부재의 재료는 가설기자재 성능검정품 또는 KS 제품을 사용할 것

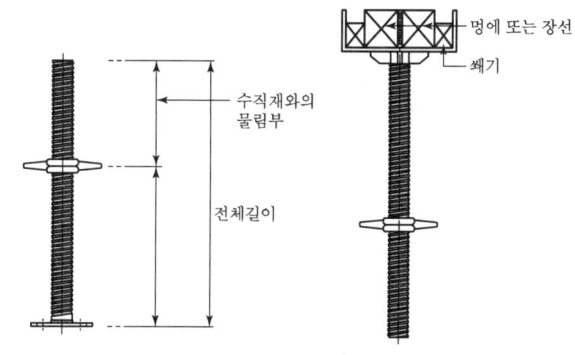

〈시스템 동바리 설치부 도해〉

• 거푸집 존치기간

(1) 기초, 보, 기둥, 벽 : 5MPa 이상
(2) Slab, 보의 밑, 아치 내면
  ① 단층 : $f_{ck} \times \dfrac{2}{3}$ 14MPa
  ② 다층 : 14MPa
(3) Slab, 보의 밑, 아치 내면
  ① 20°C 이상 : 2일
  ② 10°C 이상 20°C 미만 : 3일

• 거푸집/동바리 붕괴원인

(1) 재료 불량
(2) 설치 불량
(3) 구조검토 미흡
(4) Con'c 타설방법 불량

• 붕괴 방지대책

(1) 거푸집/동바리 구조검토 순서 F/C
   하중계산 → 응력계산 → 단면계산
(2) 안전계산(시공 시 유의사항)

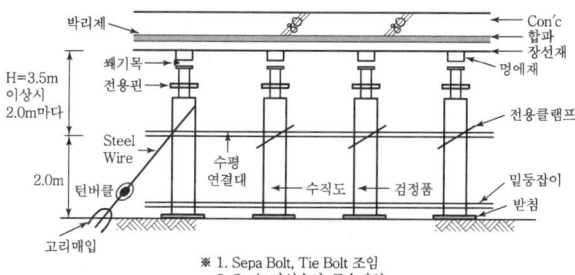

※ 1. Sepa Bolt, Tie Bolt 조임
  2. Con'c 타설순서, 급속타설

철근콘크리트공사

- **거푸집 조립/해체 시 유의사항**
  (1) 관리감독자 선임
  (2) 통로 및 비계 확보
  (3) 달줄, 달포대 사용
  (4) 악천후 시 작업중지
  (5) 작업자 외 출입금지
  (6) 단독작업 금지
  (7) 안전보호구 착용
  (8) 상·하 동시작업 금지
  (9) 무리한 힘을 가하지 말 것
  (10) 지렛대 사용금지
  (11) 해체순서 준수

철근공사

- **철근재료의 구비조건**
  (1) 부착강도가 클 것
  (2) 강도와 항복점이 클 것
  (3) 연성이 크고, 가공이 쉬울 것
  (4) 부식 저항이 클 것

- **철근의 분류**
  (1) 슬래브
  (2) 보
  (3) 기둥

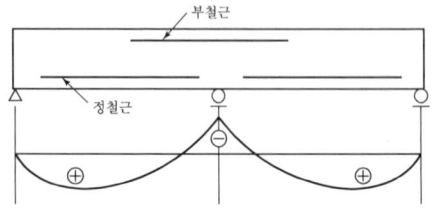

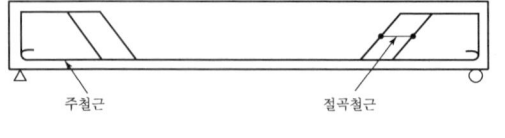

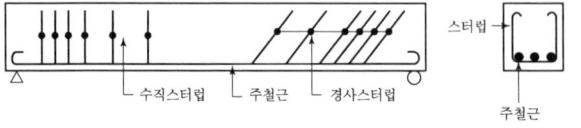

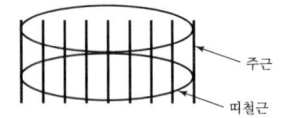

- **철근의 이음 및 정착**
  (1) 이음위치
    ① 응력이 작은 곳
    ② 보 : 압축응력 발생부
    ③ 기둥 : 슬래브 50cm 위, $\frac{3}{4}H$ 이하
  (2) 이음공법
    ① 겹침   ② 용접
    ③ Gas 압접   ④ Sleeve Joint
    ⑤ Sleeve 충진   ⑥ 나사이음
    ⑦ Cad 용접   ⑧ G-Loc Splice

- **철근조립**
  (1) 피복두께

조건	구조물	피복두께
흙, 옥외공기 미접함	Slab, Wall	20~40mm
	보, 기둥	40mm
흙, 옥외공기 접함	노출 Concrete	40~50mm
	영구히 묻히는 Concrete	75mm
수중에서 타설하는 Concrete		100mm

  (2) 철근이음
    ① 응력이 큰 곳은 피함
    ② 기둥은 하단에서 50cm 이상 이격
    ③ 기둥높이의 $\frac{3}{4}$ 이하 지점에서 이음
    ④ 보의 경우 Span 전장의 $\frac{1}{4}$ 지점 압축 측에 이음
    ⑤ 엇갈리게 이음하고, $\frac{1}{2}$ 이상을 한 곳에 집중시키지 않는다.

콘크리트공사

- **콘크리트 요구조건**
  (1) 강도발현
  (2) 작업성
  (3) 균질성
  (4) 내구성
  (5) 수밀성
  (6) 경제성

- **콘크리트공사 시공순서 F/C**
  (1) F/C
  계량 → 비빔 → 운반 → 타설 → 다짐 → 이음 → 양생

  (2) 운반시간(비비기~치기)
    ① 외기 25℃ 이상 시 1.5시간 이내
    ② 외기 25℃ 이상 시 2.0시간 이내
  (3) 타설 시 준수사항
    ① 낙하높이 1.5m 이하 유지
    ② Cold Joint 유의
    ③ 타설속도 준수
    ④ 타설순서 준수
  (4) 다짐 시 준수사항

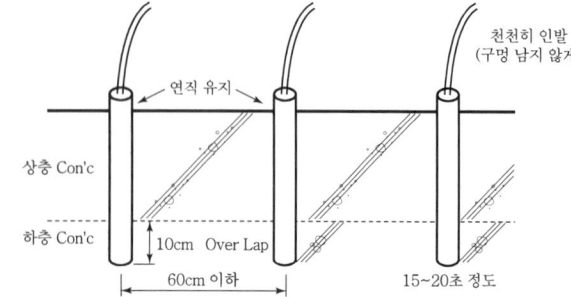

  (5) 이음종류
    ① 신축이음(Expantion Joint, Isolation Joint, 분리줄눈)
    ② 수축이음(수축줄눈, 균열유발줄눈, 조절줄눈, Contration Joint, Control Joint)
    ③ 시공이음(Construction Joint)
    ④ Cold Joint
    ⑤ Delay Joint(지연줄눈)
  (6) 양생의 종류
    ① 습윤   ② 증기
    ③ 전기   ④ 피막
    ⑤ Precooling   ⑥ Pipe Cooling
    ⑦ 단면보온   ⑧ 가열보온

- **콘크리트의 성질**
  (1) 굳지 않은 콘크리트 성질
  (2) 굳은 콘크리트 성질
  (3) Creep 변형 : 콘크리트의 변형, 처짐, 내구성 저하

- **콘크리트 타설 시 준수사항**
  (1) 가수 금지
  (2) 지장물 확인
  (3) 보안경 착용
  (4) 펌프카 전후 안내표지 설치
  (5) 펌프카 전도방지
  (6) 차량유도자 배치
  (7) 레미콘차량 바퀴 고임목
  (8) 타설순서 준수
  (9) 집중타설 금지
  (10) Con'c 비산 주의

균열/완화

- **균열**
  (1) 균열 피해
  (2) 균열의 종류
    ① 굳지 않은 콘크리트
      소성수축, 콘크리트침하, 콘크리트수화열, 거푸집 변형, 진동충격
    ② 굳은 콘크리트
      건조수축, 온도수축, 동결융해, 중성화, 알칼리골재반응, 염해
  (3) 중성화, 염해 균열 발생 메커니즘
    중성화, 염해 → 수분침투 → 철근부식 → 부피팽창 → 균열 → 내구성 저하
  (4) 균열의 분류(크기)
  (5) 균열평가방법(균열 측정)

- **열화**
  (1) 콘크리트 비파괴시험 목적
  (2) 콘크리트 비파괴시험 종류
    ① 강도법(반발경도법, Schmidt Hammer Test)
    ② 초음파법(음속법, Ultrasonic Tecniques)
    ③ 복합법(강도법+초음파법)
    ④ 자기법(철근 탐사법, Magnetic Method)
    ⑤ 음파법(공진법, Sonic Method)
    ⑥ 레이더법(Radar Method)
    ⑦ 방사선법(Radiographic Method)
    ⑧ 전기법(Electrical Method)
    ⑨ 내시경법(Endoscopes Method)
  (3) 구조물 손상 종류 및 보수·보강공법

구분	손상유형	보수·보강
콘크리트	박리, 균열, 백태	충진, 주입
	박락, 층분리	강재 Anchor, 충진, 치환
강재	부식	방청제 도포, 내화피복
	손상	강판보강

  (4) 보수·보강공법
    ① 보수공법
      표면처리, 충전, 주입, BIGS(Ballon Injection Grouting System), Polymer 시멘트 침투, 치환
    ② 보강공법
      강판부착, 강재 Anchor, 강재 Jacking, 외부강선보강, Pre-stress, 단면 증가, 탄소섬유 시트, 교체공법(전면, 부분)

철근콘크리트공사

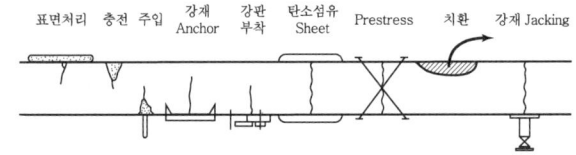

표면처리 / 충전 주입 / 강재 Anchor / 강판 부착 / 탄소섬유 Sheet / Prestress / 치환 / 강재 Jacking

- **내구성 저하의 원인 및 대책**

(1) 열화원인 및 대책

구분		원인	대책
기본적 원인	(1) 설계상	• 철근단면 부족 • 철근량 부족 및 피복두께 부족 • 신축이음 누락	• 설계하중 충분히 산정 • 신축이음 설계
	(2) 재료상	• 재료불량 • 혼화재료 과다사용	• 풍화된 시멘트 사용금지 • 적절한 혼화재료
	(3) 시공상	• 재료분리 • 가수, 다짐불량 • 양생불량	• 타설속도 조절, 밀어 넣기 금지 • 가수 금지, 다짐 철저 • 양생 철저
기상 작용		• 동결융해 • 양생 시 온도변화 • 건조수축	• 보온양생 • 양생온도 관리 • 입도 양호한 골재 사용
물리 화학적		• 중성화 • 알칼리 골재반응 • 염해	• W/C 적게 • 밀실하게 타설 • 해사 사용 금지
기계적		• 진동, 충격 • 마모, 파손	• 양생 시 항타 금지 • 장비 충격 금지

(2) 철근부식의 원인 및 방지대책
① 부식 촉진제(부식의 3요소) : 물, 산소, 전해질
② 철근부식의 발생원인 : 동결융해, 탄산화, 알칼리 골재반응, 염해, 반복 진동 하중, 전류
③ 철근부식 방지대책 : 아연도금, Epoxy 코팅, Tar 코팅, 피복두께 증대, 균열보수 철저, 콘크리트에 방청제 도포, 콘크리트 표면 피막제 도포, 단위수량 저감

(3) 동결융해의 원인 및 대책
(4) 중성화의 원인 및 대책
(5) 알칼리 골재반응의 원인 및 대책
(6) 염해의 원인 및 대책

- **콘크리트 폭열**

(1) 폭열원인
(2) 폭열이 콘크리트에 미치는 문제점
(3) 폭열 방지대책(내화, 유지관리 방안)
① 내열성이 큰 Poly Propylene 섬유 혼합
② 내화성이 큰 골재 사용(안산암, 화산암)
③ 내화피복(뿜칠, 회반죽)
④ 내화도료
⑤ 메탈리스 사용
⑥ 방화구획
⑦ 방화설비
⑧ 석고보드 부착

(4) 파손 깊이

〈Con'c〉

화재 지속시간	Con'c 온도	Con'c 파손길이
80분 후	800℃	0~5mm
90분 후	900℃	15~25mm
180분 후	1100℃	30~50mm

〈강재〉

냉간 가공강재	500℃ 이상 시 강도상실
일반강재	800℃ 이상 시 강도상실

(5) 안전진단
1종 시설물에 한해 안전진단 실시

〈현장조사 및 시험〉

콘크리트 구조물	균열, 누수, 박리, 박락, 층분리, 백태, 철근노출
강재 구조물	균열, 도장상태, 부식 및 접합상태

(6) 폭열피해 보수보강 대책

등급	피해 정도(변색)	보수·보강
Ⅰ	마감재 부분 탈락	마감재 부분 보수
Ⅱ	Con'c 박리, 철근 일부노출(검은색)	박리제거 + Mortar 충전
Ⅲ	Con'c 박락, 철근 노출 심함(핑크색)	• 마감재 전면 보수 • 폭열 제거 + 보강 철근 + Shotcrete 타설
Ⅳ	구조물 변형, 철근 붕괴(엷은 황색)	• 전면 교체 • 신설철근 보강 + 신설 Con'c 타설

특수 Con'c

- **특수 콘크리트(1)**

구분		한중 콘크리트	서중 콘크리트	Mass Con'c
개요		• 하루평균기온(4℃) 이하 타설 시 • 동결 위험 시 타설 • 초기온도 유지가 중요	• 하루 평균기온이 25℃ 또는 최고기온이 30℃를 넘는 시기에 타설 시 • 초기 2~6시간 내 증발의 최소화가 중요	• 부재 단면 80cm 이상 • 하부 구속이 있는 벽체 등에서는 50cm 이상 • 댐·교각 등에 사용
장단점		• 응결지연 • 동결융해 • 내구성 저하 • 수밀성 감소	• 응결촉진 → Cold Joint • 건조수축 → Contraction Joint • 운반 중 Slump 저하 • 소요수량 증가 • 균열발생, 강도저하	• 온도균열 온도구배 • 과도한 수화열 • 내구성·수밀성·강도에 영향
재료	시멘트	• 조강, 알루미나 • 가열 사용 금지 • 분말도 높은 것	• 중용열, 고로, Fly Ash • 저열저장 • 분말도 낮은 것	• 중용열, 고로, Fly Ash
	혼화제	• AE제, AE감수제 • 응결경화촉진제 → 사용 시 주의(염화물) • 방동제	• AE제, AE감수제 • 응결 지연제 • 유동화제	• AE제, AE감수제 • 유동화제
시공		• 재료가열 • (-)3℃~0℃ : 물·골재 가열 필요 • (-)3℃ 이하 : 물·골재 가열 • 타설 시 주의사항 • 타설 시 온도 유지(5~20℃) • 가열한 재료의 Mix 투입순서 • 압송관 예열, 보온 • 단열양생 • 가열양생 • 빙설 제거 후 타설	• 이어치기 시 Cold Joint 주의 • 구 Con'c면 미리 살수 냉각 • 가능한 야간작업 실시 • 비빔 후 1~1.5시간 내 타설 • 타설은 연속적으로 실시하여 급속 완료 • Mixer Truck은 살수하여 온도상승 방지 • Pre-cooling • Pipe Cooling	• 이어치기 시 Cold Joint 주의 • 타설은 연속타설 • 1회 타설높이 낮게 • 부어넣기 온도≤35℃ • 습윤상태 유지 • 내·외부 온도차 적게 • Pre-cooling • Pipe Cooling
거푸집 공사		• 단열거푸집 • 지반동결융해로 인한 Support 설치 시 주의	• 거푸집 살수, 습윤	• 보온성 거푸집 • 측압 주의

철근콘크리트공사

• 특수 콘크리트(2)

구분		수중 콘크리트	수밀 콘크리트	고강도 콘크리트
개요		• 구조물의 기초 등을 시공하기 위해 수면 아래에 타설하는 Con'c	• 방수 성능 확보 • 방수성 · 풍화 : 전류에 강함 • 내화학 성능	• 압축강도 40MPa 이상의 Con'c
장단점		• 철근과의 부착강도 • 재료분리 • 품질의 균등성 • 시공 후 품질확인	• 산 · 알칼리 · 해수 동결융해에 강함 • 풍화를 방지 및 전류 영향 우려가 적음	• 부재 경량화 가능 • 소요단면 감소 • 취성파괴 우려 • 시공 시 품질변화 우려
재료	시멘트	• 보통, 중용열	• 보통	• 보통
재료	혼화제	• AE제, AE감수제 • 유동화제	• AE제, AE감수제	• 고로, Fly Ash • Silica Fume, Fly Ash, Pozzolan
시공		• Tremie 공법 　- Intrusion Aid • Con'c Pump 공법 　- 압송압력 1.0kg/cm² 이상 유지 　- 타설방법은 Tremie와 같음 • 밑열림 상자공법 　- 소규모 공사 시 타설 • 밑열림 포대 Con'c 공법 • 간이수중 Con'c 공법	• 시공이음 없음 • 시공이음부 청소 • 지수판 설치 • 연직 시공이음 • 거푸집의 조립, 누수 없음	• 일반적인 시공방법
거푸집 공사		• 측압에 견디는 거푸집 구조 • 골재 채움선 청소 철저	• 수밀 거푸집	• 수밀 거푸집

• 특수 콘크리트(3)

구분		고성능 콘크리트	유동화 콘크리트	고유동 콘크리트
개요		• 고강도, 고내구성, 고수밀성 Con'c • 다짐 없이 자체 충진 가능	• R.M.C에 유동화제를 첨가하여 일시적으로 Slump를 증대	• 유동성, 충전성, 재료분리 저항성을 겸비한 Con'c • Cement와 골재의 결합력 향상 • 자중에 의한 다짐
장단점		• 시공능률 향상 • 재료분리 감소 • 다짐 및 작업량 감소 • 변형 감소 • 폭렬현상 우려	• 시공연도 개선 • 건조수축 균열 감소 • Bleeding 적음 • 수밀성 증대 • 투입공정이 길다.	• 중성화 저항성 우수 • 염해 저항성 우수 • 탄성계수 부족
재료	시멘트	• M.D.F Cement	• 보통, 분말도 높은 것	• 보통
재료	혼화제	• 고성능 감수제 • Silica Fume	• 고성능 감수제 • Silica Fume	• 고성능 AE감수제 • Fly Ash • 고로 Slag 미분말, 분리저감제
시공		• 일반적인 시공방법 • Auto Clave 양생	• 일반적인 시공방법	• 배합시간 60±10초 • 배합에서 타설까지 120분 이내 • 이어치기 • 20℃ 이하 90분 이내 • 20~30℃ 이하 60분 이내
거푸집 공사		• 수밀 거푸집	• 수밀 거푸집	• 수밀거푸집

철골공사

• 철골공사 절차
(1) 사전준비
(2) 공장 가공 제작
(3) 철골 운반
(4) 철골 앵커볼트 매입 및 기초상부 마무리
(5) 철골 반입
(6) 철골 세우기
(7) 철골 접합
(8) 검사
(9) 녹막이 칠
(10) 내화피복 또는 철근콘크리트 작업

• 사전 준비 단계
(1) 설계도 및 공작도 확인사항
　① 부재의 형상 및 치수
　② 접합부의 위치
　③ 브래킷의 내민 치수
　④ 건물높이
　⑤ 철골의 건립 형식
　⑥ 가설 설비
　⑦ 이음부 시공 난이도
　⑧ 철골계단의 안전작업 이용
　⑨ 철골 공작도에 포함해야 할 사항
(2) 철골 공작도에 포함해야 할 사항
　① 비계받이 및 브래킷
　② 기둥 승하강용 Trap
　③ 구명줄 설치 고리
　④ Wire 걸이용 고리
　⑤ 난간 설치용 부재
　⑥ 안전대 설치용 고리
　⑦ 방망 설치용 부재
　⑧ 비계 연결용
　⑨ 방호선반 설치용 부재
　⑩ 양중기 설치용 부재

• 공장 가공제작
(1) 원척도 작성
(2) 본뜨기 : 얇은 강판으로 본뜨기
(3) 변형 바로잡기
(4) 금메김 : 볼트구멍, 절단위치
(5) 절단 및 가공
(6) 구멍뚫기
(7) 가조립 : 볼트 또는 핀
(8) 본조립
(9) 검사

(10) 녹막이칠
(11) 운반

• 철골 운반
(1) 운반로의 도로폭
(2) 중량제한
(3) 높이제한
(4) 교통통제

• 철골 앵커볼트 매입 및 기초상부 마무리
(1) 앵커볼트 매입공법

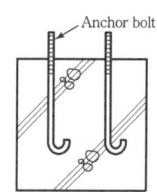 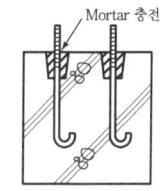 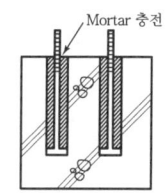
〈고정매입공법〉 〈가동매입공법〉 〈나중매입공법〉

(2) 앵커볼트 매입 시 주의사항
　① 매립 후 수정하지 않도록 설치
　② 견고하게 고정 후 이동되지 않도록 콘크리트 타설
　③ 매립 정밀도 범위
　　• 기둥중심은 기준선에서 5mm 이내 오차
　　• 인접기둥 간 중심거리 오차는 3mm 이하
　　• 볼트는 기둥중심에서 2mm 이내 오차
　　• Base Plate 하단 높이 오차는 3mm 이내
(3) 기초상부 마무리

• 철골 반입 시 준수사항
(1) 철골 적재장소 선정
(2) 안정성 있는 받침대 사용
(3) 건립순서 고려
(4) 부재 하차 시 도괴 대비
(5) 인양 시 부재 도괴 대비
(6) 인양 시 수평이동 시 준수사항
(7) 적치 시 주의사항

• 철골 세우기
(1) 순서 : 기둥 → 보 → 가새
(2) 변형 바로잡기
(3) 가조립

• 철골 접합
(1) 접합방법의 종류
　① 리벳(Rivet)접합
　② 볼트(Bolt)접합
　③ 고력볼트(High Tension Bolt)접합
　④ 용접접합
　㉮ 이음형식에 의한 분류
　　• 맞댐용접
　　• 모살용접
　㉯ 용접방법에 의한 분류
　　• 피복 아크용접(손용접)
　　• 서브머지드(Submerged) 아크용접(자동용접)
　　• 가스실드 아크용접(반자동용접)
　　• 일렉트로 슬래그용접(전기용접)
　　• 스터드용접

• 검사 종류
(1) 육안검사
(2) 토크렌치검사
(3) 비파괴검사

• 녹막이 칠에서 제외되는 부분
(1) 콘크리트에 매입되는 부분
(2) 부재 접합에 의한 밀착면
(3) 용접부의 양측 10mm 이내
(4) 고력볼트 마찰면

• 내화피복공법의 종류
(1) 습식 내화피복공법
(2) 건식 내화피복공법(성형판 붙임 공법)
(3) 합성 내화피복공법
(4) 복합 내화피복공법

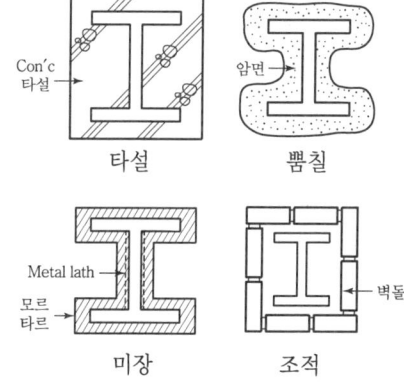
〈습식 내화피복공법〉

철골공사 시 안전대책

• 가설설비
(1) 비계발판
(2) 재료 적치장소 및 통로 확보
(3) 동력설비 확인

• 전기용접 작업 시 재해유형 및 안전대책
(1) 재해원인
　① 접지 미실시
　② 비규격 전선 사용
　③ 개인보호구 미착용
　④ 자동전격방지장치 불량
　⑤ 자세 불량
　⑥ 환기 불량
(2) 안전대책

〈개선부〉

• 용접결함 원인 및 방지대책
(1) 용접결함 종류
(2) 용접검사방법 분류
(3) 용접결함 원인
(4) 용접결함 방지대책

• 철골 조립 시 안전대책
(1) 가조립 볼트 조임 완료 시까지 Wire Rope 유지
(2) 기둥세우기는 보와 연결하여 한 칸씩
(3) 분할핀은 사전에 철골에 연결
(4) 분할핀, 볼트, 공구류는 철골보 위에 방치하지 말것
(5) 공구류는 달기로프, 달기포대로 운반
(6) 핀 타입 시 하부에 근로자 출입금지
(7) 철골 각 층으로 통하는 통로 및 승강설비 완비
(8) 철골 각 층마다 수평망 설치
(9) 가공전선에 저촉되지 않도록 설치
(10) 건립 중에는 Wire Rope, Turn Buckle 등으로 고정

• 철골공사 중 작업 중지 악천후 조건
(1) 강풍 : 풍속 10m/sec 이상
(2) 강우 : 1mm 이상/시간
(3) 강설 : 1cm 이상/시간

해체공사

해체공사 분류

(1) 기계에 의한 해체공법
  ① 철해머 공법(Steel Ball 공법, 타격공법)
  ② 소형 브레이커공법(Hand Breaker)
  ③ 대형 브레이커공법(Giant Breaker)
  ④ 절단공법(절단톱, 절단줄)
(2) 전도공법
(3) 유압력에 의한 해체공법
  ① 유압잭공법
  ② 압쇄공법
(4) 팽창압공법
(5) 화약의 폭발력의 의한 해체공법
  ① 발파공법
  ② 폭파공법
(6) Water Jet 공법
(7) 레이저공법

해체공사

• 해체공사 시 사전 조사사항

(1) 구조물조사

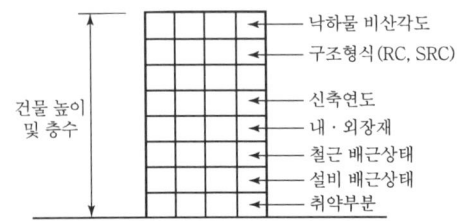

(2) 인접지역 상황조사

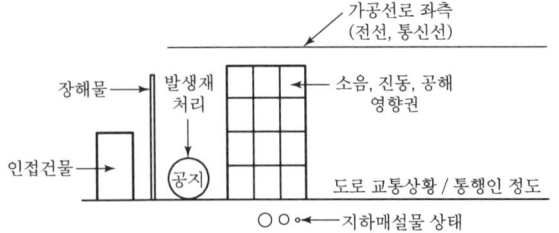

• 해체작업 순서 F/C

(1) 주변상황 파악 : 건물, 도로, 지장물 등
(2) 해체공법 결정
(3) 관청신고
(4) 가설막 설치
(5) 사전 철거작업 실시

(6) 본 해체공사 실시
(7) 해체물 파쇄 및 운반

• 발파식 해체공법(폭파공법)

〈발파식 해체공법의 장단점〉

장점	단점
• 해체 불가능 구조물 해체 가능 • 공기단축 • 소음, 진동, 분진 발생이 순간적임 • 주변시설물에 피해 적음	• 공사비 과다 • 인허가 복잡 • 1회에 실패 시 후속처리 곤란

해체공사 시 안전대책

• 해체공사 시 재해유형과 안전대책

(1) 재해유형
  ① 추락 : 비계 설치 해체, 개구부
  ② 낙하, 비래 : 해체물 낙하, 비래
  ③ 감전 : 해체 기계·기구의 전선
  ④ 충돌, 협착 : 해체장비
  ⑤ 붕괴, 도괴
  ⑥ 지하매설물 파손
(2) 안전대책

• 해체작업에 따른 공해방지대책

(1) 소음진동 최소화공법 선정
(2) 방진, 방음막 설치
(3) 분진 차단막 설치
(4) 가설울타리 설치
(5) 낙하물 방호선반 설치
(6) 환기설비 설치
(7) 살수설비 설치
(8) 지반침하 가능성 고려
(9) 연락설비

신고대상 건축물

• 신고대상 건축물

(1) 「건축법 시행령」 제2조제18호 나목 또는 다목에 따른 특수구조 건축물
(2) 건축물에 10톤 이상의 장비를 올려 해체하는 건축물
(3) 폭파하여 해체하는 건축물

• 해체신고 절차

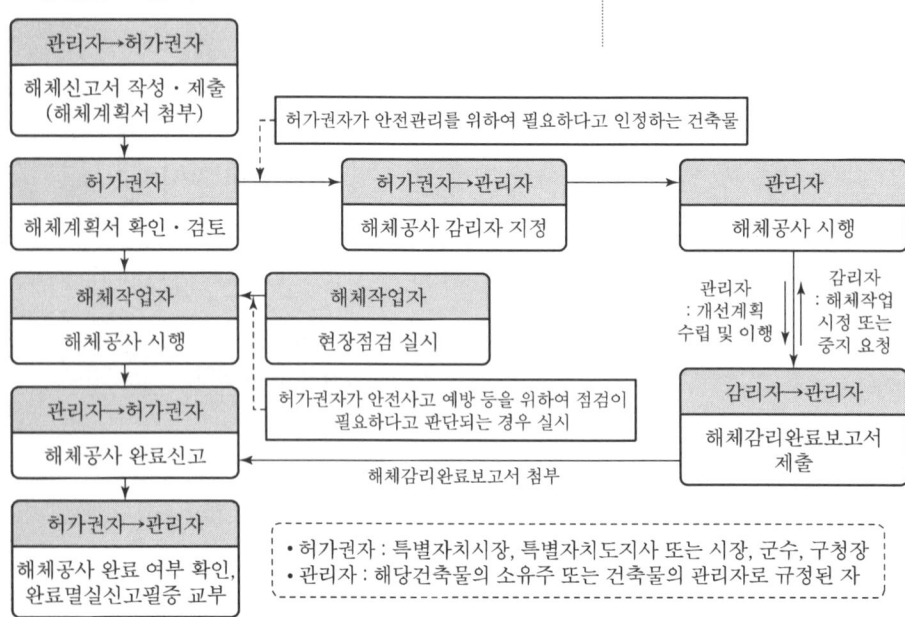

• 허가권자 : 특별자치시장, 특별자치도지사 또는 시장, 군수, 구청장
• 관리자 : 해당건축물의 소유주 또는 건축물의 관리자로 규정된 자

교량/터널/댐공사

〈교량공사〉

교량분류 및 구조도

- 교량의 분류
  (1) 시특법상
    ① 1종 교량
    ② 2종 교량
    ③ 3종 교량
  (2) RC교
  (3) PC교
    ① I형 PC교
    ② Box Girder교
    ③ π형 라멘교
    ④ 사장교
    ⑤ Arch교
    ⑥ 엑스트라 도즈드교(Extra Dozed)
  (4) 강교
    ① I형 Plate Girder교
    ② Box Girder교
    ③ Truss교
    ④ 사장교
    ⑤ Arch교
    ⑥ 현수교

- 교량구조도

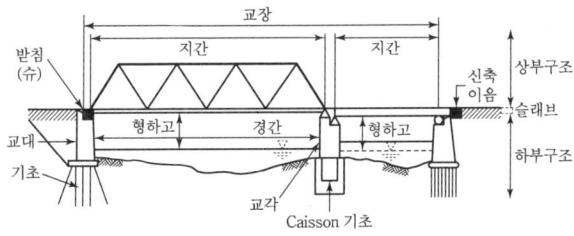

- 교량의 하중전달 매커니즘
  (1) 하중
  (2) 상부구조
  (3) 교량장치
  (4) 하부구조
  (5) 기초지반

교량 가설공사

- 가설공법 종류
  (1) 현장타설공법
    ① F.S.M 공법(동바리공법, Full Staging Method)
    ② I.L.M 공법(압출공법, Incremental Launching Method)
    ③ M.S.S 공법(이동식 지보공법, Movable Scaffolding System)
    ④ F.C.M 공법(외팔보공법, Free Cantilever Method)
  (2) Precast 공법
    ① P.G.M 공법(Precast Girder Method)
    ② P.S.M 공법(Precast Segment Method)

- 가설공사
  (1) FSM 공법   (2) ILM 공법
  (3) MSS 공법   (4) FCM 공법
  (5) PGM 공법   (6) PSM 공법

교량공사 시 재해유형 및 안전대책

- 시공순서
  (1) 가설공사
  (2) 재료
  (3) 배합
  (4) 시공
  (5) 강재긴장

- 콘크리트 타설 순서
  (1) 수직방향 타설
    바닥 슬래브 → Web → Deck Slab 순서로
  (2) 수평방향 타설

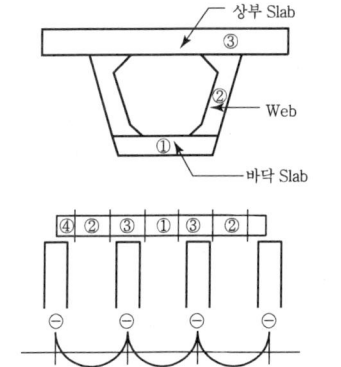

교량의 안정성 평가 및 보수보강

- 안정성 평가순서 및 방법
  (1) 외관조사
  (2) 정적 및 동적 재하시험
  (3) 결과분석
  (4) 내하력 평가
  (5) 종합평가
  (6) 대책수립(조치)

- 보수공법
  (1) 포장
    ① Patching 공법
    ② Sealing 공법
    ③ 절삭(Milling) 공법
    ④ 표면처리공법
    ⑤ 재포장공법
  (2) 콘크리트 슬래브
    ① 주입공법
    ② 충전공법
  (3) 강교
    ① 용접
    ② 고장력 볼트

- 보강공법
  (1) 콘크리트 슬래브
    ① 종형 증설공법
    ② 강판 접착공법
    ③ FRP 접착공법
    ④ Mortar 뿜칠공법
    ⑤ 강재 상판교체공법
  (2) 강교
    ① 보강판 부착공법
    ② 부재 교환공법

- 교량 유지관리 수행방식
  (1) 예방 유지관리 방식(일상점검)
  (2) 사후 유지관리 방식(정밀안전진단)

- 교량 유지관리 단계
  (1) 모니터링 단계
  (2) 일상점검 단계
  (3) 정밀안전점검 단계
  (4) 조치 단계

강교 가설공사

- 강교 가설공법 분류
  (1) 지지방법에 의한 분류
    ① 동바리공법(FSM)
    ② 압출공법(ILM)
    ③ 가설 Truss 공법(MSS)
    ④ 캔틸레버 공법(FCM)
  (2) 부재 거치방법에 의한 분류
    ① Crane 공법
    ② Cable 공법
    ③ Lift up Barge 공법
    ④ Pontoon Crange 공법

- 가설공법 도해(일반)

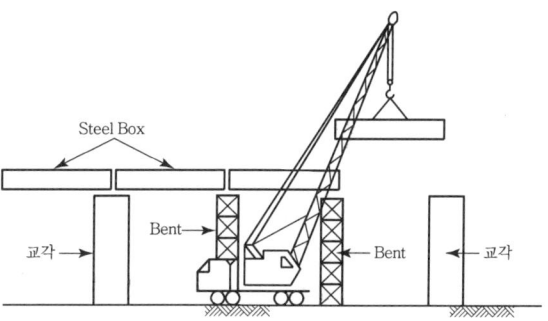

- 연결방법의 종류
  (1) Bolt 연결
  (2) Revet 연결
  (3) 고장력 Bolt 연결
  (4) 용접
    ① 맞댐용접
    ② 모살용접

- 용접결함 원인 및 방지대책
  (1) 용접결함 종류
    ① Crack
    ② Blow Hole
    ③ Slag 감싸돌기
    ④ Crater
    ⑤ Under Cut
    ⑥ Pit
    ⑦ 용입 불량
    ⑧ Fish Eye
    ⑨ Over Lap
    ⑩ Over Hung
    ⑪ Throat

교량/터널/댐공사

(2) 용접검사방법 분류
  ① 외관검사
  ② 절단검사
  ③ 비파괴검사
    ㉮ 방사선 투과법
    ㉯ 초음파 탐사법
    ㉰ 자기분말 탐상법
    ㉱ 침투 탐상법
(3) 용접결함 원인
(4) 용접결함 방지대책

교량받침(교좌장치, Shoe)

• 교량받침의 종류

(1) 고정받침

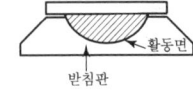
⟨Pot 받침⟩

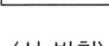
⟨선 받침⟩

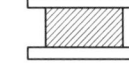
⟨고무판 받침⟩

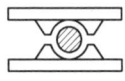
⟨Pin 받침⟩

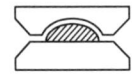
⟨Pivot 받침⟩

(2) 가동 받침

⟨Pot 받침⟩

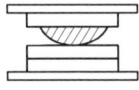
⟨선 받침⟩

⟨고무판 받침⟩

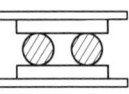
⟨Rollor 받침⟩

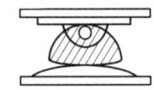
⟨Pivot 받침⟩

• 교량받침의 배치

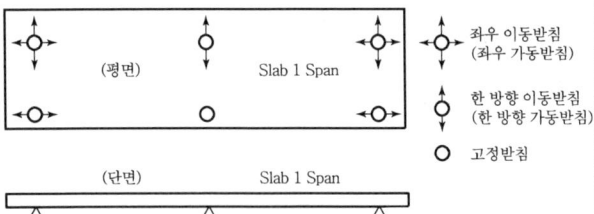

• 교량받침의 파손원인
(1) 고정받침
(2) 가동받침

• 교량받침의 파손 방지대책
(1) 교좌장치의 적정한 배치
(2) 받침 고정을 정확히
(3) 방식, 방청 도장 시 너무 두껍지 않도록
(4) 받침에 물이 고이지 않도록
(5) 이동제한장치 설치
(6) 앵커볼트 매입 시 무수축 콘크리트 타설 준수
(7) 받침콘크리트 압축강도 24MPa 이상 유지

⟨터널공사⟩

터널공법 분류

• 터널공법의 분류
(1) MESSER
(2) NATM
(3) TBM
(4) Shield
(5) 개착식 공법
(6) 침매공법

• 시특법상
(1) 1종
(2) 2종
(3) 3종

NATM 공법

• NATM의 시공순서
(1) 지반조사
(2) 갱구부 설치
(3) 발파
(4) 굴착
(5) 지보공 작업
  ① 1차 Shotcrete 타설
  ② Steel Rib 설치
  ③ 2차 Shotcrete 타설
(6) 방수
(7) Lining Concrete 타설
(8) Invert Concrete 타설
(9) 계측관리

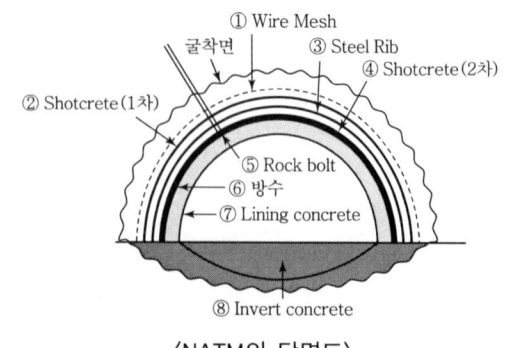
⟨NATM의 단면도⟩

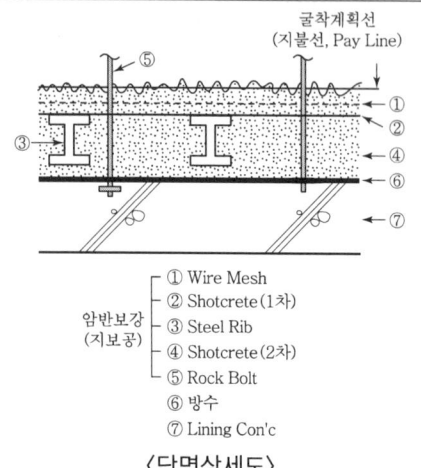
⟨단면상세도⟩

• 갱구부 설치
(1) 갱구부 단면도, 정면도

(2) 갱구부 변형 발생 원인
(3) 안전대책

• 발파
(1) 굴착공법 분류
  ① 전단면 굴착(지반상태 양호 시)
  ② 분할 굴착(지반상태 보통 시)
    • Short Bench Cut
    • Long Bench Cut
    • 다단 Bench Cut
  ③ 선진 도갱굴착(지반상태 불량 시)
    • 측벽도갱
    • Ring Cut
    • Silot
    • 중벽분할

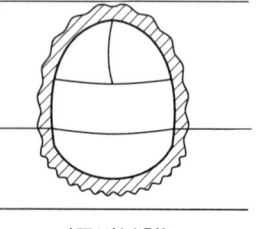
⟨중벽분할⟩

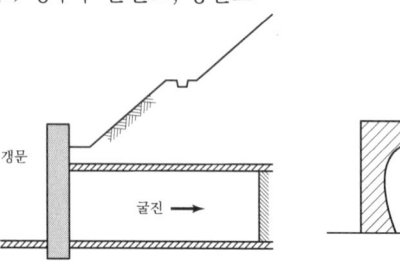

교량/터널/댐공사

(2) 제어발파
① Line Drilling ② Pre-splitting
③ Cushion Blasting ④ Smooth Blasting

- 굴착
  (1) 굴착방법
    ① 인력굴착 ② 기계굴착
    ③ 발파굴착
  (2) 굴착기계
    ① 전단면 : TBM, Shield, 점보드릴
    ② 부분단면 : Shovel계 굴착기계

- 지보공
  (1) Wire Mesh   (2) Steel Rib
  (3) Shotcrete   (4) Rock Bolt

- 용수 대책
  (1) 용수 대책 공법
    ① 배수공법
      • 수발갱
      • 수발공
      • Deep Well 공법
      • Well Point 공법
    ② 지수공법
      • 주입공법
      • 압기공법
      • 동결공법

- 터널계측

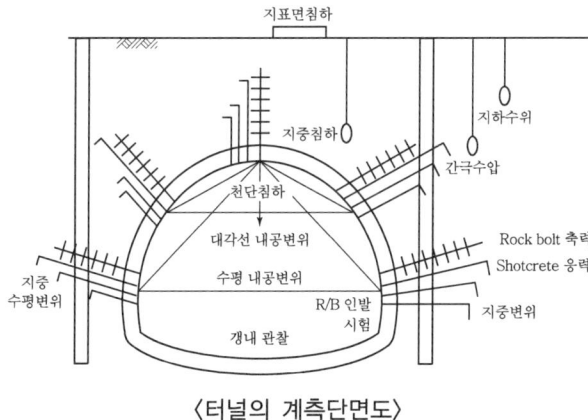
〈터널의 계측단면도〉

- 환경대책
  (1) 조도 기준   (2) 환기 대책
  (3) 분진 대책   (4) 소음 대책
  (5) 진동 대책   (6) 방재 대책

〈댐공사〉

댐의 분류

- 콘크리트 댐
  (1) 중력식 댐(Gravity Dam)
  (2) 중공식 댐(Hollow Dam)
  (3) 아치 댐(Arch Dam)
  (4) 부벽식 댐(Buttress Dam)
  (5) 롤러다짐 콘크리트 댐(Roller Compacted Dam)

- FILL 댐
  (1) Rock Fill 댐
    ① 표면 차수벽형
    ② 내부 차수벽형
    ③ 중앙 차수벽형
  (2) Earth 댐
    ① 균일형
    ② 심벽형(Core형)
    ③ Zone형

댐의 시공

- 유수전환방식

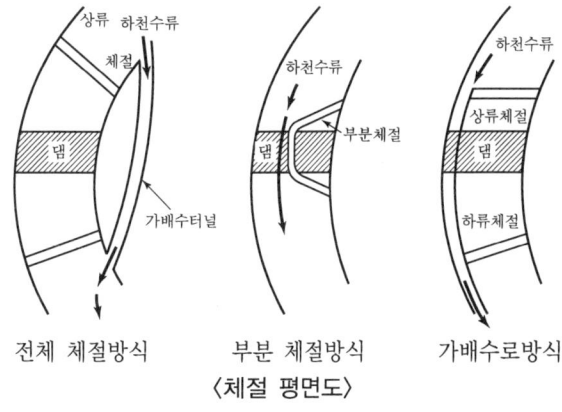

전체 체절방식   부분 체절방식   가배수로방식
〈체절 평면도〉

- 기초처리
  (1) 댐 Grouting 구분

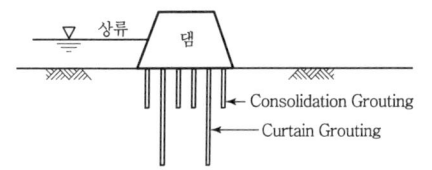

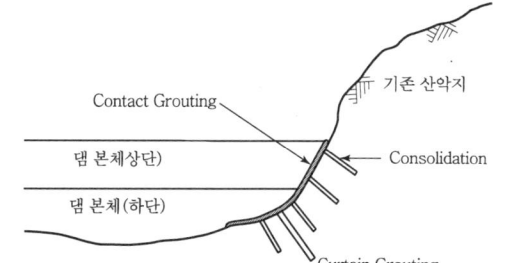

누수 원인 및 대책

- 누수원인
  (1) 댐 기초처리 불량
  (2) 파쇄대 처리 불량
  (3) 재료 시공 부적정
  (4) 댐체 다짐 불량
  (5) 댐 단면 부족
  (6) 투수성이 큰 지반
  (7) Core Zone의 시공 불량
  (8) 댐체의 구멍 및 균열
  (9) 투수층 시공 불량

- 누수 방지대책

댐의 붕괴원인 및 대책

- 붕괴원인
  (1) 누수
  (2) 여수로 관리부실로 인한 월류
  (3) 기초처리부 결함
  (4) Piping현상 발생
  (5) 댐체의 시공불량
  (6) Core Zone 시공불량
  (7) Fillter층 시공불량

- 안전대책
  (1) 댐의 저수용량의 정확한 산정
  (2) 기초처리기준 준수
  (3) Piping 발생 방지
    ① Curtain Grouting
    ② Sheet Pile
    ③ Blanket 설치
    ④ 제방폭 확대
  (4) 댐체 시공기준 준수
  (5) Core Zone 시공기준 준수
  (6) 지형, 지반을 고려한 공법 선정기준
    ① Concrete 댐 : 견고한 기초지반, 협곡
    ② Fill 댐 : 기초지반 불량, 넓은 부지, 계곡, 재료 구득의 용이함

항만/하천공사

〈항만공사〉

항만구조물 분류

- 방파제
  (1) 경사제
     ① 사석식   ② Block식
  (2) 직립제
     ① Caisson식   ② Block식
     ③ Cellular Block식   ④ Concrete 단괴식
  (3) 혼성식
     ① Caisson식   ② Block식
     ③ Cellular Block식   ④ Concrete 단괴식

- 계류시설
  (1) 중력식
     ① Caisson식
     ② Block식
     ③ L형 Block식
     ④ Cell Block식
  (2) 널말뚝식
     ① 보통 널말뚝식
     ② 자립 널말뚝식
     ③ 경사 널말뚝식
     ④ 이중 널말뚝식
  (3) Cell식
  (4) 잔교식
  (5) 부잔교식
  (6) Dolphin식
  (7) 계선부표

방파제

- 공법 선정 시 고려사항
  (1) 방파제 배치조건
  (2) 주변 지형조건
  (3) 시공조건
  (4) 경제성
  (5) 공사기간
  (6) 공사재료의 조달성
  (7) 이용도
  (8) 유지관리성
  (9) 친환경성

- 공법별 특징
  (1) 경사제 방파제의 특징

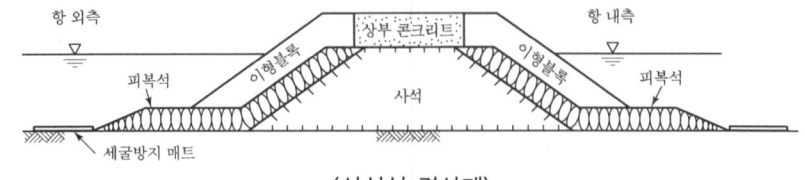
〈사석식 경사제〉

  (2) 직립제 방파제의 특징

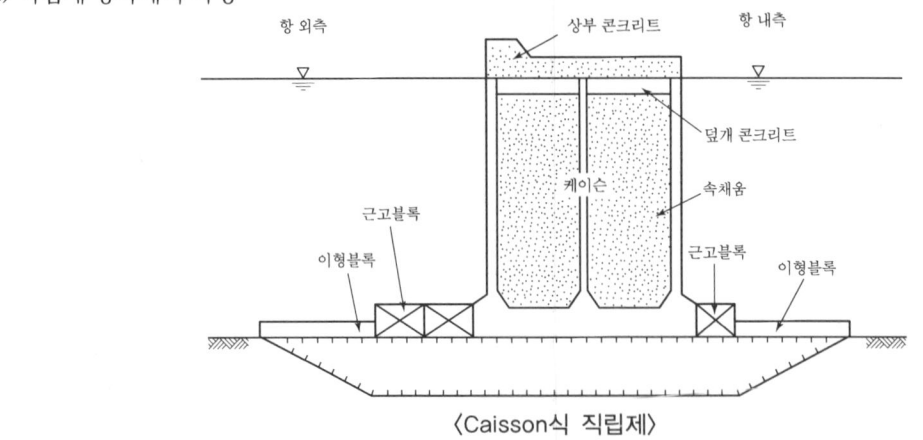
〈Caisson식 직립제〉

  (3) 혼성식 방파제의 특징

- 혼성 방파제의 시공
  (1) 시공 구조도

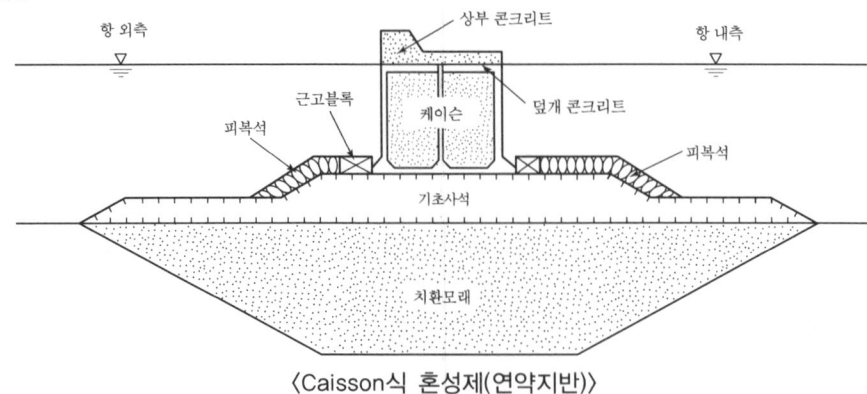
〈Caisson식 혼성제(연약지반)〉

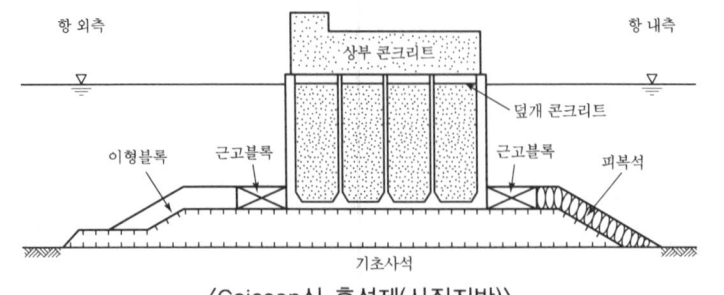
〈Caisson식 혼성제(사질지반)〉

  (2) 시공순서 Flow Chart
     ① 기초공
        • 지반개량
        • 기초사석공
        • 세굴방지공
        • 근고 Block공
        • 사면피복
     ② 본체공(Caisson)
        • 제작장 부설
        • Caisson 제작
        • 진수
        • 운반
        • 가거치
        • 부상
        • 거치
        • 속채움
     ③ 상부공
        • 하층
        • 상층
  (3) 기초시공 시 유의사항
     ① 기초사석 투하 목적
        • 기초지반 정리
        • 지지력 확보
        • 지반개량
        • 상부 구조물 개량
        • 침하방지
     ② 기초 시공 시 유의사항
        • 사석하부 기초지반처리 철저
        • 사석부 마루는 가능한 높지 않게
        • 사석두께는 1.5m 이상
        • 사석부 어깨폭은 5m 이상
        • 활동에 대한 검토
        • 원호활동 방지
        • 침하검토
        • 주변환경 고려
        • 항 내 교란이 없도록
        • 사석 투입 시 표류방지
        • 생태계 파괴 방지

계류시설

- 공법별 특징
  (1) 중력식 계류시설
     ① Caisson식
     ② Block식
     ③ L형 Block식(L-Shaped Block Type)
     ④ Cell Block식(Cell Block Type)

항만/하천공사

(2) 널말뚝식 계류시설
   ① 보통 널말뚝식
   ② 자립 널말뚝식
   ③ 경사 널말뚝식
   ④ 이중 널말뚝식
(3) Cell식 계류시설
(4) 잔교식 계류시설
(5) 부잔교식 계류시설
(6) Dolphin식 계류시설
(7) 계선부표식(Mooring Buoy) 계류시설

가물막이공(가체절)

• 가물막이공법 분류
(1) 중력식
   ① 댐식
   ② Box식
   ③ Caisson식
   ④ Cellular Block식
   ⑤ Corrugated Cell식
(2) Sheet Pile식
   ① 자립식
   ② Ring Beam식
   ③ 한 겹 Sheet Pile식
   ④ 두 겹 Sheet Pile식
   ⑤ Cell식

• 시공 시 유의사항(안전대책)
(1) 사전조사 철저
(2) 기초지반 처리 철저
(3) 제체시공 관리 철저
(4) 공사 가능 시기에 작업
(5) 가물막이 높이 여유고 산정
(6) 홍수 시 안정성 재검토

〈하천공사〉

호안공

• 호안의 구조

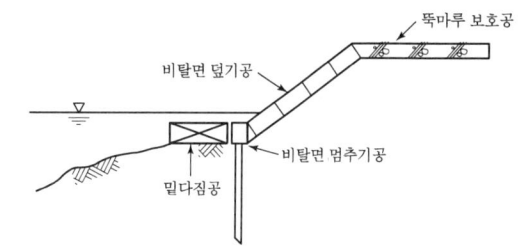

• 호안공법의 분류
(1) 비탈면 덮기 공법
   ① 돌 붙임공, 돌 쌓기공
   ② 콘크리트 블록 붙임공, 콘크리트 블록 쌓기공
   ③ 콘크리트 비탈틀공
   ④ 돌망태공
(2) 비탈 멈춤 공법
   ① 콘크리트 기초
   ② 널판 바자공
   ③ 말뚝 바자공
(3) 밑다짐 공법
   ① 사석공
   ② 침상공
   ③ 콘크리트 블록 침상공
   ④ 돌침상공

• 호안 시공 시 유의사항
(1) 급류하천은 전면적인 호안 시공
(2) 기초 세굴 방지에 유의
(3) 뒤채움재는 입도가 양호한 재료 사용
(4) 호안머리공 시공 검토
(5) 밑다짐공 시공철저
(6) 비탈길이 10m마다 소단 설치
(7) 호안 표면이 흩어지지 않도록 시공
(8) 하천구조물의 상하류 시공 철저
(9) 제방호안의 높이계획 홍수위까지
(10) 호안 표면은 적당한 요철 시공

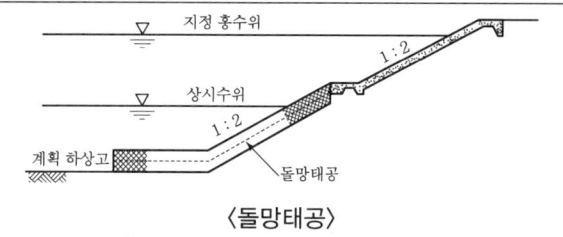
〈돌망태공〉

하천 제방

• 제방 구조 단면

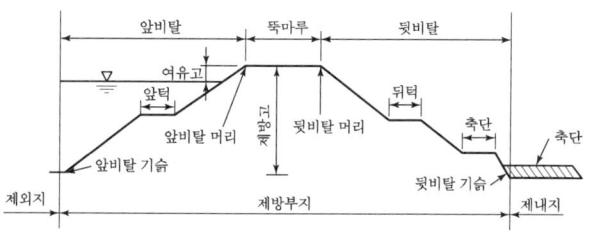

• 누수원인
(1) 제방 단면의 과소
(2) 성토재료의 부적정
(3) 차수벽 미시공
(4) 제체의 다짐불량
(5) 제체에 구멍 발생
(6) 구조물 접합부의 다짐 불량
(7) 투수성이 큰 기초지반 위 시공
(8) 제체 표토의 세굴
(9) 불투수층 두께의 부족
(10) 기초 지반침하
(11) 제방고 낮아 월류 시
(12) 제외측 보호공 미시공 및 부실

• 누수방지 대책
(1) 제방단면 확대
(2) 재료선정 시 투수성이 낮은 재료
(3) 제 외측 비탈면 피복 정밀 시공
(4) 차수벽 설치
(5) 성토 다짐관리 철저
(6) 투수성 지반 시 보강 후 제체 시공
(7) 제 내측에 압성토
(8) 제 외측에 Blank 시공
(9) 제 내측에 배수로 설치
(10) 제 외측에 Sheet Pile 등 지수벽 시공
(11) 제 내측 비탈끝 보강
(12) 제 내측 집수정 설치
(13) 수제의 설치

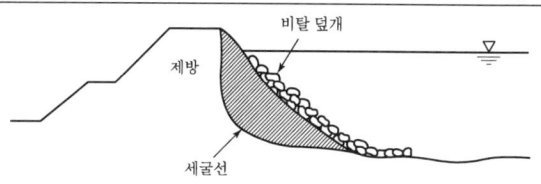
〈뒤채움 토사 유출에 의한 제방 및 호안 파괴〉

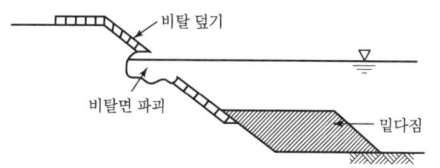
〈유수에 의한 비탈덮개 파괴〉

Keypoint
건설안전기술사 (공사 안전)

발행일	2013. 1. 10.	초판 발행
	2015. 1. 15.	개정 1판 1쇄
	2018. 6. 1.	개정 2판 1쇄
	2020. 1. 20.	개정 3판 1쇄
	2022. 3. 20.	개정 4판 1쇄
	2024. 2. 20.	개정 5판 1쇄
	2025. 2. 10.	개정 6판 1쇄

저 자 | 한경보
발행인 | 정용수
발행처 | 예문사

주 소 | 경기도 파주시 직지길 460(출판도시) 도서출판 예문사
T E L | 031) 955-0550
F A X | 031) 955-0660
등록번호 | 11-76호

- 이 책의 어느 부분도 저작권자나 발행인의 승인 없이 무단 복제하여 이용할 수 없습니다.
- 파본 및 낙장은 구입하신 서점에서 교환하여 드립니다.
- 예문사 홈페이지 http://www.yeamoonsa.com

정가 : 32,000원
ISBN 978-89-274-5733-6 13530